高等职业教育土建类专业系列教材

土木工程材料

主　编　薛小霜

参　编　姜荣斌　王　花

机械工业出版社

本书依据我国现行的土木工程材料技术标准和相关规范编写，反映当前土木工程材料应用的新动态，主要内容包括：土木工程材料基本知识、土木工程材料的基本性质、胶凝材料、混凝土、建筑砂浆、墙体材料、建筑钢材和建筑功能材料，还增加了土木工程检测部分的知识。

本书采用项目化教学体系编写，知识链接和特别提示可供读者课后学习。通过本书的学习，读者可以掌握典型土木工程材料的基本特点和应用，具备检测和合理分析土木工程材料的能力。

本书可作为高职院校土木工程专业的教材，还可作为建筑行业工程技术人员的参考用书。

图书在版编目（CIP）数据

土木工程材料/薛小霜主编 . —北京：机械工业出版社，2018.10
（2024.9重印）
高等职业教育土建类专业系列教材
ISBN 978-7-111-60978-0

Ⅰ.①土… Ⅱ.①薛… Ⅲ.①土木工程－建筑材料－高等职业教育－教材 Ⅳ.① TU5

中国版本图书馆 CIP 数据核字（2018）第 216044 号

机械工业出版社（北京市百万庄大街22 号 邮政编码 100037）
策划编辑：王靖辉　　　　责任编辑：王靖辉　高凤春
责任校对：佟瑞鑫　　　　封面设计：鞠　杨
责任印制：单爱军
北京虎彩文化传播有限公司印刷
2024 年 9 月第 1 版第 3 次印刷
184mm×260mm・14.25 印张・333 千字
标准书号：ISBN 978-7-111-60978-0
定价：39.00 元

凡购本书，如有缺页、倒页、脱页，由本社发行部调换
电话服务　　　　　　　　　网络服务
服务咨询热线：010-88379833　机工官网：www.cmpbook.com
读者购书热线：010-68326294　机工官博：weibo.com/cmp1952
　　　　　　　　　　　　　　教育服务网：www.cmpedu.com
封面无防伪标均为盗版　　金　书　网：www.golden-book.com

前　言

　　"土木工程材料"是建筑工程类专业必修的专业基础课程。该课程具有实践性强、突出动手能力培养的特点。通过本课程的学习，学生们可以掌握工程建设中常用土木工程材料的基本组成、技术性能、工程应用、质量检验及检测技能，具备根据工程建设项目要求合理选择和正确使用土木工程材料的基本能力，为后续其他专业课程（如建筑设计、建筑施工、工程造价、结构设计等）以及毕业后从事土木工程的设计、施工和研究打下坚实基础。

　　本书内容共分为8个项目，主要包括：土木工程材料基本知识、土木工程材料的基本性质、胶凝材料、混凝土、建筑砂浆、墙体材料、建筑钢材和建筑功能材料。全书根据不同的项目安排了相关的任务，教师可根据不同的专业灵活安排课程学习。结合高职院校学生动手能力培养的要求，本书增加了技能检测部分的任务学习，方便高职院校教学。

　　本书由泰州职业技术学院薛小霜担任主编，具体编写分工为：薛小霜编写项目二、项目三、项目四、项目六，姜荣斌编写项目五、项目七，王花编写项目一、项目八。

　　在本书编写过程中，参考了大量文献资料，在此向原书作者表示衷心感谢。由于编者水平有限，书中缺点和不妥之处在所难免，敬请各位读者批评指正。

编　者

目　录

项目一　土木工程材料基本知识

知识目标

1. 明确学习土木工程材料课程的性质、目的和任务。
2. 了解土木工程材料的定义、分类及其对建筑业发展的作用。
3. 熟悉建材产品及其应用的技术标准。
4. 了解土木工程材料的发展历史及发展趋势。
5. 了解土木工程材料课程的学习方法和学习技巧。

能力目标

1. 学会判别使用土木工程材料产品的技术标准。
2. 能够把土木工程材料课程的学习方法和学习技巧应用在理论学习和工程实践中。

土木工程材料出现的时代较早，我国历史上有许多因地制宜选用土木工程材料的案例。作为我国古代劳动人民的杰作——万里长城（图1-1），总长度5万km以上。其在居庸关、八达岭一段，采用砖石结构；墙身用条石砌筑，中间填充碎石黄土，顶部再用三、四层砖铺砌，以石灰做砖缝材料，坚固耐用。平原黄土地区因缺乏石料，则用泥土垒筑长城，将泥土夯打结实，并以锥刺夯打土检查是否合格。西北玉门关一带，无石料、黄土，则以当地芦苇或柳条与砂石间隔铺筑，共铺20层。

随着土木工程材料的发展，土木工程材料的选用在工程质量保证中起着举足轻重的作用，必须引起人们的重视。由于彩钢板的不当使用，2009年3月16日，中央美术学院学生宿舍发生火灾（图1-2）。彩钢板燃烧速度快，产生的烟雾毒性大，给消防带来了困难，大火持续1h才被扑灭，烧毁宿舍100多间，现场过火面积近3000m^2。

图1-1　万里长城

图1-2　中央美术学院火灾现场

由此可见，了解土木工程材料性能非常重要，只有针对建筑物的功能选取合适的土木工程材料才能避免出现安全隐患。熟悉土木工程材料的基本知识、掌握各种新材料的特性，是进行结构设计、施工管理的基础。

任务一　了解土木工程材料的分类和作用

一、土木工程材料的定义

土木工程材料是指构成建筑物本身所使用的材料。土木工程材料的定义有广义和狭义两种。

广义的土木工程材料包括三部分：第一，构成建筑物、构筑物实体的材料，如石灰、石膏、水玻璃、水泥、混凝土、建筑钢材、墙体与屋面材料以及装饰材料等；第二，建筑施工中必须消耗的辅助材料，如脚手架、模板、板桩等；第三，建筑物在使用前安装的配套设施（设备和器材），如给水排水设备、网络通信设备、楼宇控制设备、供电供燃气设备、采暖通风空调、消防设备等。

狭义的土木工程材料是指直接构成建造建筑物、构筑物实体的材料，即建造地基、基础、梁、板、柱、墙体、屋面、地面以及装饰工程等所使用的各种材料，如水泥、砂子、石灰、砖石、钢材、沥青等。

本书介绍的土木工程材料主要是狭义的土木工程材料。

二、土木工程材料的分类

随着材料科学和材料工业不断地发展，各种类型的新型土木工程材料不断涌现，土木工程材料种类繁多，通常按材料的化学成分、使用目的及使用功能将土木工程材料进行分类。

1. 按化学成分分类

这是最基本的分类方法，可将土木工程材料分为无机材料、有机材料和由无机材料与有机材料复合而形成的复合材料，具体的分类见表1-1。

表1-1　土木工程材料按化学成分分类

分类			材料举例
无机材料	金属材料	黑色金属	钢、铁及其合金、合金钢、不锈钢等
		有色金属	铜、铝及合金等
	非金属材料	天然石材	砂、石及石材制品
		烧土制品	黏土砖、瓦、陶瓷制品等
		胶凝材料及其制品	石灰、石膏及其制品、水泥及混凝土制品、硅酸盐制品等
		玻璃	普通平板玻璃、特种玻璃等
		无机纤维材料	玻璃纤维、矿物棉等

（续）

分类		材料举例
有机材料	植物材料	木材、竹材、植物纤维及其制品等
	沥青材料	煤沥青、石油沥青及其制品等
	合成高分子材料	塑料、涂料、胶黏剂、合成橡胶等
复合材料	有机与无机非金属材料复合	聚合物混凝土、玻璃纤维增强塑料等
	金属与无机非金属材料复合	钢筋混凝土、钢纤维混凝土等
	金属与有机材料复合	PVC 钢板、有机涂层铝合金板等

2. 按使用目的分类

按照使用目的不同可以将土木工程材料分为建筑结构材料、围护结构材料和建筑功能材料三种，见表 1-2。

表 1-2　土木工程材料按使用目的分类

分类	定义	基本要求	实例
建筑结构材料	构成基础、柱、梁、框架、屋架、板等承重系统的材料	足够的强度、耐久性	砖、石材、钢材、钢筋混凝土、木材等
围护结构材料	构成建筑物围护结构的材料	具有一定的强度、耐久性和保温隔热等性能	石材、砖、各种砌块、混凝土墙板瓦、石膏板及复合墙板等
建筑功能材料	不作为承重荷载，且具有某种特殊功能的材料	具备功能性要求的材料	防水材料：沥青及其制品、树脂基防水材料 采光材料：各种玻璃 防腐材料：涂料、煤焦油 装饰材料：石材、陶瓷、玻璃等 保温隔热材料：岩棉、矿棉、膨胀珍珠岩等

3. 按使用功能分类

根据土木工程材料的功能及特点，可将其分为建筑结构材料、墙体材料和建筑功能材料。

1）建筑结构材料主要是指构成建筑物受力构件和结构所用的材料，如梁、板、柱、基础、框架及其他受力构件和结构等所用的材料。这类材料的主要技术性能要求是强度和耐久性。目前，所用的主要结构材料有砖、石、混凝土和钢材及后两者的复合物——钢筋混凝土和预应力钢筋混凝土。在相当长的时期内，钢筋混凝土和预应力钢筋混凝土仍是我国建筑工程中的主要结构材料之一。随着建筑工业的发展，钢结构所占的比例将会逐渐加大。

2）墙体材料主要是指建筑物内、外及分隔墙体所用的材料，有承重和非承重两类。由于墙体在建筑物中占有很大比例，故认真选用墙体材料，对降低建筑物的成本、节能和使用的安全耐久等都是很重要的。目前，我国大量采用的墙体材料为砌墙砖、混凝土及加气混凝土砌块等。此外，还有混凝土墙板、石膏板、金属板材和复合墙体等，特别是轻质多功能的复合墙板发展较快。

3）建筑功能材料主要是指担负某些特定功能的非承重用材料，如防水材料、绝热

3

材料、吸声和隔声材料、采光材料、装饰材料等。这类材料的品种、形式繁多，功能各异，随着国民经济的发展以及人民生活水平的提高，这类材料将会越来越多地应用于建筑物上。

一般来说，建筑物的可靠度与安全度主要取决于由建筑结构材料组成的构件和结构体系，而建筑物的使用功能与建筑品质主要取决于建筑功能材料。此外，对某一种具体材料来说，可能兼有多种功能。

☑ 三、土木工程材料在建筑工程中的地位与作用

土木工程材料是建筑工程的物质基础，其性能、质量和价格直接关系到建筑产品的适用性、安全性、经济性和美观性。每一种新型、高效能材料的出现和使用，都会推动建筑结构在设计、施工生产和使用功能方面的进步和发展。因此，土木工程材料在建筑工程中具有极其重要的地位和发挥着举足轻重的作用。

1）土木工程材料是建筑工程的物质基础。建筑的总造价中，土木工程材料费用所占比重较大，一般超过50%。因此，选用的土木工程材料是否经济适用，对降低房屋建筑的造价起着重要的作用。正确掌握并准确熟练地应用土木工程材料知识，优化选择和正确使用材料，充分利用材料的各种功能，在满足工程各项使用要求的前提下，降低资源消耗或能源消耗，节约与材料有关的费用。从工程技术经济及可持续发展的角度来看，正确选择和使用材料，可提高建筑物质量及其寿命，创造良好的经济效益与社会效益。

2）土木工程材料的发展赋予了建筑物鲜明的时代特征和风格。中国古代建筑主要以木结构为主体材料，当代超高层建筑主要以钢筋混凝土和钢结构为主体材料。

3）建筑设计理论的不断进步和施工技术的革新不但受到土木工程材料发展的制约，同时也受其发展而推动创新。大跨度预应力结构、薄壳结构、悬索结构、空间网架结构、节能建筑、绿色建筑的出现，无疑都与新材料的产生密切相关。

4）土木工程材料的质量直接影响建筑物的坚固性、适用性和耐久性。土木工程材料只有具有足够的强度以及与环境条件相适应的耐久性，才能使建筑物具有足够的使用寿命，并最大限度地减少维修费用。

☑ 四、土木工程材料的发展历史与发展趋势

1. 土木工程材料的发展历史

土木工程材料是随着人类社会生产力和科学技术水平的提高而逐步发展起来的。

（1）中国　自古以来，我国劳动者在土木工程材料的生产和使用方面就取得了许多成就。发展历史：天然山洞或树巢（18000 年前）→木骨泥墙、陶器（西安半坡遗址，6000 年前）→土瓦，三合土（石灰、细砂、黏土混合）抹面的土坯墙，石灰、砖瓦（3000 年前的西周）→大块空心砖和墙壁装修砖（2500 ～ 2300 年前的战国）→铁器（战国）→现代水泥混凝土、钢筋、预应力钢筋混凝土。

改革开放以后，我国土木工程材料工业得到了迅速的发展，如钢材、水泥、平板玻璃、卫生陶瓷等产量一直位居世界第一。

（2）国外　国外的土木工程材料的生产和使用最先始于天然石材，自从有了钢铁、水泥、混凝土等主体结构材料，根据建筑物的使用要求和功能，出现了许多具有代表性的建筑物，如1889年的埃菲尔铁塔，就是钢材构筑物的代表作。

发展历史：石材→天然火山灰、石灰、碎石拌制的天然混凝土（公元前2世纪）→波特兰水泥/钢材→钢筋混凝土→预应力钢筋混凝土。

土木工程材料的进步伴随着生产力水平的提高，促使了建筑物规模尺寸的增大、结构形式的改变和使用功能的改善。

2. 土木工程材料的发展趋势

随着科学技术的进步和建筑工程技术的发展，对土木工程材料的品种和性能要求更加完备，不仅要求经久耐用，而且要求土木工程材料具有轻质、高强、美观、保温、吸声、防水、防震、防火、节能等功能。近几十年以来，新的土木工程材料尤其是高分子有机材料、各种复合材料、新型金属材料的产生，使建筑物的外观发生了根本性的变化。土木工程材料今后的发展方向分别为：

（1）高性能材料　高性能材料是朝着易于机械化施工和更有利于提高施工生产效率的方向发展，性能、质量更加优异，轻质、高强、多功能和更加耐久、更富有装饰效果的材料。

（2）新型的绿色土木工程材料　根据建筑物的使用功能要求研发新型的绿色土木工程材料。建筑物的使用功能是随着社会的发展、人民生活水平的不断提高而不断丰富的，从最基本的由结构设计和结构材料的性能来保证材料的安全性、由建筑设计和功能材料的性能来保证材料的适用性，一直到如今研制使用高强、轻质、无毒害、无污染、无放射性、节能环保等具有新功能要求的绿色土木工程材料，这种新型的绿色土木工程材料是今后研发的可持续发展的重点对象。

（3）应用日益广泛的高分子材料　高分子土木工程材料的发展和应用在很大程度上是由石油化工工业的发展和高分子材料本身优良的工程特性决定的。广泛应用于建筑物的塑料上下水管、树脂砂浆、黏结剂、塑铝门窗、塑钢、高分子有机涂料、新型高分子防水材料使建筑物具有更多的新功能和更高的耐久性。

以上涉及的三种发展趋势中，绿色土木工程材料在未来将占主导地位，这也是今后建筑业发展的必然趋势，因为其符合以人为本的思想原则。

任务二　掌握土木工程材料的技术标准

☑️ 一、土木工程材料技术标准的概念及作用

技术标准是生产质量的技术依据，土木工程材料的技术标准是生产和使用单位进行检验、验证产品质量是否合格的技术文件，其内容包括产品规格、分类、技术要求、检验方法、验收规则、标志、运输和储存注意事项等方面。

二、技术标准的级别与种类

1. 我国的技术标准

我国的技术标准划分为国家级、行业（或部）级、地方（地区）级和企业级 4 个级别。

（1）国家标准　国家标准由国家质量监督检验总局发布或其与相关国务院行政主管部门联合发布，标准分为强制性标准（代号 GB）和推荐性标准（代号 GB/T）。强制性标准是在全国范围内必须执行的技术指导文件，产品的技术指标都不得低于标准中规定的要求。推荐性标准在执行时也可采用其他相关标准的规定。工程建设国家标准（代号 GBJ）是涉及建设行业相关技术内容的国家标准。

（2）行业（或部）标准　行业（或部）标准是各行业（或主管部）为了规范本行业的产品质量而制定的技术标准，也是全国性的指导文件。如建筑工程行业标准（代号 JGJ）、土木工程材料行业标准（代号 JC）、冶金工业行业标准（代号 YB）、交通行业标准（代号 JT）等。

（3）地方（地区）标准　地方标准为地方（地区）主管部门发布的地方性技术指导文件（代号 DB），适于在该地区使用。

（4）企业标准　企业标准是由企业制定发布的指导本企业生产的技术文件（代号 QB），仅适用于本企业。凡没有制定国家标准、行业标准的产品，企业均应制定企业标准。企业标准所定的技术要求应不低于类似（或相关）产品的国家标准。

> **特别提示**
>
> 在建设行业，中国工程建设标准化协会（CECS）主持制定发布的 CECS 系列工程技术标准是对建设行业国际和行业标准的重要补充。由于 CECS 标准的及时推出，许多工程建设中应用的新工艺、新方法和新材料得以进一步规范和推广。因此，有的 CECS 标准涉及的工艺、方法和材料会随着技术推广而被制定为行业标准甚至国家标准。

2. 国际标准

随着国家经济的迅速发展和对外技术交流的增加，我国还引入了不少国外技术标准。

1）国际标准化组织制定发布的"ISO"系列国际化标准。

2）国际上有影响的团体标准和公司标准，如美国材料与试验协会的"ASTM"标准。

3）工业先进国家的国家标准或区域性标准，如德国工业的"DIN"标准、英国的"BS"标准、日本的"JIS"标准等。

3. 技术标准的基本表示方法

我国标准的基本表示方法依次为标准名称、部门代号、编号和批准年份，如：国家标准（强制性）——《钢筋混凝土用钢　第 2 部分：热轧带肋钢筋》（GB 1499.2—2007）；国家标准（推荐性）——《低碳钢热轧圆盘条》（GB/T 701—2008）；建设行业标准——《普通混凝土配合比设计规程》（JGJ 55—2011）；上海市工程建设地方标准——《预拌砂浆应用技术规程》（DG/TJ 08—502—2012）。

常用的标准及代号见表 1-3。

表1-3　国家、行业、地方、企业标准代号、国际标准及几个主要国家标准

国家、行业、地方、企业标准名称	代号	国际标准及几个主要国家标准名称	代号
国家标准	GB	国际标准	ISO
建材行业标准	JC	国际材料与结构试验研究协会	RILEM
建工行业标准	JG	美国材料试验协会标准	ASTM
铁道部标准	TB	英国标准	BS
交通行业标准	JT	法国标准	NF
冶金行业标准	YB	德国工业标准	DIN
石化行业标准	SH	韩国国家标准	KS
林业行业标准	LY	日本工业标准	JIS
地方标准	DB	加拿大标准协会标准	CSA
企业标准	QB	瑞典标准	SIS

目前，土木工程材料标准主要内容大致包括材料质量要求和检验。有的两者合在一起，有的则分开订立标准。在现场配制的一些材料（如钢筋混凝土等），其原材料（如钢筋、水泥、石子、砂等）应符合相应的材料标准要求，而其制成品（如钢筋混凝土构件等）的检验及使用方法常包含于施工验收规范及有关的规程中。由于有些标准的分工细且相互渗透、关联，有时一种材料的检验要涉及多个标准、规范等。

任务三　了解土木工程材料质量检测的规定

一、土木工程材料质量检测要求

在建筑施工过程中，影响工程质量的主要因素包括材料、机械、人、施工方法和环境条件5个方面。为了保证工程质量，必须对施工的各工序质量从上述5个方面进行事前、事中和事后的有效控制，做到科学管理。要完成这样的目标，就必须做好检测工作，其中材料性能的检测和质量控制是必不可少的重要环节。为加强对建设工程质量检测的管理，根据《中华人民共和国建筑法》《建设工程质量管理条例》，2005年建设部发布了《建设工程质量检测管理办法》（建质〔2005〕141号）。凡申请从事对涉及建筑物、构筑物结构安全的试块、试件以及有关材料检测的工程质量检测机构资质，实施对建设工程质量检测活动的监督管理，应当遵守该办法。该办法全文共36条，是进行建筑工程材料质量检测的基本依据法规文件。

二、见证取样及送样检测制度

建设工程质量的常规检查一般都采用抽样检查。正确的抽样方法应保证抽样的代表性和随机性。如何保证抽样的代表性和随机性，有关的技术规范标准中都做出了明确的规定。样品抽取后应将样品从施工现场送至有检测资格的工程质量检测单位进行检验，从抽取样

品到送至检测单位检测的过程是工程质量检测管理工作中的第一步。为强化这个过程的监督管理，杜绝因试件弄虚作假而出现试件合格而工程实体质量不合格的现象，建设部颁发的《建设工程质量检测管理办法》中也做了明确规定。在建设工程中实行见证取样和送样是指在建设单位或工程监理单位人员的见证下，由施工单位的相关人员对工程中涉及结构安全的试块、试件和材料在施工现场取样并送至具有相应资质的检测机构进行检测。

三、土木工程材料检测人员要求

1）检测人员必须持有相关的资格证书才能上岗。

2）检测人员必须严格执行有关标准、试验方法、操作规程及有关规定。

3）检测人员必须具有科学的态度，不得修改试验原始数据，不得假设试验数据，要对出具的检测报告的科学性和真实性负责。

项目二　土木工程材料的基本性质

土木工程材料在土木建筑工程中有着举足轻重的作用。土木工程材料是一切建筑物的物质基础，其性质决定了土木工程材料的使用范围。2009 年 2 月 9 日，是中国传统的元宵佳节，晚 8 时 27 分，央视新台址园区文化中心因为燃放烟火不当而引起一场大火，燃烧了约 6h，文化中心外立面受毁严重，给国家财产带来了重大损失，如图 2-1 所示。

究其原因，火灾建筑属于高层建筑，一般采用钢结构或部分采用钢结构。钢结构是在严格的技术控制下生产的建筑钢材，具有强度大、塑性和韧性好、品质均匀、可焊可铆、制成的钢结构质量轻等优点，但就防火而言，钢材虽然属于不燃性材料，但是耐火性能却很差。

钢材不耐火的原因有如下几点：

图 2-1　央视新台址园区文化中心火灾现场

1）其在高温下强度降低快。在建筑结构中广泛使用的普通低碳钢温度超过 350℃时，强度开始大幅度下降，在 500℃时强度约为常温时的 1/2，600℃时约为常温时的 1/3。冷加工钢筋和高强钢丝在火灾高温下强度下降明显大于普通低碳钢筋和低合金钢筋，因此预应力钢筋混凝土构件的耐火性能远低于非预应力钢筋混凝土构件。

2）钢材热传导率大，易于传递热量，使构件内部升温很快。

3）高温下钢材塑性增大，易于产生变形。

4）钢构件截面面积较小，热容量小，升温快。试验研究和大量火灾实例证明，处于火灾高温下的裸露钢结构往往在 15min 左右即丧失承载能力，发生倒塌破坏。所以，钢结构安装后会在表面喷涂一层厚厚的防火涂料，一般涂料保证的耐火时限为 2 ～ 3h，混凝土传热性没有钢材好，因此即使表面受到高温烘烤，内部的温度上升也会慢一点，受到火灾的损害比钢材要小。但如果没有产生高温或土木工程材料采用了耐火不燃材料，没有热传导或热传导较小，钢结构的弱势影响也是可以减弱的。

工程人员只有正确了解土木工程材料的特点，才能充分发挥材料的功能，物尽其用，也只有正确认识土木工程材料的缺点，才能采取有效的防范措施，避免事故的发生。工程中讨论的材料的各种性质，都是在一定环境条件下测试的各种性能指标。只有从材料的性能指标、构造、结构等各方面了解材料的基本性质，才能在工程中合理地选择材料。

任务一　掌握土木工程材料的物理性质

一、材料的密度、体积密度与堆积密度

密度是指单位体积的物质质量，单位为 g/cm³ 或 kg/m³。由于材料所处的体积状况不同，故有实际密度、体积密度和堆积密度之分。

1. 实际密度

实际密度（简称密度）是指材料在规定条件［（105±5）℃烘干至恒重，温度20℃］、绝对密实状态下单位体积的质量，按下式计算：

$$\rho = \frac{m}{V} \tag{2-1}$$

式中　ρ——实际密度（g/cm³）；

$\quad\quad m$——材料在干燥状态下的质量（g）；

$\quad\quad V$——材料在绝对密实状态下的体积（cm³）。

绝对密实状态下的体积是指不包括材料内部孔隙在内的固体物质的体积。测定材料密度时，可采取不同方法测得体积，对钢材、玻璃、铸铁等接近于绝对密实的材料，可用排水（液）法；对绝大多数内部含有一定孔隙的材料，测定其密度时应把材料磨成细粉（至粒径小于 0.2mm）以排除其内部孔隙，然后经干燥后用李氏密度瓶测定其实体体积。材料磨得越细，测得的密度值越精确。

对于砂、石等外形不规则，材质坚硬、致密的散粒材料，在实际中常用排水法直接求出体积 V'，作为其绝对体积近似值（包含颗粒内部的封闭孔隙体积，不包括连通孔、开口孔），这时所测得的实际密度为近似密度，即表观密度（ρ'）。

$$\rho' = \frac{m}{V'} \tag{2-2}$$

式中　ρ'——表观密度（g/cm³ 或 kg/m³）；

$\quad\quad m$——材料在干燥状态下的质量（g 或 kg）；

$\quad\quad V'$——材料在自然状态下的不含开口孔隙的体积（cm³ 或 m³）。

2. 体积密度

体积密度是指材料在自然状态下，单位体积的质量，按下式计算：

$$\rho_0 = \frac{m}{V_0} \qquad (2\text{-}3)$$

式中　ρ_0——体积密度（g/cm^3 或 kg/m^3）；

$\quad\quad m$——材料的质量（g 或 kg）；

$\quad\quad V_0$——材料在自然状态下的体积，或称为表观体积（cm^3 或 m^3）。

自然状态下的体积即表观体积，包含材料内部孔隙（开口孔隙和封闭孔隙）在内。对外形规则的材料，其几何体积即为表观体积；对外形不规则的材料，可用排水（液）法测定，但在测定前，在待测材料表面用薄蜡层密封，以免测液进入材料内部孔隙而影响测定值。

3. 堆积密度

堆积密度是指粉状或粒状材料在堆积状态下，单位体积的质量，按下式计算：

$$\rho_0' = \frac{m}{V_0'} \qquad (2\text{-}4)$$

式中　ρ_0'——堆积密度（kg/m^3）；

$\quad\quad m$——材料的质量（kg）；

$\quad\quad V_0'$——材料的堆积体积（m^3）。

自然堆积状态下的体积即堆积体积，包含颗粒内部的孔隙及颗粒之间的空隙，如图 2-2 所示。散粒状材料的堆积密度通常使用容积升测定。测定时，先对容积升称重，然后在容积升中装满待测材料，称重。

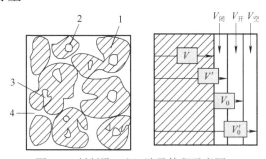

图 2-2　材料孔（空）隙及体积示意图

1—固体物质　2—闭口孔隙　3—开口孔隙　4—颗粒间隙

☑ 二、材料的密实度与孔隙率

1. 密实度

材料的固体物质体积占自然状态下体积的百分率称为材料的密实度。密实度反映了材料体积内被固体物质填充的程度。按式（2-5）计算：

$$D = \frac{V}{V_0} \times 100\% = \frac{\rho_0}{\rho} \times 100\% \qquad (2\text{-}5)$$

含有孔隙的固体材料的密实度均小于1。材料的很多性能如强度、吸水性、耐久性、导热性等均与其密实度有关。

2. 孔隙率

材料内部孔隙一般是自然形成或在生产、制造过程中产生的，主要形成原因包括：材料内部混入水（如混凝土、砂浆、石膏制品）；自然冷却作用（如浮石、火山渣）；外加剂作用（如加气混凝土、泡沫塑料）；焙烧作用（如膨胀珍珠岩颗粒、烧结砖）等。

材料的孔隙构造特征对土木工程材料的各种基本性质具有重要的影响，一般可由孔隙率、孔隙连通性和孔隙直径 3 个指标来描述。

孔隙率是指在材料体积内孔隙总体积（V_P）占材料总体积（V_0）的百分率，以 P 表示。因 $V_P=V_0-V$，则 P 值可用下式计算：

$$P = \frac{V_0 - V}{V_0} \times 100\% = \left(1 - \frac{\rho_0}{\rho}\right) \times 100\% \tag{2-6}$$

孔隙率与密实度的关系为

$$P+D=1 \tag{2-7}$$

上式表明，孔隙率的大小直接反映了材料的致密程度。孔隙率小，则密实程度高。孔隙率的大小及孔隙本身的特征与材料的许多重要性质，如强度、吸水性、抗渗性、抗冻性和导热性等都有密切关系。一般而言，孔隙率小，且连通孔较少的材料，其吸水性较小，强度较高，抗渗性和抗冻性较好。

孔隙按其连通性可分为连通孔、封闭孔和半连通孔（或半封闭孔）。连通孔是指孔隙之间、孔隙和外界之间都连通的孔隙（如木材、矿渣）；封闭孔是指孔隙之间、孔隙和外界之间都不连通的孔隙（如发泡聚苯乙烯、陶粒）；介于两者之间的称为半连通孔或半封闭孔。一般情况下，连通孔对材料的吸水性、吸声性影响较大，而封闭孔对材料的保温隔热性能影响较大。

孔隙按其直径的大小可分为粗大孔、毛细孔、微孔。粗大孔是指直径大于毫米级的孔隙，这类孔隙对材料的密度、强度等性能影响较大，如矿渣。毛细孔是指直径在微米至毫米级的孔隙，对水具有强烈的毛细作用，主要影响材料的吸水性、抗冻性等性能，这类孔隙在多数材料内都存在，如混凝土、石膏等。微孔的直径在微米级以下，其直径微小，对材料的性能反而影响不大，如瓷质及炻质陶瓷。

常用土木工程材料的密度、体积密度、堆积密度和孔隙率见表 2-1。

表 2-1 常用土木工程材料的密度、体积密度、堆积密度和孔隙率

材料	密度 ρ/ (g/cm³)	体积密度 ρ_0/ (kg/m³)	堆积密度 ρ'_0/ (kg/m³)	孔隙率 P (%)
石灰岩	2.60	1800 ~ 2600	—	—
花岗石	2.6 ~ 2.9	2500 ~ 2800	—	0.5 ~ 3.0
碎石（石灰岩）	2.60	—	1400 ~ 1700	—
砂	2.60	—	1450 ~ 1650	—
黏土	2.60	—	1600 ~ 1800	—
普通黏土砖	2.5 ~ 2.8	1600 ~ 1800	—	20 ~ 40
黏土空心砖	2.50	1000 ~ 1400	—	—

（续）

材料	密度 ρ/（g/cm³）	体积密度 ρ_0/（kg/m³）	堆积密度 ρ'_0/（kg/m³）	孔隙率 P（%）
水泥	3.10	—	1200～1300	—
普通混凝土	—	2100～2600	—	5～20
轻骨料混凝土	—	800～1900	—	—
木材	1.55	400～800	—	—
钢材	7.85	7850	—	0
泡沫塑料	—	20～50	—	—
玻璃	2.55	—	—	—

三、材料的填充率与空隙率

1. 填充率

填充率是指散粒材料在某容器的堆积体积中，被其颗粒填充的程度，以 D' 表示。填充率可用式（2-8）计算：

$$D' = \frac{V_0}{V'_0} \times 100\% = \frac{\rho'_0}{\rho_0} \times 100\%$$

（2-8）

2. 空隙率

空隙率是指散粒材料在某容器的堆积体积中，颗粒之间的空隙体积（V_a）占堆积体积的百分率，以 P' 表示。因 $V_a=V'_0-V_0$，则 P' 值可用下式计算：

$$P' = \frac{V'_0 - V_0}{V'_0} \times 100\% = \left(1 - \frac{V_0}{V'_0}\right) \times 100\% = \left(1 - \frac{\rho'_0}{\rho_0}\right) \times 100\% = 1 - D'$$

（2-9）

即

$$D' + P' = 1$$

（2-10）

空隙率反映了散粒材料颗粒之间的相互填充的致密程度，对于混凝土的粗、细骨料，空隙率越小，说明其颗粒大小搭配得越合理，用其配制的混凝土越密实，水泥也越节约。配制混凝土时，砂、石空隙率可作为控制混凝土骨料级配与计算含砂率的依据。

任务二 掌握材料与水有关的性质

一、亲水性与憎水性

材料在空气中与水接触时，根据其是否能被水润湿，可将材料分为亲水性和憎水性（或称为疏水性）两大类。

两类材料与水接触时，界面上有着不同的状态。材料被水润湿的程度可用润湿角表示，如图 2-3 所示。润湿角是在材料、水和空气三相的交点处，沿水滴表面切线和水与固体接触面之间的夹角，角越小，则该材料能被水所润湿的程度越高。一般认为，润湿角 $\theta \leqslant 90°$，表明该材料能被水润湿，称为亲水性材料，如图 2-3a 所示。反之，润湿角 $\theta > 90°$，表明该材料不能被水润湿，称为憎水性材料，如图 2-3b 所示。

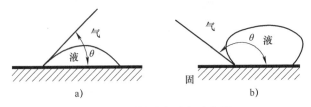

图 2-3　材料的润湿角示意图

a) 亲水性材料　b) 憎水性材料

亲水性材料表面均能被水润湿，且能通过毛细管作用将水吸入材料的毛细管内部。憎水性材料一般能阻止水分渗入毛细管中，故能降低材料的吸水作用。大多数土木工程材料，如石料、砖、混凝土、木材等，都属于亲水性材料；沥青、石蜡等为憎水性材料。憎水性材料不仅可用作防水材料，而且还可用于亲水性材料的表面处理，以降低其吸水性。

二、吸湿性

材料在潮湿的空气中吸收空气中水分的性质，称为吸湿性。吸湿性的大小用含水率表示。材料所含水的质量占材料干燥质量的百分数，称为材料的含水率，可按下式计算：

$$W_{含} = \frac{m_{含} - m_{干}}{m_{干}} \times 100\% \tag{2-11}$$

式中　$W_{含}$——材料的含水率；

　　　$m_{含}$——材料含水时的质量（g）；

　　　$m_{干}$——材料干燥至恒重时的质量（g）。

材料的含水率大小除与材料本身的特性有关外，还与周围环境的温度、湿度有关。气温越低、相对湿度越大，材料的含水率也就越大。当材料吸水达到饱和状态时的含水率即为吸水率。

三、吸水性

材料在浸水状态下吸入水分的能力称为吸水性。由于材料的亲水性及开口孔隙的存在，大多数材料具有吸水性，故材料中常含有水分。吸水率有质量吸水率和体积吸水率。

1. 质量吸水率

质量吸水率是指材料吸水饱和时，其所吸收水分的质量占材料干燥时质量的百分率，可按下式计算：

$$W_{质} = \frac{m_{湿} - m_{干}}{m_{干}} \times 100\% \tag{2-12}$$

式中　$W_{质}$——材料的质量吸水率；

　　　$m_{湿}$——材料吸水饱和后的质量（g）；

$m_{\text{干}}$——材料烘干到恒重的质量（g）。

2. 体积吸水率

体积吸水率是指材料吸水饱和时，所吸收水分的体积占干燥材料自然体积的百分率，可按下式计算：

$$W_{\text{体}} = \frac{V_{\text{湿}} - V_0}{V_0} \times 100\% = \frac{m_{\text{湿}} - m_{\text{干}}}{V_0} \times \frac{1}{\rho_{\text{H}_2\text{O}}} \times 100\% \tag{2-13}$$

式中　$W_{\text{体}}$——材料的体积吸水率；

$V_{\text{湿}}$——材料在吸水饱和后的体积（cm^3）；

V_0——干燥材料在自然状态下的体积（cm^3）；

$\rho_{\text{H}_2\text{O}}$——水的密度（$\text{g/cm}^3$），在常温下 $\rho_{\text{H}_2\text{O}} = 1\text{g/cm}^3$。

质量吸水率与体积吸水率存在如下关系：

$$W_{\text{体}} = W_{\text{质}} \rho_0 \frac{1}{\rho_{\text{H}_2\text{O}}} \tag{2-14}$$

式中　ρ_0——材料干燥状态的体积密度（g/cm^3）。

通常，吸水率均指质量吸水率，但体积吸水率能更直观地反映材料的吸水程度。例如，密实新鲜花岗岩的质量吸水率为 0.1%～0.7%；普通混凝土为 2%～3%；普通黏土砖为 8%～20%；这类材料的体积吸水率常小于孔隙率，常用质量吸水率表示它的吸水性。而对于某些轻质材料，如加气混凝土、软木等，由于具有很多开口而微小的孔隙，所以它的质量吸水率往往超过 100%，即湿质量为干质量的几倍，在这种情况下，最好用体积吸水率表示其吸水性。

材料的吸水性，不仅取决于材料本身的亲水性，还与其孔隙率的大小及孔隙特征有关。一般孔隙率越大，吸水性越强。封闭的孔隙，水分不能进入；粗大开口的孔隙，水分又不易存留，难以吸足水分；只有那些开口且毛细管连通的孔才是吸水最强的。因此具有很多微小开口孔隙的材料，吸水能力特别强。

材料在吸水后，原有的许多性能会发生改变，如强度降低、表观密度增大、保湿性变差，甚至有的材料会因吸水发生化学反应而变质。因此，吸水率大对材料性能是不利的。

四、耐水性

材料长期在饱和水作用下不破坏，其强度也不显著降低的性质称为耐水性。材料的耐水性用软化系数表示。

$$K_{\text{软}} = \frac{f_{\text{饱}}}{f_{\text{干}}} \tag{2-15}$$

式中　$K_{\text{软}}$——材料的软化系数；

$f_{\text{饱}}$——材料在水饱和状态下的抗压强度（MPa）；

$f_{\text{干}}$——材料在干燥状态下的抗压强度（MPa）。

一般材料在含水时，强度均有所降低。这是因为材料微粒间的结合力被渗入的水分子削弱所致。如果材料中含有某些易被水溶解或软化的物质（如黏土、石膏等），则强度降低更为严重。软化系数的大小表明材料浸水后强度降低的程度。软化系数越小，说明材料饱水后的强度降低越多，其耐水性越差。软化系数一般为 0 ~ 1。耐水性是选择材料的重要依据。经常位于水中或受潮严重的重要结构，其材料的软化系数不宜小于 0.85 ~ 0.90；受潮较轻或次要结构，材料软化系数也不宜小于 0.70 ~ 0.85。软化系数大于 0.80 的材料，通常可以认为是耐水的材料。

五、抗渗性

材料抵抗压力水渗透的性质称为抗渗性（或不透水性），可用渗透系数 K 表示。达西定律表明，在一定时间内，透过材料试件的水量与试件的断面积及水头差（液压）成正比，与试件的厚度成反比，即

$$W = K\frac{h}{d}At \text{ 或 } K = \frac{Wd}{Ath} \tag{2-16}$$

式中　K ——渗透系数（cm/h）；

　　　W ——透过材料试件的水量（cm^3）；

　　　t ——透水时间（h）；

　　　A ——透水面积（cm^2）；

　　　h ——静水压力水头（cm）；

　　　d ——试件厚度（cm）。

渗透系数反映了材料抵抗压力水渗透的性质，渗透系数越大，材料的抗渗性越差。

建筑中大量使用的砂浆、混凝土等材料，其抗渗性用抗渗等级表示。抗渗等级用材料抵抗的最大水压力来表示，如 P6、P8、P10、P12 等，分别表示材料可抵抗 0.6MPa、0.8MPa、1.0MPa、1.2MPa 的水压力而不渗水。抗渗等级越大，材料的抗渗性越好。

材料抗渗性的好坏与材料的孔隙率和孔隙特征有密切关系。孔隙率小且是封闭孔隙的材料具有较高的抗渗性。对于地下建筑及水工构筑物，因常受到压力水的作用，故要求其材料具有一定的抗渗性；对于防水材料，则要求具有更高的抗渗性。材料抵抗其他液体渗透的性质，也属于抗渗性。

六、抗冻性

材料的抗冻性常用抗冻等级来表示。

材料抗冻等级是指标准尺寸的材料试件，在水饱和状态下，经受标准的冻融作用后，其强度下降不大于 25%，质量损失不大于 5%，性能不明显下降时，所能经受的最大冻融循环的次数。用符号"F"加数字表示，其中数字为最大冻融循环次数。

材料抵抗冻融破坏作用的能力、材料的孔隙特征及孔隙内的充水状况，直接影响材料受冰冻破坏作用的程度。绝对密实或孔隙率极小的材料，一般是耐冻的；材料内含有大量封闭、球形、间隙小且未充满水的孔隙时，冰冻破坏作用也较小，抗冻性较好。材料的强度越高、韧性越好、变形能力越大，对冰冻破坏作用的抵抗能力越强，抗冻性越好。此外，抗冻性良好的材料，抵抗干湿变化及温度变化等风化作用的性能也较强，所以抗冻性可作

为矿物质材料抵抗环境物理作用的耐久性综合指标。因此，处于温暖地区的结构物，为了抵抗风化作用，对材料也应提出一定的抗冻性要求。

≈≈≈≈≈≈≈≈≈≈≈≈≈≈≈≈≈≈≈≈≈≈≈≈≈≈≈≈≈≈≈≈≈≈

案例

某墙体工程原使用普通黏土砖，后改为体积密度为 700kg/m³ 的加气混凝土砌块。在抹灰前采用同样的方式往墙上浇水，发现原使用的普通黏土砖吸水量大，但加气混凝土砌块虽表面看来浇水不少，但实则吸水不多，请分析原因。

分析：

加气混凝土砌块虽多孔，但其气孔大多数为"墨水瓶"结构，肚大口小，毛细管作用差，只有少数孔是水分蒸发形成的毛细孔。因此，吸水及导湿均缓慢。材料的吸水性不仅要看孔数量多少，还需看孔的结构。

≈≈≈≈≈≈≈≈≈≈≈≈≈≈≈≈≈≈≈≈≈≈≈≈≈≈≈≈≈≈≈≈≈≈

任务三 掌握材料与热有关的性质

为了节约土建结构物的使用能耗以及为建筑物内部创造适宜的条件，土木工程材料还要求具有一定的热工性质，以维持室内活动需要的温度。常用材料的热工性质有导热性、热容量、保温隔热性能和热变形性等。

一、导热性

材料传导热量的性质称为导热性。导热系数在数值上等于厚度为 1m 的材料，当其相对两侧表面的温度差为 1K 时，经单位面积（1m²）在单位时间（1s）内通过的热量，可用下式表示：

$$\lambda = \frac{Q\delta}{At(T_2 - T_1)} \tag{2-17}$$

式中　　λ——导热系数 [W/（m·K）]；

　　　　Q——传导的热量（J）；

　　　　A——热传导面积（m²）；

　　　　δ——材料厚度（m）；

　　　　t——热传导时间（s）；

　　$T_2 - T_1$——材料两侧温差（K）。

材料的导热系数越小，绝热性能越好。各种土木工程材料的导热系数差别很大，大致在 0.035～3.5W/（m·K）之间。典型材料导热系数见表 2-2。

影响材料导热性的因素很多，其中最主要的有材料的孔隙率、孔隙特征及含水率等。由于密闭空气的导热系数很小，仅 0.023W/（m·K），所以，一般情况下孔隙率越大，密度越低，导热系数越小。故具有细微或封闭孔隙的材料，比具有粗大或连通孔隙的材料导热性低。由于温度升高时材料固体分子热运动增强，同时材料孔隙中空气的导热和孔壁间的辐射作用也有所增强，因此，一般来说，材料的导热系数随着材料温度的升高而增大。材料受潮后，其导热系数会大大提高，若水结冰，其导热性进一步增大，这是由于水和冰的导热系数比空气的导热系数高很多，分别为 0.58W/（m·K）和 2.20W/（m·K）。因此，绝热材料应经常处于干燥状态，以利于发挥材料的绝热性能。金属晶体导热性大于离子晶体及原子晶体，分子晶体的导热性最小，晶体材料的导热性大于非晶体材料。对于各向异性的材料来说，不同方向的导热性能也有区别。例如木材，热流与纤维延伸方向平行时，其所受到的阻力小；而热流垂直于纤维延伸方向时，其所受到的阻力大，也就是说，顺着纤维方向的导热性比垂直纤维方向的导热性大。

二、热容量

材料具有受热时吸收热量、冷却时放出热量的性质。比热容表示 1g 材料，温度升高或降低 1K 时所吸收或放出的热量。材料吸收或放出的热量和比热容可由下式计算

$$Q = cm(T_2 - T_1) \tag{2-18}$$

$$c = \frac{Q}{m(T_2 - T_1)} \tag{2-19}$$

式中　　Q——材料吸收或放出的热量（J）；

　　　　c——材料的比热容 [J/（g·K）]；

　　　　m——材料的质量（g）；

　　$T_2 - T_1$——材料受热或冷却前后的温差（K）。

比热容是反映材料的吸热或放热能力大小的物理量，比热容跟材料以及材料所处的状态有关。例如，水的比热容为 4.186J/（g·K），而结冰后比热容则是 2.093J/（g·K）。c 与 m 的乘积，即 cm 为材料的热容量值。采用热容量大的材料，对于保持室内温度具有很大意义。如果采用热容量大的材料作为维护结构材料，能在热流变动或采暖设备供热不均匀时缓和室内的温度波动，不会使人有忽冷忽热的感觉。常用土木工程材料的比热容见表 2-2。

表 2-2　常用土木工程材料及物质的热工性质

材料名称	钢材	混凝土	松木	烧结普通砖	花岗石	密闭空气	水
比热容 /[J/（g·K）]	0.48	0.84	2.72	0.88	0.92	1.00	4.18
导热系数 /[W/（m·K）]	58	1.51	1.17～0.35	0.80	3.49	0.023	0.58

三、保温隔热性能

在建筑工程中常把 $1/\lambda$ 称为材料的热阻，用 R 表示，单位为 m·K/W。导热系数 λ 和热阻 R 都是评定土木工程材料保温隔热性能的重要指标。防止室内热量的散失称为保温，防止外部热量的进入称为隔热，将保温隔热统称为绝热。

材料的导热系数越小，其热阻值越大，则材料的导热性能越差，其保温隔热性能越好，所以常将 $\lambda \leqslant 0.175$W/（m·K）的材料称为绝热材料。

有隔热保温要求的工程设计，应尽量选用热容量（或比热容）大、导热系数小的材料。

四、热变形性

材料的热变形性是指材料在温度变化时尺寸的变化，一般材料均具有热胀冷缩这一自然属性。材料的热变形性，常用长度方向变化的线膨胀系数表示。土木工程总体上要求材料的热变形不要太大，对于像金属、塑料等线膨胀系数大的材料，因温度和日照都易引起伸缩，成为构件产生位移的原因，在构件接合和组合时都必须予以注意。

任务四 掌握土木工程材料的力学性质

材料的力学性质是指材料在外力作用下的表现，通常用材料在外力作用下的强度或变形性来表示。

一、材料的强度、强度等级和比强度

1. 强度

材料抵抗因外力（荷载）作用而引起破坏的最大能力，即为该材料的强度。其值是以材料受力破坏时单位受力面积上所承受的力表示的，其通式可写为：

$$f = \frac{P}{A} \tag{2-20}$$

式中 f——材料的强度（MPa）；

P——破坏荷载（N）；

A——受荷面积（mm^2）。

材料在建筑物上所受的外力主要有拉力、压力、弯曲及剪力等。材料抵抗这些外力破坏的能力，分别称为抗拉、抗压、抗弯和抗剪强度等。这些强度一般是通过静力试验来测定的，因而总称为静力强度。材料静力强度分类和测定如图 2-4 所示。

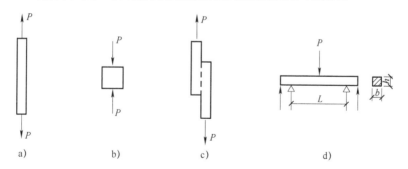

图 2-4 材料静力强度分类和测定

a）抗拉强度 b）抗压强度 c）抗剪强度 d）抗弯强度

材料抗拉、抗压和抗剪等强度按式（2-20）计算；抗弯（折）强度的计算，按受力情况、截面形状等不同，方法各异。如当跨中受一集中荷载的矩形截面试件，如图 2-4d 所示，其抗弯强度按下式计算：

$$f_m = \frac{3PL}{2bh^2}$$

(2-21)

式中　f_m——抗弯（折）强度（MPa）；

　　　P——受弯时破坏荷载（N）；

　　　L——两支点间的距离（mm）；

　　　b——材料截面宽度（mm）；

　　　h——材料截面高度（mm）。

材料的静力强度实际上只是在特定条件下测定的强度值。试验测出的强度值，除受材料的组成、结构等内在因素的影响外，还与试验条件，如试件的形状、尺寸、表面状态、含水率、温度及试验时加荷速度等有密切关系。因此，测定材料强度时必须严格按照统一的标准试验方法进行，才能使试验结果准确且具有互相比较的意义。

2. 强度等级

大部分土木工程材料，根据其极限强度的大小，可划分为若干不同的强度等级。如建筑砂浆按抗压强度分为 M30、M25、M20、M15、M10、M7.5、M5.0 共 7 个强度等级，普通硅酸盐水泥按抗压强度分为 42.5、42.5R、52.5、52.5R 共 2 个强度等级 4 个类型。将土木工程材料划分为若干强度等级，对掌握材料性能、合理选用材料、正确进行设计和控制工程质量都十分重要。

3. 比强度

对不同的材料强度进行比较，可以采用比强度。比强度是按单位质量计算的材料强度，其值等于材料的强度与其体观密度之比，它是衡量材料轻质高强的一个主要指标，优质结构材料的比强度应高。几种典型材料的强度比较见表 2-3。

表 2-3　几种典型材料的强度比较

材料	体积密度 /（kg/m³）	强度 /MPa	比强度
低碳钢（抗拉）	7850	400	0.051
普通混凝土（抗压）	1400	40	0.017
松木（顺纹抗拉）	500	100	0.200
玻璃钢（抗压）	2000	450	0.225
烧结普通砖（抗压）	1700	10	0.005

由表 2-3 数据可知，玻璃钢是轻质高强的高效能材料，而普通混凝土为质量大而强度较低的材料。

4. 影响材料强度测量结果的主要因素

材料强度的测定结果受到诸多因素的影响。主要有：

1）材料的组成、结构和构造。材料强度的大小理论上取决于材料内部质点间结合力的强弱，实际上与材料中存在的结构缺陷有直接关系，组成相同的材料其强度取决于其孔隙率的大小，如图 2-5 所示。

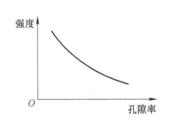

图 2-5　材料强度与孔隙率的关系

2）试验条件。试验方面的因素有：形状、尺寸、表面状况、加荷速度以及试验装置情况等。

3）材料的含水情况。

4）测试时，试件的温度及湿度。

以脆性材料单轴抗压强度试验为例。若采用棱柱体或圆柱体（一般高度为边长或直径的 2～3 倍）试件，测得的抗压强度比立方体小；形状相似时，小试件的抗压强度试验值高于大试件的抗压强度试验值；试件受压面上有凸凹不平或掉角等缺损时，将引起局部应力集中而降低强度试验值。出现这种现象的原因是，试件受压时，试验机压板和试件承压面紧紧相压，接触面上产生的横向摩擦阻力制约着试件横向膨胀变形，抑制了试件的破坏；越接近承压面，横向摩擦阻力的影响越大；高度较小的试件，强度试验值较高，试件破坏形状呈两顶角相接的截锥体；高度较大的试件，强度试验值较低，试件破坏时中间为纵向裂缝，两端呈截锥状体；试件高度越高，中间部位所占比例越大，其强度试验值越低。若在承压面上涂以润滑剂，则由于摩擦阻力几近于 0，试件横向能够自由膨胀，在垂直于加荷方向上发生拉伸应变，当其超过极限变形值时，试件呈纵向裂缝破坏，其强度值将大大降低。另外，当试件尺寸较小时，材料内部各种构造缺陷出现的概率，随试件体积的减小而减小，小试件强度试验值较高。

试件形状、尺寸因素对抗拉、拉弯及抗剪强度的测定值也有类似的影响。试件尺寸较小者强度试验值较高；断面相同时，短试件比长试件的强度值高；截面形状、大小相同的梁，跨度相等时，中间加一个集中荷载所测得的强度值大于两支点间加两个对称集中荷载所测得的强度值。

试验时的加荷速度较快时，材料变形的增长速度落后于应力增长速度，破坏时的强度值偏高；反之，强度试验值偏低。采用刚度大的试验机进行强度测试，所得的强度值也较高。

材料强度的试验值，与试验时的温度及材料含水状况有关。一般来说，温度升高强度将降低。例如钢材及沥青材料，温度对它们的强度都有明显影响。材料中含有水分时，其强度比干燥时低，例如砖、木材及混凝土等材料吸水潮湿后，其强度显著降低。

上述各种因素对强度试验结果影响的程度，与材料的种类有关。如脆性材料受试件形状、尺寸的影响大于塑性材料；沥青材料受温度的影响特别显著；砖及木材等，则应特别注意含水状况对强度试验结果的影响。

☑ 二、材料的弹性与塑性

弹性变形是指在外荷载作用下产生、卸载后自行消失的变形。发生弹性变形的原因是材料受外荷载后质点间的平衡位置发生了改变，但此时外力尚未超过质点间的最大结合力，外力所做功转变为内能（弹性能），外荷载除去后，内能释放，质点恢复到原平衡位置，变形即消失。

材料在外力作用下产生变形，当取消外力后，不能恢复变形，仍然保持变形后的形状和尺寸，并且不产生裂缝的性质，称为材料的塑性。

材料自开始承受荷载至受力破坏前所发生的变形中既有弹性变形部分，又有塑性变形部分。破坏前发生有显著塑性变形时，称为塑性破坏，其变形及破坏过程称为塑性行为；破坏前无显著塑性变形（主要为弹性变形）时，称为脆性破坏，其破坏过程称为脆性行为。

材料破坏时是呈现塑性行为，还是呈现脆性行为，除取决于自身成分、组织、构造等因素外，还与受荷载条件（环境温、湿度等）、试件尺寸、加荷速度及荷载类型等因素有关。

在规定的温度、湿度及加荷方式和加荷速度条件下，对标准尺寸的试件施加荷载，若材料破坏时表现为塑性破坏者，称为塑性材料，如低碳钢、沥青等；表现为脆性破坏者，称为脆性材料，如砖、石料、混凝土等。材料的应力应变曲线如图 2-6 所示。

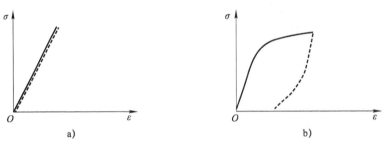

图 2-6　材料的应力应变曲线

a）完全弹性材料　b）弹塑性材料（如混凝土）

当受荷载条件、试件尺寸及荷载类型改变时，材料破坏时所表现的破坏行为也会发生变化。如砖、石料、混凝土等脆性材料，在高温、高压及持久荷载条件下，也可能呈现塑性破坏；沥青材料，在低温及快速加荷时，则是脆性破坏；玻璃或石料等通常为脆性破坏，当制成玻璃纤维或矿物纤维时，则呈现塑性行为。

三、材料的脆性与韧性

在外力作用下，当外力达到一定限度后材料突然破坏，且无明显塑性变形的性质称为脆性。脆性材料抵抗冲击荷载或振动作用的能力很差，其抗压强度比抗拉强度高得多，如混凝土、玻璃、砖、石、陶瓷等。

在冲击、振动荷载作用下，材料能承受较大的变形也不致被破坏的性能称为韧性或冲击韧性，以试件受冲击时单位体积或单位面积内所能够吸收的能量来表示。根据冲击荷载作用方式的不同，分为冲击受压、冲击受拉及冲击弯曲等。对于冲击受压，常以试件破碎时单位体积所消耗的能量作为冲击韧性指标；对于冲击弯曲，常以小梁试件断裂时单位面积上所消耗的能量作为冲击韧性指标。

脆性材料受冲击后容易碎裂；强度低的材料，不能承受较大的冲击荷载；冲击韧性好的材料既具有一定强度，又具有良好的受力变形的综合性能。桥梁、路面、桩及有抗震要求的结构，所用材料均要求考虑冲击韧性。

砖、石料等脆性材料的韧性较小。低碳钢、木材、钢筋混凝土、沥青混凝土及合成高分子材料等具有一定强度，并能承受显著变形，其冲击韧性较高。

四、材料的硬度与耐磨性及磨耗

硬度是指材料表面抵抗其他硬物压入或刻划的能力。不同材料的硬度测定方法不同。按刻划法，矿物硬度分为 10 级（莫氏硬度），其硬度递增的顺序为：滑石（1）；石膏（2）；方解石（3）；萤石（4）；磷灰石（5）；正长石（6）；石英（7）；黄玉（8）；刚玉（9）；金刚（10）。木材、混凝土、钢材等的硬度常用钢球压入法测定（布氏硬度 HB）。一般硬度大的材料耐磨性较强，但不易加工。

耐磨性是指材料表面抵抗磨损的能力，常用磨损率（B）表示：

$$B = \frac{m_1 - m_2}{A} \tag{2-22}$$

式中　m_1、m_2——试件被磨损前、后的质量（g）；

A——试件受磨损的面积（cm^2）。

材料同时受到摩擦和冲击两种作用而造成的质量和体积损耗现象称为磨耗。道路工程所用路面材料，必须考虑抵抗磨损及磨耗的性能。在水利工程中，如滚水坝的溢流面、闸墩和闸底板等部位，经常受到挟砂高速水流的冲刷作用或水底挟带石子的冲击作用而遭受破坏。这些部位都需要考虑材料抵抗磨损及磨耗的性能。

材料的硬度较大、韧性好、构造较密实时，其抗磨损及磨耗的能力较强。用于道路、地面、踏步等部位的材料均应考虑其硬度和耐磨性。一般来说，强度较高且密实的材料，磨损率越低，硬度较大，耐磨性较好。

任务五　熟悉土木工程材料的耐久性和声学性能

 **一、耐久性**

材料的耐久性是指材料在使用过程中，抵抗其自身和环境的长期破坏作用，保持其原有性能而不发生破坏、变质的性能。

材料在使用过程中，除受到各种外力作用外，还长期受到周围环境介质和自然因素的破坏作用。这些破坏作用一般可分为物理作用、化学作用、机械作用、生物作用等。

1）物理作用：包括环境温度、湿度的交替变化，即冷热、干湿、冻融等循环作用。材料在温湿交替中，将发生膨胀、收缩或产生内应力，长期的反复作用将使材料变形、开裂甚至破坏。

2）化学作用：包括大气和环境水中的酸、碱、盐或其他有害物质对材料的侵蚀作用，以及日光、紫外线等对材料的作用，使材料发生腐蚀、碳化、老化等现象，材料会逐渐丧失使用功能。

3）机械作用：包括荷载的持续作用，交变荷载对材料引起的疲劳、冲击、磨损等现象。

4）生物作用：包括菌类、昆虫等的侵害作用，导致材料发生腐朽、虫蛀等破坏。

一般矿物质材料如石材、砖瓦、陶瓷、混凝土等，暴露在大气中时，主要受到大气的物理作用；当材料处于水位变化区或水中时，还受到环境水的化学侵蚀作用。金属材料在大气中易被锈蚀。沥青及高分子材料在阳光、空气及辐射的作用下，会逐渐老化、变质而破坏。影响材料耐久性的外部因素往往通过其内部因素而发生作用，与材料耐久性有关的内部因素主要是材料的化学组成、结构和构造的特点。当材料含有易与其他外部介质发生化学反应的成分时，就会造成因其抗渗性和耐腐蚀能力差而引起破坏。

对材料耐久性最可靠的判断，是对其在使用条件下进行长期的观察和测定，但这需要很长的时间，往往满足不了工程的需要。所以常常根据使用要求，用一些实验室可测定又能基本反映其耐久性特性的短时试验指标来表达。如常用软化系数反映材料的耐水性；用实验室的冻融循环（数小时一次）试验得出的抗冻等级反映材料的抗冻性；采用较短时间的化学介质浸渍反映实际环境中的水泥石长期腐蚀现象等。

为了提高材料的耐久性，以利于延长建筑物的使用寿命和减少维修费用，可根据使用情况和材料特点，采取相应的措施。如设法减轻大气或周围介质对材料的破坏作用（如降低湿度、排除侵蚀性物质等），提高材料本身对外界作用的抵抗能力（如提高材料的密实度、采取防腐措施等），也可用其他材料保护主体材料免受破坏（如覆面、抹灰、刷涂料等）。

二、材料的吸声性能

物体振动时，迫使邻近空气随着振动而形成声波，当声波接触到材料表面时，一部分被反射，一部分穿透材料，而其余部分则在材料内部的孔隙中引起空气分子与孔壁的摩擦和黏滞阻力，使相当一部分声能转化为热能而被吸收。被材料吸收的声能（包括穿透材料的声能在内）与原先传递给材料的全部声能之比，是评定材料吸声性能好坏的主要指标，称为吸声系数，用下式表示

$$\alpha = \frac{E_0}{E} \qquad (2\text{-}23)$$

式中　α——材料的吸声系数；

　　　E——传递给材料的全部入射声能；

　　　E_0——被材料吸收（包括透过）的声能。

假如入射声能的 70% 被吸收，30% 被反射，则该材料的吸声系数 α 等于 0.7。当入射声能 100% 被吸收而无反射时，吸声系数等于 1。一般材料的吸声系数在 0～1 之间，吸声系数越大，则吸声效果越好。只有悬挂的空间吸声体，由于有效吸声面积大于计算面积，可获得吸声系数大于 1 的情况。

> **特别提示**
>
> 为了全面反映材料的吸声性能，规定取 125Hz、250Hz、500Hz、1000Hz、2000Hz、4000Hz 等 6 个频率的吸声系数来表示材料的特定吸声频率，则这 6 个频率的平均吸声系数大于 0.2 的材料，可称为吸声材料。

吸声材料能抑制噪声和减弱声波的反射作用。为了改善声波在室内传播的质量，保持良好的音响效果和减少噪声的危害，在进行音乐厅、电影院、大会堂、播音室等内部装饰时，应使用适当的吸声材料，在噪声大的厂房内有时也采用吸声材料。一般来讲，对同一

种多孔材料，体积密度增大时（即空隙率减小时），对低频声波的吸声效果有所提高，而对高频声波的吸声效果则有所降低。增加多孔材料的厚度，可提高对低频声波的吸声效果，而对高频声波则没有多大影响。材料内部孔隙越多、越细小，吸声效果越好。如果孔隙太大，则效果较差；如果材料总的孔隙大部分为单独的封闭气泡（如聚氯乙烯泡沫塑料），则因声波不能进入，从吸声机理上来讲，就不属于多孔性吸声材料。当多孔材料表面涂刷油漆或材料吸湿时，则因材料表面的孔隙被水分或涂料堵塞，使其吸声效果大大降低。

三、材料的隔声性能

材料能减弱或隔断声波传递的性能称为隔声性能。人们要隔绝的声音按其传播途径有空气声（通过空气传播的声音）和固体声（通过固体的撞击或振动传播的声音）两种，两者隔声的原理不同。

对空气声的隔绝主要是依据声学中的"质量定律"，即材料的体积密度越大，越不易受声波作用而产生振动，因此，其声波通过材料传递的速度迅速减弱，其隔声效果越好，所以，应选用体积密度大的材料（如钢筋混凝土、实心砖等）作为隔绝空气声的材料。对固体声隔绝的最有效措施是断绝其声波继续传递的途径，即在产生和传递固体声波的结构（如梁、框架与楼板、隔墙以及它们的交接处等）层中加入具有一定弹性的衬垫材料，以阻止或减弱固体声波的继续传播。

结构的隔声性能用隔声量表示，隔声量是指入射与透过材料声能相差的分贝（dB）数。隔声量越大，隔声性能越好。

≈≈≈≈≈≈≈≈≈≈≈≈≈≈≈≈≈≈≈≈≈≈≈≈≈≈≈≈≈≈≈≈≈≈≈≈≈≈
拓展知识——中国国家大剧院的建筑声学创新应用

国家大剧院主体建筑由外部围护钢结构壳体和内部 2416 座的歌剧院、2017 座的音乐厅、1040 座的戏剧院、公共大厅及配套用房组成。其外部围护钢结构壳体呈半椭球形，东西长 210m，南北长 140m，高 46m，地下部分深 32.5m。椭球形屋面主要采用钛金属板饰面，中部为渐开式玻璃幕墙。椭球壳体外环绕人工湖，入口和通道设在水面下，如图 2-7 所示。

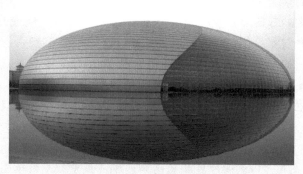

图 2-7 中国国家大剧院

中国国家大剧院造型新颖、前卫，构思独特，是目前世界上最大的穹顶。其在建筑声学上的主要创新点体现如下：

1）"蛋壳"底层喷涂纤维素防止雨噪声。国家大剧院的3.6万"蛋壳"采用了钛金属装饰面轻型屋盖减轻结构荷载，这种结构存在着室内会受到雨点撞击金属屋面产生雨噪声干扰的问题。建筑师在设计时，创造性地在屋盖底层采用纤维素喷涂的设计，即在屋盖板下，喷涂一层25mm厚的K-13纤维素喷涂吸声材料。

2）戏剧院的MLS声扩散墙面。戏剧院观众厅墙面采用了MLS设计的声扩散墙面，这种墙面看上去像凸凹起伏的、不规则排列的竖条，可以达到扩散声音，可保证室内声场的均匀性，使声音更美妙动听的目的。MLS称为最大长度序列，是一种数论算法，其扩散声音的原理是：声波到达墙面的某个凹凸槽后，一部分入射到深槽内产生反射，另一部在槽表面产生反射，两者接触界面的时间有先后，反射会出现相位不同，叠加在一起成为局部非定向反射，大量不规则排列的凹凸槽整体上形成了声音的扩散反射。

3）音乐厅GRC扩散装饰板。中国国家大剧院的音乐厅的顶棚和墙面采用了平均厚度达到4cm的GRC（增强纤维水泥成形板）。顶棚上的GRC装饰有看似凌乱的沟槽，侧墙GRC为起伏的表面，起到扩散反射声音的作用。平面反射的声音类似于镜子，会因局部声音强烈反射影响音质，扩散反射类似于被磨毛的乌玻璃，声音反射更加均匀、柔和。另外，厚重的GRC板还能够有效地防止低频吸收，增强厅内的低频混响时间，使低音效果（如管风琴、大管、大提琴等）更加具有震撼力和感染力。

4）歌剧院金属透声装饰网。长方的体形有利于反射声音，音质最好，但视觉效果太古板，而椭圆的体形会使声音聚焦，音质不好，但有曲线的优美视觉效果。中国国家大剧院的设计师在歌剧院墙面上使用了一种透声装饰网，完美地解决室内视觉效果和听觉效果之间的矛盾问题。这是一种金色网子，看上去像优美的墙，但可以透过声音。网是弧形的，声音透过去后的墙是长方形的，这样就使视觉为弧形，而听觉为长方形，一举两得。这种应用于歌剧院的网的设计在世界上是第一次。

5）歌剧院木装饰板顶棚的混凝土覆层。歌剧院的顶棚是实木板拼接装饰顶棚，配合大型的椭圆形灯带，在侧墙金色网的辉映下，显得金碧辉煌，古典而别致。为了防止顶棚因木板产生的不良低频吸收，以顶棚为模板，在其上密质地浇灌了一层4cm厚度的混凝土，增加了质量，提高了低频反射效果。

6）舒适的观众厅声学软座椅。中国国家大剧院的软座椅，采用了人体工程学设计，外形优美，安坐舒适。而且，软座椅还具有重要的吸声作用。观众厅内大量的观众所形成的吸声量是不容忽视的，为了控制室内吸声，座椅吸声系数必须符合设计要求，座椅的聚氨酯内填料、织物面料、软垫的面积、软垫的厚度等都经过了严格的设计，一方面达到了观众厅吸声的设计要求，另一方面坐人时和不坐人时具有相同的吸声系数，保证观众厅的室内在空场、满场、部分上座率等不同观众人数时具有基本一致的室内声学效果。

7）Z形轻钢减振龙骨轻质隔声墙。为了保证国家大剧院的录音室、演播室、琴房等轻质隔墙的隔声性能，采用了一种特殊结构的Z形轻钢减振龙骨，用于安装石膏板隔墙。Z形轻钢减振龙骨比常规的C形轻钢龙骨更有弹性，隔声性能更好，尤其在难于隔绝的低频部分隔声优势更大。

任务六 了解材料的组成、结构与构造

一、材料的组成

材料的组成不仅影响材料的化学稳定性，而且也是决定材料各种性质的重要因素。材料的化学组成是指材料是由化学元素组成的。通常金属材料以化学元素含量百分数表示；无机非金属材料以元素的氧化物含量百分数表示；有机高分子材料常以构成高分子材料的一种或几种低分子化合物（单体）来表示。材料的化学成分直接影响材料的化学性质，也是决定材料物理性质及力学性质的重要因素。

材料的物相组成是指材料是由具有一定化学成分和结构特征的单质或化合物，例如有机高分子材料分子组成的基本单元为链节。链节是由一种或几种低分子化合物按特定结构构成的基本单元。链节的多次重复即构成合成高分子材料。例如，聚氯乙烯的链节为氯乙烯，其重复次数称为聚合度。

矿物是指具有一定化学成分和一定结构及物理力学性质的物质或单质的总称。矿物是构成岩石及各类无机非金属材料的基本单元。例如，花岗岩的矿物组成主要是石英和长石；石灰岩的矿物组成为方解石。材料的矿物组成直接影响无机非金属材料的性质。

二、材料的结构与构造

材料的结构对材料的性质有重要影响。材料的结构一般分为宏观、细观和微观三个层次。

1. 宏观结构

土木工程材料的宏观结构是指肉眼可以看到或者借助放大镜可观察到的（毫米级）粗大组织。其尺寸大于 10^{-3}m 级以上。宏观结构又可以细分为散粒结构、聚集结构、多孔结构等。

2. 细观结构

细观结构（原称为亚微观结构）是指用光学显微镜可以观察到的微米级的组织结构。其尺寸范围为 $10^{-6} \sim 10^{-3}$m。

3. 微观结构

微观结构是指借助电子显微镜或 X 射线，可以观察到的材料的原子、分子级的结构，微观结构的尺寸范围为 $10^{-10} \sim 10^{-6}$m。材料微观结构又可分为晶体、玻璃体、胶体三种形式。

（1）晶体 晶体是内部质点（原子、离子、分子）在空间上按特定的规则呈周期性排列时形成的结构。质点的这种规则排列构架称为晶格。构成晶格的最基本的几何单元称为晶胞。晶体是由大量形状、大小和位向完全相同的晶胞堆砌而成的。故晶体结构取决于晶胞的类型及尺寸。

晶体的物理力学性质，除与其质点的本性及其晶体结构形态有关外，还与质点间结合力有关，这种结合力称为结合键。结合键可分为离子键、共价键、金属键和分子键四种。

按组成材料的晶体质点及结合键的不同，晶体可分为如下几种：

1）离子键和离子晶体。由正、负离子间的静电引力形成的离子键构成的晶体称为离子晶体。离子键的结合力比较大，故离子晶体具有较高的强度、硬度和熔点，但较脆。其固体状态是电、热的不良导体，熔、溶状态时可导电。

2）共价键和原子晶体。共价键的特点是两个原子共享价电子对。由原子以共价键构成的晶体称为共价晶体（或称为原子晶体），如石英、金刚石等。共价键的结合力很大，故原子晶体具有高强度、高硬度和高熔点。但塑性变形能力很差，只有将共价键破坏才能使材料产生永久变形。通常为电、热的不良导体。

3）金属键和金属晶体。金属键结合的特点是价电子的"公有化"。由金属阳离子组成晶格，自由电子运动其间，阳离子与自由电子形成金属键，金属键的结合力较强。金属晶体的晶格一般是排列密集的晶体结构，如铁的体心立方体结构，故金属材料一般密度较大。金属晶体有较高的硬度和熔点，具有很好的塑性变形性能，并具有导电和传热性质。

4）分子键和分子晶体。分子键也称为范德瓦尔斯力，是存在于中性原子或分子之间的结合力，本质上是一种物理键，依分子键结合起来的晶体称为分子晶体。分子键结合力很弱，分子晶体具有较大的变形性能、熔点很低，为电、热的不良导体。

分子键是普遍存在的，但当有前述化学键存在时，它会被遮盖而被忽略；对由数个分子或由多个分子组成的微细颗粒或超微细颗粒（如纳米颗粒），其间范德瓦尔斯力的作用则是很重要的。

此外，还有一种特殊的分子键——氢键，它是由氢原子与 O、F、N 等原子相结合时形成的一种附加键。氢键是一种物理键，但比范氏键强。

在实际材料中，大多数晶体并不是由前述某一种类型键结合的，而是存在着混合键。此外，材料的性质还与晶粒大小及分布状态有关。一般晶粒越细、分布越均匀，材料的强度越高。

（2）玻璃体　将熔融物质迅速冷却（急冷），使其内部质点来不及按规则排列就凝固，这时形成的物质结构即为玻璃体，又称为无定形体或非晶体。它与晶体的区别在于质点排列没有一定规律性（或仅在局部存在规律性，也称为近程有序）。非晶体没有特定的几何外形，是各向同性的，也没有固定的熔点，如石英玻璃等。

由于玻璃体凝固时没有结晶放热过程，在内部蓄积着大量内能，因此，它是一种不稳定的结构，可逐渐地发生结构转化。它具有较高的化学活性，这也是其能与其他物质起化学反应的原因之一。

（3）胶体　物质以极其微小的颗粒（粒径为 $10^{-9} \sim 10^{-7}$m）分散在连续相介质中形成的结构，称为胶体。当胶体的物理力学性质取决于介质时，此种胶体称为溶胶。溶胶具有可流动的性质。

由于微粒具有很大的表面积和表面能，当其数量较多（胶体浓度大）或在其物理化学作用下，颗粒相互吸附凝聚会形成网状结构。此时，胶体反映出微粒的物理力学性质，称为凝胶。

凝胶体中颗粒之间由范德华力结合。在搅拌、振动等剪切力的作用下，结合键很容易断裂，使凝胶变为溶胶，黏度降低，重新具有流动性。但静置一定时间后，溶胶又会慢慢地恢复成凝胶，这一转变过程可以反复多次。凝胶－溶胶这种互变的性质称为触变性。

上述有关胶体的各种性质，随微粒尺寸的减小而更为突出，对于粒径不十分小的微粉颗粒也会在一定程度上表现出胶体的各种性质。如含水较多的水泥浆体具有溶胶性质，开始初凝的水泥浆具有凝胶性质及触变性。

≈≈≈≈≈≈≈≈≈≈≈≈≈≈≈≈≈≈≈≈≈≈≈≈≈≈≈≈≈≈≈≈≈≈≈≈≈≈≈

知识拓展——宇宙空间的土木工程材料

为了开辟新的生存空间，人类正在向宇宙进军。在距离地球表面 400～500km 的地球周围轨道上建设大型结构物，即宇宙空间站，建立太空旅馆，实现月球旅行等，是人类的梦想，尽管这种想法距离现实还有些遥远，但已有一些国家，例如美国、加拿大、欧洲各国、日本等先进国家已经在这方面投入了力量进行研究开发。宇宙环境与地球表面、海洋以及地下都有很大差别，宇宙站以一定的速度围绕地球转动，其离心力与重力取得平衡，处于无重力环境。利用这种特殊的环境有可能制造出在地球上无法实现的高纯度、高均质、完全结晶等特殊功能的新型材料。同时，宇宙环境下温度变化非常剧烈，例如同一个宇宙工作站，被太阳光照射到的部位温度达 150℃ 左右，而太阳光照射不到的部位可达到零下150℃ 的低温状态。因此用于宇宙空间建筑的材料必须适应剧烈的温度变化，高温时不发生软化，低温时不发生脆断。同时，材料在宇宙放射线的照射下不能发生严重的老化。所以用于宇宙空间建筑的材料必须具有高强度、高耐久性和温度适应性。目前有可能达到这种优良性能的材料有钛合金、铝合金以及碳纤维增强塑料（CFRP）等复合材料。

≈≈≈≈≈≈≈≈≈≈≈≈≈≈≈≈≈≈≈≈≈≈≈≈≈≈≈≈≈≈≈≈≈≈≈≈≈≈≈

项目三 胶凝材料

 知识目标

1. 掌握石膏、石灰的特性。
2. 掌握硅酸盐水泥的矿物组成、凝结硬化机理和技术性质。
3. 了解硅酸盐水泥和其他品种水泥的基本性质。

 能力目标

1. 能够抽取水泥检测的试样。
2. 能够对水泥检测项目进行检测，精确读取检测数据。

在土木工程中，凡是经过一系列物理、化学变化，能将其他散体的固体材料胶结成整体并具有一定强度的材料，统称为胶凝材料。

胶凝材料按其化学成分可分为无机胶凝材料和有机胶凝材料。有机胶凝材料主要有沥青、树脂等。无机胶凝材料按其凝结硬化条件和使用特性又可分为气硬性无机胶凝材料和水硬性无机胶凝材料两类。气硬性无机胶凝材料不能在水中硬化，但能在空气或其他条件下硬化、保持或发展强度，气硬性无机胶凝材料一般只适用于干燥环境中，而不宜用于潮湿环境中，更不可用于水中。水硬性无机胶凝材料不仅能在空气中硬化，而且在水中能更好地硬化、保持或继续发展强度，这类材料通称为水泥，如硅酸盐水泥、铝酸盐水泥、硫铝酸盐水泥等。

任务一　了解几种常见气硬性无机胶凝材料

气硬性无机胶凝材料因其只能在空气中凝结硬化，保持并继续发展其强度，一般只适用于干燥环境中，典型材料有石灰、石膏、水玻璃等。

一、石灰

石灰是建筑上使用时间较长、应用较广泛的一种气硬性无机胶凝材料。由于其原料来源广、生产工艺简单、成本低等优点，被广泛地应用于建筑领域。

1. 石灰的生产和品种

（1）石灰的生产　生产石灰的原料是以碳酸钙（$CaCO_3$）为主要成分的天然矿石，如石灰石、白垩、白云质石灰石等。将原料在高温下煅烧即可得到石灰（块状生石灰），其主要成分为氧化钙。在这一反应过程中由于原料中同时含有一定量的碳酸镁，在高温下会分解为氧化镁及二氧化碳，因此生成物中也会有氧化镁存在。其反应如下：

$$CaCO_3 == CaO + CO_2\uparrow$$

$$MgCO_3 == MgO + CO_2\uparrow$$

一般来说，在正常温度和煅烧时间条件下煅烧的石灰具有多孔、颗粒细小、体积密度小以及与水反应速度快等特点，这种石灰称为正火石灰。而实际生产过程中由于煅烧过低或温度过高会产生欠火石灰或过火石灰。

若煅烧温度较低，不仅使煅烧的时间过长，而且石灰块的中心部位还没有完全分解，石灰中含有未分解完的碳酸钙，此时称其为欠火石灰，它会降低石灰的利用率，但欠火石灰在使用时不会带来危害。

若煅烧温度过高，使煅烧后得到的石灰结构致密、孔隙率小、体积密度大，晶粒粗大，易被玻璃物质包裹，因此它与水的化学反应速度极慢，称其为过火石灰。正火石灰已经水化，并且开始凝结硬化，而过火石灰才开始进行水化，且水化后的产物较反应前体积膨胀，导致已硬化后的结构产生裂纹或崩裂、隆起等现象，这对石灰的使用是非常不利的。

特别提示

生石灰烧制后一般是块状，表面可观察到部分疏松贯通孔隙，由于含有一定杂质，并非呈现氧化钙的纯白色，而是多呈浅白色或灰白色，称为块灰。

（2）石灰的品种 根据石灰中氧化镁含量的不同，将生石灰分为钙质生石灰（MgO ≤ 5%）和镁质生石灰（MgO > 5%）。将消石灰粉分为钙质消石灰粉（MgO < 4%）、镁质消石灰粉（4% ≤ MgO < 24%）和白云石消石灰粉（24% ≤ MgO < 30%）。

目前应用最广泛的是将生石灰粉碎、筛选制成灰钙粉用于腻子等材料中。此外还有主要成分为氢氧化钙的熟石灰（消石灰）和含有过量水的熟石灰（石灰膏）。

2. 石灰的熟化和硬化

（1）石灰的熟化 石灰的熟化是指生石灰（氧化钙）与水发生水化反应生成熟石灰（氢氧化钙）的过程。这一过程也叫作石灰的消解或消化。其反应方程式为

$$CaO + H_2O == Ca(OH)_2 + 64.83kJ$$

生石灰熟化具有如下特点：

1）水化放热大，水化放热速度快。这主要是由生石灰的多孔结构及晶粒细小而决定的。其最初一小时放出的热量是硅酸盐水泥水化一天放出热量的9倍。

2）水化过程中体积膨胀。生石灰在熟化过程中其外观体积可增大1～2.5倍。煅烧良好、氧化钙含量高的生石灰，其熟化速度快、放热量大、体积膨胀也大。

生石灰的熟化主要是通过以下过程来完成的：将生石灰块置于化灰池中，加入3～4倍生石灰量的水熟化成石灰乳，通过筛网过滤渣子后流入储灰池，经沉淀除去表层多余水分后得到的膏状物称为石灰膏，石灰膏含水约50%，体积密度为1300～1400kg/m³。一般1kg生石灰可熟化成1.5～3L的石灰膏。为了消除过火石灰在使用过程中造成的危害，通常将石灰膏在储灰池中存放两周以上，使过火石灰在这段时间内充分地熟化，这一过程叫作"陈伏"。陈伏期间，石灰膏表面应敷盖一层水（也可用细砂）以隔绝空气，防止石灰浆表面碳化，此种方法称为化灰法。

消石灰粉的熟化方法是：每半米高的生石灰块淋适量的水（生石灰量的 60% ～ 80%），直至数层，经熟化得到的粉状物称为消石灰粉，加水量以消石灰粉略湿但不成团为宜。这种方法称为淋灰法。

（2）石灰的硬化　石灰的硬化过程主要有结晶硬化和碳化硬化两个过程。

1）结晶硬化。这一过程也可称为干燥硬化过程，在这一过程中，石灰浆体的水分蒸发，氢氧化钙从饱和溶液中逐渐结晶出来。干燥和结晶使氢氧化钙产生一定的强度。

2）碳化硬化。碳化硬化过程实际上是水与空气中的二氧化碳首先生成碳酸，然后再与氢氧化钙反应生成碳酸钙，同时析出多余水分并蒸发，这一过程的反应式为

$$Ca(OH)_2 + CO_2 + nH_2O === CaCO_3 + (n+1)H_2O$$

生成的碳酸钙晶体互相共生或与氢氧化钙颗粒共生，构成紧密交织的结晶网，从而使浆体强度提高。上述两个过程是同时进行的，在石灰浆体的内部，对强度起主导作用的是结晶硬化过程，而在浆体表面与空气接触的部分进行的是碳化硬化，由于外部碳化硬化形成的碳酸钙膜达一定厚度时，就会阻止外界的二氧化碳向内部渗透和内部水分向外蒸发，再加上空气中二氧化碳的浓度较低，所以碳化过程一般较慢。

3. 石灰的现行标准与技术要求

（1）分类与标记　根据现行行业标准《建筑生石灰》（JC/T 479—2013），按生石灰的加工情况分为建筑生石灰和建筑生石灰粉，按生石灰的化学成分分为钙质石灰和镁质石灰两类。根据化学成分的含量每类分成各个等级，具体分类见表 3-1。生石灰的识别标志由产品名称、加工情况和产品依据标准编号组成。生石灰块在代号后加 Q，生石灰粉在代号后加 QP。

表 3-1　建筑生石灰的分类

类别	名称	代号
钙质石灰	钙质石灰 90	CL 90
	钙质石灰 85	CL 85
	钙质石灰 75	CL 75
镁质生石灰	镁质石灰 85	ML 85
	镁质石灰 80	ML 80

示例：符合 JC/T 479—2013 的钙质生石灰粉 90 标记如下：

CL 90-QP JC/T 479—2013

说明：CL——钙质石灰；90——（CaO+MgO）百分含量；QP——粉状；JC/T 479—2013——产品依据标准。

（2）技术要求　建筑生石灰的化学成分见表 3-2。

表 3-2　建筑生石灰的化学成分　　　　　　　　　　　　（单位：%）

名称	(CaO+MgO) 含量	MgO	CO_2	SO_3
CL 90-Q CL 90-QP	≥ 90	≤ 5	≤ 4	≤ 2
CL 85-Q CL 85-QP	≥ 85	≤ 5	≤ 7	≤ 2

（续）

名称	(CaO+MgO) 含量	MgO	CO_2	SO_3
CL 75-Q CL 75-QP	≥ 75	≤ 5	≤ 12	≤ 2
ML 85-Q ML 85-QP	≥ 85	> 5	≤ 7	≤ 2
ML 80-Q ML 80-QP	≥ 80	> 5	≤ 7	≤ 2

建筑生石灰的物理性质见表 3-3。

表 3-3 建筑生石灰的物理性质

名称	产浆量 (dm³/10kg)	细度	
		0.2mm 筛余量 (%)	90um 筛余量 (%)
CL 90-Q CL 90-QP	≥ 26 —	— ≤ 2	— ≤ 7
CL 85-Q CL 85-QP	≥ 26 —	— ≤ 2	— ≤ 7
CL 75-Q CL 75-QP	≥ 26 —	— ≤ 2	— ≤ 7
ML 85-Q ML 85-QP	— —	— ≤ 2	— ≤ 7
ML 80-Q ML 80-QP	— —	— ≤ 7	— ≤ 2

注：其他物理特性，根据用户要求，可按照《建筑石灰试验方法 第 1 部分：物理试验方法》(JC/T 478.1—2013) 进行测试。

建筑消石灰粉的使用需要满足行业标准《建筑消石灰》(JC/T 481—2013) 的规定。

4. 石灰的性质及应用

（1）石灰的技术性质

1）保水性、可塑性好。材料的保水性就是材料保持水分不泌出的能力。石灰加水后，由于氢氧化钙的颗粒细小，其表面吸附一层厚厚的水膜，降低了颗粒之间的摩擦力，具有良好的塑性，易铺摊成均匀的薄层，而这种颗粒数量多，总表面积大，所以石灰又具有很好的保水性；又由于颗粒间的水膜使得颗粒间的摩擦力较小，使得石灰浆具有良好的保水性，石灰的这种性质常用来改善水泥砂浆的和易性。

2）凝结硬化慢、强度低。石灰是一种气硬性无机胶凝材料，因此它只能在空气中硬化，而空气中 CO_2 含量低，且碳化后形成较硬的 $CaCO_3$ 薄膜阻止外界 CO_2 向内部渗透，同时又阻止了内部水分向外蒸发，结果导致 $CaCO_3$ 及 $Ca(OH)_2$ 晶体生成的量少且速度慢，使硬化体的强度较低，此外，虽然理论上生石灰消化需要约 32.13% 的水，而实际上用水量却很大，多余的水分蒸发后在硬化体内留下大量孔隙，这也是硬化后石灰强度很低的一个原因。经测定石灰砂浆（1：3）的 28d 抗压强度仅 0.2 ～ 0.5MPa。

3）耐水性差。由于石灰浆体硬化慢、强度低，在石灰浆体中，大部分仍是尚未碳化的

$Ca(OH)_2$，而 $Ca(OH)_2$ 易溶于水，从而使硬化体溃散，故石灰不宜用于潮湿环境中。

4）硬化时体积收缩大。由于石灰浆中存在大量的游离水，硬化时大量水分因蒸发失去，导致内部毛细管失水紧缩，从而引起体积收缩，所以除用石灰乳做薄层粉刷外，不宜单独使用。常在施工中掺入砂、麻刀、无机纤维等，以抵抗收缩引起的开裂。

5）吸湿性强。生石灰吸湿性强、保水性好，是一种传统的干燥剂。

6）化学稳定性差。石灰是一种碱性材料，遇酸性物质时易发生化学反应，生成新物质。石灰材料容易遭受酸性介质的腐蚀。

（2）石灰的应用

1）制作石灰乳涂料。将石灰加水调制成石灰乳，可用作内墙、外墙及顶棚涂料，一般多用于内墙涂料。

2）拌制建筑砂浆。将消石灰粉与砂子、水混合拌制石灰砂浆或消石灰粉与水泥、砂子、水混合拌制石灰水泥混合砂浆，用于抹灰或砌筑，后者在建筑工程中用量很大。

3）拌制三合土和灰土。将生石灰粉、黏土按一定的比例配合，并加水拌和得到的混合料叫作灰土，如工程中的三七灰土、二八灰土（分别表示熟石灰和黏土的体积比例为 3 : 7 和 2 : 8）等，夯实后可以作为建筑物的基础、道路路基及垫层。将生石灰粉、黏土、砂按一定比例配合，并加水拌和得到的混合料叫作三合土，夯实后可作为路基或垫层。

4）生产硅酸盐制品。将石灰与硅质原料（石英砂、粉煤灰、矿渣等）混合磨细，经成形、养护等工序后可制得人造石材，由于它以水化硅酸钙为主要成分，因此又叫作硅酸盐混凝土。这种人造石材可以加工成各种砖及砌块。

5）地基加固。对于含水的软弱地基，可以将生石灰块灌入地基的桩孔捣实，利用石灰消化时体积膨胀所产生的巨大膨胀压力而将土壤挤密，从而使地基土获得加固效果，俗称石灰桩。

5. 石灰的储运

石灰在储运中必须注意，生石灰要在干燥的条件下运输和储存。运输中要有防雨措施，不得与易燃易爆等危险液体物品混合存放和运输。若长时间存放生石灰，则必须密闭防水、防潮，一般存放不超过一个月，做到"随到随化"，将储存期变为熟化期。消石灰储运时应包装密封，以隔绝空气、防止碳化。

≈≈

 案例

某砌筑工程采用了石灰砂浆内墙抹面，干燥硬化后，墙面出现了部分网格状开裂及部分放射状裂纹，如图 3-1 所示，分析原因。

图 3-1 墙面裂缝局部示意图

出现引例现象的原因如下：

1）网状裂纹主要是由于石灰本身的干燥收缩大（砂掺量偏少）引起的。

2）放射状裂纹是由于存在过火石灰大颗粒而石灰又未能充分熟化而引起的。

在实际工程中，广泛采用含有石灰成分的砂浆，如石灰砂浆、水泥石灰混合砂浆、石灰麻刀（纸筋）灰浆等作为内墙或顶棚的抹面材料。施工中经常会出现这样一些现象，即在抹灰面施工完或使用一个阶段后，抹灰面会出现一个个炸裂的小坑或鼓包，即爆灰。

二、石膏

1. 石膏的原料及生产

（1）石膏的原料　生产石膏的原料有天然二水石膏、天然无水石膏和化工石膏等。

天然二水石膏又称为软石膏或生石膏。它的主要成分为含两个结晶水的硫酸钙（$CaSO_4 \cdot 2H_2O$），二水石膏晶体无色透明，当含有少量杂质时，呈灰色、淡黄色或淡红色，其密度约为 $2.2 \sim 2.4g/cm^3$，难溶于水，它是生产建筑石膏和高强石膏的主要原料。

（2）石膏的生产

1）建筑石膏。将天然石膏入窑经低温煅烧后，磨细即得建筑石膏，其反应式如下：

$$CaSO_4 \cdot 2H_2O = CaSO_4 \cdot 0.5H_2O + 1.5H_2O$$

天然二水石膏的成分为二水硫酸钙，建筑石膏的成分为半水硫酸钙，由此可见建筑石膏是天然二水石膏脱去部分结晶水得到的 β 型半水石膏。建筑石膏为白色粉末，松散堆积密度为 $800 \sim 1000kg/m^3$，密度为 $2500 \sim 2800kg/m^3$。

2）高强石膏。将二水石膏置于蒸压锅内，经 0.13MPa 的水蒸气（125℃）蒸压脱水，得到晶粒比 β 型半水石膏粗大的产品，称为 α 型半水石膏，将此石膏磨细得到的白色粉末称为高强石膏。

高强石膏由于晶体颗粒较粗、表面积小，拌制相同稠度时需水量比建筑石膏少（约为建筑石膏的一半），因此该石膏硬化后结构密实、强度高（7d 可达 $15 \sim 40MPa$）。高强石膏生产成本较高，主要用于室内高级抹灰、装饰制品和石膏板等。若掺入防水剂可制成高强度抗水石膏，在潮湿的环境中使用。

2. 石膏的凝结与硬化

建筑石膏与适量水拌和后形成浆体，然后水分逐渐蒸发，浆体失去可塑性，逐渐形成具有一定强度的固体。其反应式为

$$CaSO_4 \cdot 0.5H_2O + 1.5H_2O = CaSO_4 \cdot 2H_2O$$

这一反应是建筑石膏生产的逆反应，其与石膏生产的主要区别在于此反应是在常温下进行的。另外，由于半水石膏的溶解度高于二水石膏，所以上述可逆反应总体表现为向右进行，即表现为沉淀反应。就其物理过程来看，随着二水石膏沉淀的不断增加也会产生结晶。随着结晶体的不断生成和长大，晶体颗粒之间便产生了摩擦力和黏结力，造成浆体开始失去可塑性，这一现象称为石膏的初凝。而后，随着晶体颗粒间摩擦力和黏结力的增加，浆体最终完全失去可塑性，这种现象称为石膏的终凝。整个过程称为石膏的凝结。石膏终

凝后，其晶体颗粒仍在不断长大和连生，形成相互交错且孔隙率逐渐减小的结构，其强度也会不断增大，直至水分完全蒸发，形成硬化后的石膏结构，这一过程称为石膏的硬化。建筑石膏的水化、凝结及硬化是一个连续的、不可分割的过程，也就是说，水化是前提，凝结硬化是结果。

3. 建筑石膏的技术要求

根据《建筑石膏》（GB/T 9776—2008）规定，建筑石膏的主要技术要求为强度、细度和凝结时间，据此可分为不合格品、合格品 2 个等级，具体指标见表 3-4。

表 3-4　建筑石膏技术标准

等级	细度（0.2mm 方孔筛筛余）(%)	凝结时间 /min		2h 强度 /MPa	
		初凝	终凝	抗折	抗压
3.0	≤ 10	≥ 3	≤ 30	≥ 3.0	≥ 6.0
2.0				≥ 2.0	≥ 4.0
1.6				≥ 1.6	≥ 3.0

注：指标中有一项不合格者，应予以降级或报废处理。

① 将浆体开始失去可塑性的状态称为浆体初凝，从加水至失去可塑性这段时间称为初凝时间。

② 至浆体完全失去可塑性并开始产生强度称为浆体终凝，从加水至完全失去可塑性称为浆体的终凝时间。

4. 建筑石膏的性质

（1）凝结硬化快　建筑石膏的凝结硬化速度很快，国家标准规定初凝不小于 3min，终凝不大于 30min，若在自然干燥条件下，一周左右可完全硬化。由于石膏的凝结速度太快，为方便施工，常掺加适量的缓凝剂（如硼砂、骨胶等）来延缓其凝结速度。

（2）硬化时体积微膨胀　建筑石膏硬化时具有微膨胀性，其体积膨胀率约为 0.05% ～ 0.15%。石膏的这一特性使得它的制品表面光滑、棱角清晰、线脚饱满、装饰性好，常用来制作石膏制品。

（3）孔隙率大、表观密度小、强度低、保温和吸声性好　建筑石膏的水化反应理论上需水量仅为 18.6%，但在搅拌时为了使石膏充分溶解、水化并使得石膏浆体具有施工要求的流动度，实际加水量达 50% ～ 70%，而多余的水分蒸发后在石膏硬化体的内部将留下大量的孔隙，其孔隙率可达 50% ～ 60%。由于这一特性使石膏制品导热系数小，仅为 0.121 ～ 0.205W/（m·K）、保温隔热性能好，但其强度较低。由于硬化体的多孔结构特点，使建筑石膏具有质轻、保温隔热、吸声性强等优点。

（4）具有一定的调温、调湿作用　建筑石膏制品的热容量大、吸湿性强，因此，可对室内空气具有一定调节温度和湿度的作用。

（5）防火性好、耐火性差　建筑石膏制品的导热系数小、传热速度慢，且二水石膏受热脱水产生的水蒸气蒸发并吸收热量，能有效阻止火势的蔓延。但二水石膏脱水后，强度显著下降，故建筑石膏制品不耐火。

（6）装饰性好、可加工性好　建筑石膏制品表面平整，色彩洁白，并可以进行锯、刨、钉、雕刻等加工，具有良好的装饰性和可加工性。

（7）耐水性和抗冻性差　建筑石膏是气硬性无机胶凝材料，吸水性大，长期在潮湿的环境中，其晶粒间的结合力会削弱直至溶解，故石膏的耐水性差。另外，建筑石膏中的水分一旦受冻会产生破坏，即抗冻性差。

5. 建筑石膏的应用与储运

（1）室内抹灰及粉刷　建筑石膏加水、砂及缓凝剂拌和成石膏砂浆，用于室内抹灰或作为油漆打底使用，其特点是隔热保温性能好、热容量大、吸湿性强，因此可以一定限度地调节室内温度、湿度，保持室温的相对稳定，此外这种抹灰墙面还具有阻火、吸声、施工方便、凝结硬化快、黏结牢固等特点，因此可将其作为室内高级粉刷及抹灰材料。石膏砂浆抹灰的墙面和顶棚可直接涂刷油漆或粘贴墙布或墙纸等。

（2）建筑石膏制品　随着框架轻板结构的发展，石膏板的生产和应用也迅速发展起来。由于石膏板具有原料来源广泛、生产工艺简便、轻质、保温、隔热、吸声、不燃及可锯可钉性等特点，因此它被广泛应用于建筑行业。常用的石膏板有纸面石膏板、纤维石膏板、装饰石膏板、空心石膏板、吸声用穿孔石膏板等。以模型石膏为主要原料，掺加少量纤维增强材料和胶料，加水搅拌成石膏浆体，将浆体注入模具中，就得到了各种建筑装饰制品，如多孔板、花纹板、浮雕板等。

石膏在运输储存的过程中应注意防水、防潮。另外长期储存会使石膏的强度下降很多（一般储存 3 个月后强度会下降 30% 左右），因此建筑石膏不宜长期储存。一旦储存时间过长，应重新检验确定等级。

≈≈

知识拓展——纸面石膏板

纸面石膏板主要用于建筑隔墙（非承重墙）及室内吊顶，工程中应用非常广泛。纸面石膏板在性能上有以下特点：

1）具有一定的隔声性能。相比于加气混凝土、膨胀珍珠岩板等构成的单层墙体，其厚度很大时才能满足隔声的要求；用纸面石膏板、轻钢龙骨和岩棉制品制成的隔墙是利用空腔隔声的，隔声效果好。

2）收缩较小。纸面石膏板化学物理性能稳定，干燥吸湿过程中伸缩率较小，有效克服了目前国内其他轻质板材在使用过程中由于自身伸缩较大而引起接缝开裂的缺陷。

3）质量轻、强度能满足使用要求。纸面石膏板的厚度一般为 9.5 ～ 12mm，每平方米自重只有 6 ～ 12kg。用两张纸面石膏板中间夹轻钢龙骨就是很好的隔墙，该纸面石膏板墙体每平方米自重不超过 30 ～ 45kg，仅为普通砖墙的 1/5 左右。用纸面石膏板作为内墙材料，其强度也能满足要求，厚度 12mm 的纸面石膏板纵向断裂载荷可达 500N 以上。

4）具有一定的湿度调节作用。由于纸面石膏板的孔隙率较大并且孔结构分布适当，所以具有较高的透气性能。当室内湿度较高时可吸湿，而当空气干燥时又可放出一部分水分，因而纸面石膏板对室内湿度起到一定的调节作用，国外将纸面石膏板的这种功能称为"呼吸"功能。另外纸面石膏板经防潮处理后，可用于如宾馆、饭店、住宅等居住单元的卫生间、浴室等；纸面石膏板也可用于常年保持高潮湿或有明显水蒸气的环境，如公共浴室、厨房操作间、高湿工业场所、地下室等。

5）具有良好的防火性能。纸面石膏板是一种耐火土木工程材料，内有大约 2% 的游离水，纸面石膏板遇火时，这部分水首先汽化，能消耗部分热量，延缓了墙体温度的上升。

另外纸面石膏板中的水化物是二水石膏，它含有相当于全部质量 20% 左右的结晶水。当板面温度上升到 80℃ 以上时，纸面石膏板开始分解出结晶水，并在面向火源的表面产生一层水蒸气幕，产生良好的防火效果。纸面石膏板芯材（二水硫酸钙）脱水成为无水石膏（硫酸钙），同时吸收了大量的热量，从而延缓了墙体温度的上升，给消防救护工作提供了宝贵的时间。

三、水玻璃

1. 水玻璃的组成

水玻璃俗称泡花碱，是由碱金属氧化物和二氧化硅按不同比例化合而成的一种可溶于水的硅酸盐。常用的水玻璃有硅酸钠 [$Na_2O \cdot nSiO_2$ 水溶液（钠水玻璃]和硅酸钾 [$K_2O \cdot nSiO_2$ 水溶液（钾水玻璃）]。水玻璃分子式中 SiO_2 与 Na_2O（或 K_2O）的分子数比值 n 叫作水玻璃的模数。水玻璃的模数越大，越难溶于水，越容易分解硬化，硬化后黏结力、强度、耐热性与耐酸性越高。

液体水玻璃因所含杂质不同，呈青灰色、绿色或黄色，以无色透明的液体水玻璃为最好，建筑上常用钠水玻璃的模数 n 为 $2.5 \sim 3.5$，密度为 $1.3 \sim 1.4 g/cm^3$。

2. 水玻璃的硬化

水玻璃溶液在空气中吸收 CO_2 气体，析出无定形二氧化硅凝胶（硅胶）并逐渐干燥硬化，反应式为

$$Na_2O \cdot nSiO_2 + mH_2O + CO_2 = nSiO_2 \cdot mH_2O + Na_2CO_3$$

由于空气中 CO_2 浓度较低，为加速水玻璃的硬化，可加入氟硅酸钠（Na_2SiF_6）作为促硬剂，以加速硅胶的析出，反应式为

$$2Na_2O \cdot nSiO_2 + Na_2SiF_6 + mH_2O = (2n+1)SiO_2 \cdot mH_2O + 6NaF$$

氟硅酸钠的适宜加入量为水玻璃质量的 $12\% \sim 15\%$，加入氟硅酸钠后，水玻璃的初凝时间可缩短到 $30 \sim 50min$，终凝时间可缩短到 $240 \sim 360min$，7d 基本达到最高强度；若其加入量超过 15%，则凝结硬化速度很快，造成施工困难。值得注意的是，氟硅酸钠有毒，操作时应该注意安全。

3. 水玻璃的性质

（1）黏结力强、强度较高　水玻璃硬化具有良好的黏结能力和较高的强度，这主要是由于在硬化过程中析出的硅酸凝胶具有很强的黏附性，用水玻璃配制的玻璃混凝土，抗压强度可达到 $15 \sim 40MPa$。

（2）耐酸性好　硬化后水玻璃的主要成分是硅酸凝胶，而硅酸凝胶不与酸类物质反应，因而水玻璃具有很好的耐酸性，可抵抗除氢氟酸、过热磷酸以外的几乎所有的无机酸和有机酸。

（3）耐热性好　硅酸凝胶具有高温干燥增加强度的特性，因而水玻璃具有很好的耐热性。水玻璃的耐热温度可达 1200℃。

4. 水玻璃的应用

（1）涂刷材料表面，提高材料的抗风化能力　硅酸凝胶可填充材料的孔隙使材料致密。

以一定密度的水玻璃浸渍或涂刷黏土砖、水泥混凝土、石材等多孔材料，可提高材料的密实度、强度、抗渗性、抗冻性及耐水性等，从而提高了材料的抗风化能力。这是因为水玻璃与空气中的二氧化碳反应生成硅酸凝胶，同时水玻璃也与材料中的氢氧化钙反应生成硅酸钙凝胶，两者填充于材料的孔隙中，使材料趋于致密。但不能涂刷或浸渍石膏制品，因两者会发生反应，在制品孔隙中生成硫酸钠结晶，体积膨胀，将制品胀裂。

（2）耐酸性的应用　水玻璃具有较高的耐酸性，用水玻璃和耐酸粉料，粗、细骨料配合，可制成防腐工程的耐酸胶泥、耐酸砂浆和耐酸混凝土等。

（3）耐热性的应用　水玻璃硬化后形成 SiO_2 非晶态空间网状结构，具有良好的耐火性，因此可与耐热晶粒一起配制成耐热砂浆、耐热混凝土及耐热胶泥等。

（4）配制速凝防水剂　水玻璃加两种、三种或四种矾，即可配制成二矾、三矾、四矾速凝防水剂，从而提高砂浆的防水性。其中四矾防水剂凝结迅速，一般不超过 1min，适用于堵塞漏洞、缝隙等局部抢修工程。但由于凝结过快，不宜调配用作屋面或地面的刚性防水层的水泥防水砂浆。

（5）加固土壤　将水玻璃与氯化钙溶液分别压入土壤中，两种溶液会发生反应生成硅酸凝胶，这些凝胶体包裹土壤颗粒，填充空隙、吸水膨胀，使土壤固结，提高地基的承载力，同时使其抗渗性也得到提高。

〰〰〰〰〰〰〰〰〰〰〰〰〰〰〰〰〰〰〰〰〰〰〰〰〰〰〰〰〰〰〰〰〰

知识拓展——菱苦土

菱苦土又名苛性苦土、苦土粉，它的主要成分是氧化镁，是一种纯白或灰白色、细粉状的气硬性胶凝材料。菱苦土用水拌和时，生成结构疏松、胶凝性较差的 $Mg(OH)_2$。为改善其性能，工程中常用 $MgCl_2$ 溶液拌和，拌后浆体硬化较快，强度较高（可达 $40 \sim 60MPa$），但其吸湿性强、耐水性较差（水会溶解其中的可溶性盐类）。

菱苦土与植物纤维黏结性好，不会引起纤维的分解。因此，常与木丝、木屑等木质纤维混合应用，制成菱苦土木屑地板、木丝板及刨花板等制品，也可进一步加工成家具等制品。菱苦土板有较高的紧密度和强度，且具有隔热、吸声效果，可作内墙和顶棚材料，在菱苦土中加泡沫剂，还可制成轻质多孔的绝热材料。

菱苦土耐水性较差，故其制品不宜用于长期潮湿的地方。菱苦土在使用过程中，常用 $MgCl_2$ 水溶液调制，其中氯离子对钢筋有锈蚀作用，故其制品中不宜配置钢筋。

〰〰〰〰〰〰〰〰〰〰〰〰〰〰〰〰〰〰〰〰〰〰〰〰〰〰〰〰〰〰〰〰〰

任务二　熟悉通用硅酸盐水泥

水泥是一种粉状水硬性胶凝材料，加水拌和后形成塑性浆体，能胶结砂、石等材料，并能在空气和水中硬化，是土木工程中用量最大的材料之一，广泛应用于工业民用建筑、道路、水利和国防等工程。水泥作为胶凝材料能与其他材料一起制成普通混凝土、钢筋混凝土、预应力混凝土构件，也可配制砌筑砂浆、装饰砂浆、抹面砂浆、防水砂浆等。

水泥按其用途和性能分为通用水泥、专用水泥和特种水泥三类。一般土木建筑工程通常采用的是通用硅酸盐水泥，包括硅酸盐水泥、普通硅酸盐水泥、矿渣硅酸盐水泥、火山灰质硅酸盐水泥、粉煤灰硅酸盐水泥和复合硅酸盐水泥等六种。在一些特殊工程中，还使

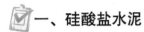

用专用水泥和特种水泥，如快硬硅酸盐水泥、抗硫酸盐水泥、膨胀水泥和低热水泥等。

☑ 一、硅酸盐水泥

以石灰质原料（CaO）与黏土质原料（Al_2O_3，Fe_2O_3）为主，加入少量辅助原料（铁矿粉等），按一定比例配合，磨细成生料粉，经充分混合后送入窑中煅烧至部分熔融，得到颗粒状的熟料，再与适量石膏共同磨细，即可得到 P·I 型硅酸盐水泥。生产工艺概括起来为"两磨一烧"，其生产工艺流程，如图 3-2 所示。

图 3-2 硅酸盐水泥生产工艺流程示意图

1.硅酸盐水泥熟料的矿物组成

硅酸三钙：$3CaO \cdot SiO_2$，简写为 C_3S，含量为 37%～60%。

硅酸二钙：$2CaO \cdot SiO_2$，简写为 C_2A，含量为 15%～37%。

铝酸三钙：$3CaO \cdot Al_2O_3$，简写为 C_3A，含量为 7%～15%。

铁铝酸四钙：$4CaO \cdot Al_2O_3 \cdot Fe_2O_3$，简写为 C_4AF，含量为 10%～18%。

除主要熟料矿物外，水泥中还含有少量游离氧化钙、游离氧化镁和碱性物质，总含量一般不超过水泥量的 10%，但对水泥的性能影响较大。

各种水泥熟料矿物单独与水作用时表现出的特性见表 3-5。

表 3-5 各种水泥熟料矿物单独与水作用时表现出的特性

名称		硅酸三钙 C_3S	硅酸二钙 C_2S	铝酸三钙 C_3A	铁铝酸四钙 C_4AF
与水反应速度		中	慢	快	中
水化热		中	低	高	中
对强度的作用	早期	高	低	中	中
	后期	高	高	低	中
耐化学侵蚀		中	良	差	优

由上可知，不同熟料矿物与水作用时所表现的性能是不同的，改变熟料中矿物组成的相对含量，水泥的技术性能也会随之变化，可配制成具有不同特性的硅酸盐水泥。若提高硅酸三钙的相对含量，可以制得快硬高强水泥；减少铝酸三钙的含量，提高硅酸二钙的含量，可以制得水化热低的低热水泥等。

2.硅酸盐水泥的水化、凝结及硬化

（1）水化 物质由无水状态变为有水状态，由低含水变为高含水，统称为水化。

硅酸盐水泥熟料加水拌和后，在常温下，四种主要熟料矿物与水发生水解或水化反应。

$$2(3CaO) \cdot SiO_2 + 6H_2O = 3CaO \cdot 2SiO_2 \cdot 3H_2O（水化硅酸钙）+ 3Ca(OH)_2$$

$$2(2CaO \cdot SiO_2) + 4H_2O === 3CaO \cdot 2SiO_2 \cdot 3H_2O（水化硅酸钙）+ Ca(OH)_2$$

$$3CaO \cdot Al_2O_3 + 6H_2O === 3CaO \cdot Al_2O_3 \cdot 6H_2O（水化铝酸三钙）$$

$$4CaO \cdot Al_2O_3 \cdot Fe_2O_3 + 7H_2O === 3CaO \cdot Al_2O_3 \cdot 6H_2O（水化铝酸三钙）+ CaO \cdot Fe_2O_3 \cdot H_2O（水化硅酸钙）$$

纯水泥熟料磨细后，与水反应快，凝结时间很短，不便使用，为了调节水泥的凝结时间，在熟料磨细时，掺适量（3%左右）石膏（$CaSO_4 \cdot 2H_2O$）。这些石膏与反应最快的熟料矿物铝酸三钙的水化产物作用，生成难溶的水化硫铝酸钙，覆盖于未水化的铝酸三钙周围阻止其继续快速水化，因而延缓了水泥的凝结时间。在有石膏存在的情况下，C_3A 水化的最终产物与石膏掺量有关。最初反应如下：

$$3CaO \cdot Al_2O_3 \cdot 6H_2O + 3(CaSO_4 \cdot 2H_2O) + 19H_2O ===$$

$$3CaO \cdot Al_2O_3 \cdot 3CaSO_4 \cdot 31H_2O（高硫型水化硫铝酸钙）$$

高硫型水化硫铝酸钙，简称钙矾石，常用符号 AFT 表示。若石膏在 C_3A 完全水化前耗尽，则 AFT 与 C_3A 作用生成单硫型水化硫铝酸钙（$3CaO \cdot Al_2O_3 \cdot 3CaSO_4 \cdot 12H_2O$），常用 AFM 表示。

综上所述，硅酸盐水泥水化后，生成的主要水化产物为水化硅酸钙（$3CaO \cdot 2SiO_2 \cdot 3H_2O$）、氢氧化钙 [$Ca(OH)_2$]、水化铝酸三钙（$3CaO \cdot Al_2O_3 \cdot 6H_2O$）、水化铁酸钙（$CaO \cdot Fe_2O_3 \cdot H_2O$）和水化硫铝酸钙（$CaO \cdot Al_2O_3 \cdot 3CaSO_4 \cdot 31H_2O$）等，其中水化硅酸钙几乎不溶于水，立即以胶体颗粒析出，渐渐聚成凝胶，称为 C·S·C 凝胶，而水化铝酸钙和水化硫铝酸钙及氢氧化钙为晶体。水化硅酸钙约占 70%，氢氧化钙约占 20%。

（2）水泥的凝结硬化过程　水泥加水拌和初期形成具有可塑性的浆体，然后逐渐变稠并失去可塑性的过程称为凝结。浆体的强度逐渐提高并变成坚硬的石状固体（水泥石），这一过程称为硬化。

水泥加水拌和后，水泥颗粒分散在水中，成为水泥浆体，如图 3-3a 所示。水泥颗粒表面的水泥熟料先溶解于水中，然后与水反应，逐渐形成水化物膜层，此时的水泥浆既有可塑性又有流动性，如图 3-3b 所示。随着水化反应的持续进行，水化物增多、膜层增厚，并互相接触，形成疏松的空间网格。这时，水泥浆体失去流动性和部分可塑性，但未具有强度，此即为"初凝"，如图 3-3c 所示。水化作用不断深入并加速进行，生成较多的凝胶和晶体水化物，并互相贯穿而使网络结构不断加强，终至浆体失去可塑性，并具有一定的强度，可承受一定的荷载，此即为"终凝"，如图 3-3d 所示。以后，水化反应进一步进行，水化物也随时间的延长而增加，且不断填充于毛细孔中，水泥水化物网络结构更趋致密，强度进一步提高并逐渐变成坚硬岩石状固体——水泥石，这一过程称为"硬化"。实际上，水泥的凝结与硬化是一个连续而复杂的物理过程，而且初凝与终凝也是对水泥水化阶段的人为规定。

水泥的凝结硬化过程，也是水泥强度发展的过程。水泥石的强度与水化产物的数量有关，而在相同水泥品种及水灰比下，水化产物数量是随水化时间（龄期）延长而增加的，一般水泥加水拌和后的 28d 内水化速度较快，强度发展也较快，随后则显著减慢。但是只要维持适当的温度和湿度，水泥强度在几个月、几年，甚至几十年后还会缓慢增加。

（3）影响硅酸盐水泥凝结硬化因素　在水泥品种一定时，影响水泥石结构强度的主要因素有水灰比、水化时间、水化环境的温度和湿度以及施工方法等。

1）水泥的熟料矿物组成及细度。水泥熟料中各种矿物的凝结硬化特点不同，当水泥中各矿物的相对含量不同时，水泥的凝结硬化特点就不同。水泥磨得越细，水泥颗粒的平均粒径越小，比表面积越大，水化时与水的接触面越大，因而水化速度快，凝结硬化快，早期强度就高。

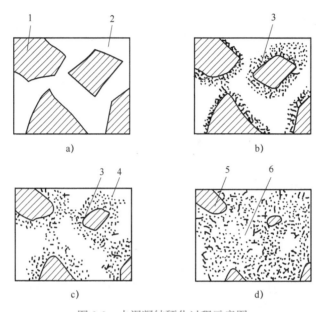

图 3-3　水泥凝结硬化过程示意图

a) 分散在水中的水泥颗粒　　b) 在水泥颗粒表面形成水化物膜层

c) 膜层长大并相互连接（凝结）　　d) 水化继续，水化物填充毛细孔（硬化）

1—水泥颗粒　2—水　3—凝胶　4—晶体　5—未水化的水泥颗粒　6—毛细孔

2）水泥浆的水灰比。水泥浆的水灰比是指水泥浆中水与水泥的质量之比。当水泥浆中加水较多时水灰比较大，此时水泥的初期水化反应得以充分进行；但是水泥颗粒间原来被水隔开的距离较远，颗粒间相互连接形成骨架结构所需的凝结时间长，所以水泥浆凝结较慢且空隙多，降低了水泥石的强度。

3）石膏的掺量。硅酸盐水泥中加入适量的石膏会起到良好的缓凝效果，且由于钙矾石的生成，还能提高水泥石的强度。但是石膏掺量过多时，可能危害水泥石的安定性。

4）环境温度和湿度。水泥水化反应的速度与环境的温度、湿度有关，只有处于适当温度、湿度下，水泥的水化、凝结和硬化才能进行。通常，温度、湿度较高时，水泥的水化、凝结和硬化速度就较快。若水泥处于干燥环境，浆体中水分蒸发完毕后，则水泥无法继续水化，因而强度也不再增加，因此混凝土工程在浇灌后 2～3 周内必须加强洒水养护，以保证水化时所必需的水分，使水泥得到充分水化。温度对水泥凝结硬化的影响也很大，温度升高，凝结硬化的速度加快，强度增加也较快；温度降低，凝结硬化速度减缓，强度增加缓慢。当温度低于5℃时，凝结硬化速度大大减慢；当温度低于0℃时，硬化将完全停止，并可能遭受冰冻破坏，因此，冬季施工时，需要采取保温措施。保持水泥浆温度和湿度的措施称为水泥的养护。

5）龄期。水泥浆随着时间的延长水化物增多，内部结构就逐渐致密，一般来说，强度不断增长。

3. 水泥石的结构

硬化后的水泥石是由未水化的水泥颗粒、水化产物（主要包括水化硅酸钙凝胶体和结晶体）、凝胶体中的孔隙以及毛细孔（含有部分水分）组成的多孔体系。

4. 硅酸盐水泥的应用

硅酸盐水泥强度较高，常用于重要结构的混凝土和预应力混凝土工程中。由于硅酸盐水泥凝结硬化较快，抗冻性和耐磨性好，适用于早期强度要求高、凝结快、冬季施工及严寒地区遭受反复冰冻的工程。水泥石中有较多的氢氧化钙，其水泥石抵抗软水侵蚀和抗化学腐蚀的能力差，故不宜用于受流动的软水和有水压作用的工程，也不宜用于受海水和矿物水作用的工程。由于硅酸盐水泥水化时放出的热量大，因此也不宜用于大体积混凝土工程中。不能用硅酸盐水泥配置耐热混凝土，也不宜用于耐热要求高的工程中。

二、通用水泥

通用水泥，即通用硅酸盐水泥，是以硅酸盐熟料和适量的石膏及规定的混合材料制成的水硬性胶凝材料，用于一般土木建筑工程中。通用硅酸盐水泥按混合材料的品种和掺加量分为硅酸盐水泥、普通硅酸盐水泥、矿渣硅酸盐水泥、火山灰质硅酸盐水泥、粉煤灰硅酸盐水泥和复合硅酸盐水泥。通用硅酸盐水泥品种、代号及组分见表3-6。

表 3-6　通用硅酸盐水泥品种、代号及组分

品种	代号	组分（质量分数）(%)				
		熟料＋石膏	粒化高炉矿渣	火山灰质混合材料	粉煤灰	石灰石
硅酸盐水泥	P·I	100	—	—	—	—
	P·II	≥95	≤5	—	—	—
		≥95	—	—	—	≤5
普通硅酸盐水泥	P·O	≥80且<95	>5且≤20			—
矿渣硅酸盐水泥	P·S·A	≥50且<80	>20且≤50	—	—	—
	P·S·B	≥30且<50	>50且≤70	—	—	—
火山灰质硅酸盐水泥	P·P	≥60且<80	—	>20且≤40	—	—
粉煤灰硅酸盐水泥	P·F	≥60且<80	—	—	>20且≤40	—
复合硅酸盐水泥	P·C	≥50且<80	>20且≤50			

1. 硅酸盐水泥熟料

硅酸盐水泥熟料是指由主要含 CaO、SiO_2、Al_2O_3、Fe_2O_3 的原料，按适当比例磨成细粉烧至部分熔融所得的以硅酸钙为主要矿物质成分的水硬性胶凝物质。其中硅酸钙矿物质含量（质量分数）不小于66%，氧化钙和氧化硅质量比不小于2.0。

2. 混合材料

在水泥生产过程中，为改善水泥性能，调节水泥强度等级，常掺入人工或天然的矿物材料，称为混合材料。混合材料一般为天然的矿物材料或工业废料。根据所加矿物质材料的性质，可分为活性混合材料和非活性混合材料。混合材料有天然的，也有人工的（工业废渣等）。

（1）活性混合材料　活性混合材料是具有火山灰性或潜在水硬性，或兼有火山灰性和潜在水硬性两种性能的矿物质材料，其矿物成分主要是活性 SiO_2 和活性 Al_2O_3。这些活性成分会与水泥熟料的水化产物——$Ca(OH)_2$ 发生反应，生成水化硅酸钙和水化铝酸钙，称为二次水化反应。$Ca(OH)_2$ 是易受腐蚀的成分，活性 SiO 和活性 Al_2O_3 与 $Ca(OH)_2$ 作用后，减少了水泥水化产物 $Ca(OH)_2$ 的含量，相应提高了水泥石的抗腐蚀性能。

水泥中常用的活性混合材料有以下几种：

1）粒化高炉矿渣。粒化高炉矿渣是由高炉冶炼生铁所得，以硅酸钙与硅铝酸钙等为主要成分的熔融物，经急速冷却得到的产物。矿渣的化学成分主要是 CaO、Al_2O_3、SiO_2，通常占总量的 90% 以上，此外尚有少量的 MgO、FeO 和一些硫化物等。粒化高炉矿渣的绝大部分为不稳定的玻璃体，有较高的潜在化学活性，在有少量激发剂的作用下，其浆体具有水硬性，因此具有潜在水硬性。

2）火山灰质混合材料。凡是天然或人工的以 SiO_2 和 Al_2O_3 为主要成分，具有火山灰性的矿物质材料，称为火山灰质混合材料。如天然的火山灰、凝灰岩、浮石、硅藻土、蛋白石等，人工的烧黏土、煤渣、炉渣等。

3）粉煤灰。从电厂煤粉炉烟道气体中收集的粉末，颗粒细小，呈玻璃态实心或空心球状，以 SiO_2 和 Al_2O_3 为主要化学成分，含有少量 CaO，具有火山灰性。

（2）非活性混合材料　在水泥中主要起填充作用，不与水泥矿物成分或水化产物起化学反应，不损害水泥性能的矿物质材料称为非活性混合材料（也可称为填充性混合材料）。掺入水泥中主要起调节水泥强度等级、增加水泥产量、减小水化热等作用。常用的有磨细石英砂、石灰石粉、黏土及磨细的块状高炉矿渣与炉灰等。

3. 几种通用水泥的比较

1）矿渣硅酸盐水泥、火山灰质硅酸盐水泥、粉煤灰硅酸盐水泥、复合硅酸盐水泥这四种水泥与硅酸盐水泥或者普通硅酸盐水泥相比，具有如下共同特点：

① 四种水泥含熟料较少，活性混合材料较多，其水化反应分两步进行。首先是熟料矿物水化，生成的水化产物与硅酸盐水泥基本相同；随后水化产物中的氢氧化钙与活性混合材料中的活性氧化硅、活性氧化铝发生二次水化反应，生成新的水化产物。它们的凝结硬化过程基本上与硅酸盐水泥相同。

② 四种水泥在常温下二次水化反应进行缓慢，因此凝结硬化也较慢，水化放热较小，早期强度较低。但在硬化后期（28d 以后），由于二次水化反应，水化硅酸钙凝胶增多，水泥石强度不断增加，甚至超过同强度等级的硅酸盐水泥。

③ 四种水泥的二次水化反应对环境的温度和湿度条件较为敏感，温度低时硬化较慢。为保证水泥强度的稳步增长，需要较长时间的养护。若采用蒸汽养护或蒸压养护等湿热处理方法，则能显著加快硬化速度，并且在处理完毕后不会影响后期强度的增加。

④ 四种水泥水化所析出的氢氧化钙较少，而且二次水化反应时又消耗掉大量的氢氧化钙，水泥石剩余的氢氧化钙少。因此，这些水泥的抗软水、海水和硫酸盐腐蚀的能力比硅酸盐水泥强。此外，由于水泥石的碱度较低，其抗碳化能力也较弱。

⑤ 四种水泥掺入的混合材料较多，使水泥的需水量增加，容易形成粗大孔隙和毛细管通路，导致抗冻性和耐磨性较差。

2）由于掺入混合材料的品种和数量不同，这四种水泥还有以下各自的特点：

① 矿渣硅酸盐水泥中混合材料掺量较多，由于粒化高炉矿渣比熟料难磨细，使水泥中的矿渣颗粒比熟料颗粒大，且磨细的矿渣颗粒有尖锐棱角，导致保水能力较差，泌水性较大，因此容易析出多余水分，形成大量孔隙，使水泥的抗渗性和抗干湿循环能力差，且干缩较大，易产生裂纹。

② 矿渣是耐火掺加料，因此矿渣硅酸盐水泥具有较高的耐热性。

③ 火山灰硅酸盐水泥在潮湿环境或水中养护时，火山灰质混合材料吸收石灰而产生膨胀胶化作用，形成较多的水化硅酸钙凝胶，使水泥石结构致密。因此，有较高的密实度和抗渗性。

④ 火山灰硅酸盐水泥在干燥环境中，二次水化反应会停止，强度也停止增加，已形成的水化硅酸钙凝胶逐渐干燥，产生较大的体积收缩而形成细微裂纹。

⑤ 火山灰硅酸盐水泥的抗硫酸盐腐蚀能力与掺入的火山灰质混合材料种类有关。当掺入烧黏土质混合材料时，则耐硫酸盐腐蚀能力较差。

⑥ 粉煤灰硅酸盐水泥中的粉煤灰颗粒呈球状，比表面积较小，吸附水的能力较小，需水量较小。因而干缩性小，抗裂性较高。

⑦ 复合硅酸盐水泥由于在水泥熟料中掺入了两种或者两种以上规格的混合材料，因此较掺单一混合材料的水泥具有更好的适用效果，它适用于一般混凝土工程。复合硅酸盐水泥的性能一般受所用各混合材料的种类、掺量及比例的影响，大体上其性能与矿渣硅酸盐水泥、火山硅酸盐灰水泥及粉煤灰硅酸盐水泥相似。

根据上述特点，这些水泥除适用于地面工程外，特别适用于地下和水中的一般混凝土和大体积混凝土结构以及蒸汽养护的混凝土构件，也适用于一般抗硫酸盐侵蚀的工程。

☑ 三、水泥的腐蚀

水泥硬化后，在通常使用条件下耐久性较好。但是，在某些介质中，水泥石中的各种水化产物会与介质发生各种物理化学作用，导致混凝土强度降低，甚至遭到破坏，这种现象称为水泥的腐蚀。

1. 常见腐蚀现象

（1）软水侵蚀（溶出性侵蚀） 水泥是水硬性无机胶凝材料，有足够的抗水能力。但当水泥石长期与软水相接触时，其中一些水化物将按照溶解度的大小，依次逐渐被水溶解。在各种水化物中，氢氧化钙的溶解度最大，所以首先被溶解。如在静水及无水压的情况下，由于周围的水迅速被溶出的氢氧化钙饱和，溶出作用很快终止，所以溶出仅限于表面，影响不大。但在流动水中，特别是在有水压作用而且水泥石的渗透性又较大的情况下，水流不断将氢氧化钙溶出并带走，降低了周围氢氧化钙的浓度。随着氢氧化钙浓度的降低，其他水化产物如水化硅酸钙、水化铝酸钙等，也将发生分解使水泥石结构遭到破坏，强度不断降低，最后引起整个建筑物的破坏。当环境水的水质较硬，即水中重碳酸盐含量较高时，可与水泥石中的氢氧化钙起作用，生成几乎不溶于水的碳酸钙，反应如下

$$Ca(OH)_2 + Ca(HCO_3)_2 (重碳酸钙) \Longrightarrow 2CaCO_3 \downarrow + 2H_2O$$

生成的碳酸钙积聚在水泥石的孔隙内，形成密实的保护层，阻止介质水的渗入，所以，水的硬度越高，对水泥腐蚀越小。

（2）硫酸盐腐蚀 在一般的河水和湖水中，硫酸盐含量不多。但在海水、盐沼水、地

下水及某些工业污水中常含有钠、钾、铵等硫酸盐，它们与水泥石中的水化产物发生持续反应，生成水化硫铝酸钙。而水化硫铝酸钙含有大量结晶水，其体积比原有体积增加1.5倍，由于是在已经固化的水泥石中发生的，因此，对水泥石产生巨大的破坏作用。水化硫铝酸钙呈针状结晶，故常称为"水泥杆菌"。

（3）镁盐腐蚀　在海水及地下水中常含有大量镁盐，主要是硫酸镁及氯化镁。它们与水泥石中的氢氧化钙作用产生的氢氧化镁松软而无胶结能力，氯化钙易溶于水，生成的二水石膏则引起硫酸盐的连锁破坏作用。

（4）酸的腐蚀

1）碳酸腐蚀：在工业污水和地下水中，常溶有较多的 CO_2，CO_2 与水泥石中的 $Ca(OH)_2$ 反应生成 $CaCO_3$，$CaCO_3$ 继续与 CO_2 反应，生成易溶于水的重碳酸钙。

随着 $Ca(OH)_2$ 浓度的降低，还会导致水泥中其他水化物的分解，使腐蚀进一步加剧。

2）一般酸的腐蚀：在工业废水、地下水、沼泽水中常含有无机酸和有机酸。它们与水泥石中的氢氧化钙作用后生成的化合物，或溶于水，或体积膨胀，而导致破坏。

此外，强碱（如氢氧化钠）也可导致水泥石的膨胀破坏。

2. 水泥石腐蚀的防止

水泥石的腐蚀过程是一个复杂的物理化学过程，它在遭受腐蚀作用时往往是几种腐蚀同时存在，互相影响。发生水泥石腐蚀的基本原因：一是水泥石中存在引起腐蚀的成分 $Ca(OH)_2$ 和水化铝酸钙；二是水泥石本身不密实，有很多毛细孔通道，侵蚀性介质容易进入其内部；三是周围环境存在腐蚀介质的影响。

根据对以上腐蚀原因的分析，可采取下列防止措施：

1）根据侵蚀环境的特点，合理选用水泥品种。

2）提高水泥石的密实度，减少侵蚀介质渗透作用。

3）在水泥石（混凝土）表面加做保护层，如沥青防水层、水玻璃涂层、耐酸石料（陶瓷）等。

四、通用硅酸盐水泥的选用和储存

1. 选用

通用水泥是土木建设工程中用途最广、用量最大的水泥品种，其特性和选用原则见表3-7，仅供参考。

表3-7　通用水泥的特性及适用范围

		硅酸盐水泥	普通硅酸盐水泥	矿渣硅酸盐水泥	火山灰硅酸盐水泥	粉煤灰硅酸盐水泥
特性	硬化	快	较快	慢	慢	慢
	早期强度	高	较高	低	低	低
	水化热	高	高	低	低	低
	抗冻性	好	较好	差	差	差
	耐热性	差	较差	好	较差	较差
	干缩性	较小	较小	较大	较大	较小
	抗渗性	较好	较好	差	较好	较好
	耐蚀性	差	较差	好	好	好
	泌水性	较小	较小	较大	小	小

（续）

		硅酸盐水泥	普通硅酸盐水泥	矿渣硅酸盐水泥	火山灰硅酸盐水泥	粉煤灰硅酸盐水泥
适用范围		1.一般地上、地下及无压力水中的混凝土、钢筋混凝土及预应力钢筋混凝土工程；2.受冻融循环的工程；3.早期强度要求较高及低温施工的工程；4.无蒸汽养护混凝土构件；5.配置建筑砂浆	与硅酸盐水泥基本相同	1.一般地下、地上和水中的混凝土工程；2.大体积工程；3.高温车间和有耐热火要求的混凝土工程；4.蒸汽养护的混凝土构件；5.抗硫酸盐侵蚀的工程；6.配制建筑砂浆	1.一般混凝土及钢筋混凝土工程；2.地下、水中大体积混凝土工程；3.有抗渗要求的工程；4.蒸汽养护的混凝土构件；5.抗硫酸盐侵蚀的工程；6.配制建筑砂浆	同火山灰硅酸盐水泥
不适用工程		1.大体积混凝土工程；2.耐热要求高的工程；3.有腐蚀作用及压力水作用的工程	与硅酸盐水泥基本相同	1.早期强度要求较高的混凝土工程；2.有抗冻要求的混凝土工程	1.早期强度要求较高的混凝土工程；2.有抗冻要求的混凝土工程；3.干燥环境的混凝土工程；4.有耐磨性要求的工程	同火山灰硅酸盐水泥

2. 包装

水泥可以散装或袋装，袋装水泥每袋净含量为 50kg，且应不少于标志质量的 99%；随机抽取 20 袋总质量（含包装袋）应不少于 1000kg。其他包装形式由供需双方协商确定，但有关袋装质量要求应符合上述规定。水泥包装袋应符合《水泥包装袋》（GB 9774—2010）的规定。

3. 标志

水泥包装袋上应清楚标明：执行标准、水泥品种、代号、强度等级、生产者名称、生产许可证标志（QS）及编号、出厂编号、包装日期、净含量。包装袋两侧应根据水泥的品种采用不同颜色印刷水泥名称和强度等级；硅酸盐水泥和普通硅酸盐水泥采用红色；矿渣硅酸盐水泥采用绿色；火山灰质硅酸盐水泥、粉煤灰硅酸盐水泥和复合硅酸盐水泥采用黑色或蓝色。散装发运时应提交与袋装标志相同内容的卡片。

4. 运输与储存

水泥在运输与储存时不得受潮和混入杂物，不同品种和强度等级的水泥在储运中避免混杂。储存期过长，会由于空气中的水汽、二氧化碳作用而降低水泥强度。一般来说，储存 3 个月后的强度降低 10% ～ 20%，所以，水泥存放期一般不超过 3 个月，应做到先到的水泥先用。快硬水泥、铝酸盐水泥的规定储存期限更短（1 ～ 2 个月）。过期水泥使用时必须经过试验，并按试验重新确定的强度等级使用。水泥运输和储存时应保持干燥。对袋装水泥，地面垫板要高出地面 30cm，四周离墙 30cm，堆放高度一般不超过 10 袋；存放散装水泥时，应将水泥储存于专用的水泥罐（筒仓）中。

任务三　掌握通用硅酸盐水泥的技术要求

水泥是土木工程大量使用的基本材料之一，其各项性能指标直接影响工程的质量，国家标准对通用水泥的化学指标、凝结时间、体积安定性和强度等有明确的规定和要求。

一、化学指标

1. 通用硅酸盐水泥的化学指标

不溶物、烧失量、三氧化硫、氧化镁、氯离子含量见表3-8。

表 3-8　通用硅酸盐水泥的化学指标

品种	代号	不溶物（质量分数）	烧失量（质量分数）	三氧化硫（质量分数）	氧化镁（质量分数）	氯离子（质量分数）
硅酸盐水泥	P·I	≤ 0.75%	≤ 3.0%	≤ 3.5%	≤ 5.0%①	≤ 0.06%③
	P·II	≤ 1.50%	≤ 3.5%			
普通硅酸盐水泥	P·O	—	≤ 5.0			
矿渣硅酸盐水泥	P·S·A	—	—	≤ 4.0%	≤ 6.0%②	≤ 0.06%③
	P·S·B	—	—		—	
火山灰质硅酸盐水泥	P·P	—	—	≤ 3.5%	≤ 6.0%②	
粉煤灰硅酸盐水泥	P·F	—	—			
复合硅酸盐水泥	P·C	—	—			

① 如果水泥压蒸试验合格，则水泥中氧化镁的含量（质量分数）允许放宽至6.0%。

② 如果水泥中氧化镁的含量（质量分数）大于6.0%时，需进行水泥压蒸安定性试验并合格。

③ 当有更低要求时，该指标由买卖双方协商确定。

2. 碱含量（选择性指标）

碱含量是指水泥中碱金属氧化物的含量。水泥中碱含量按 $Na_2O + 0.658K_2O$ 计算值来表示。水泥中碱含量过高，则在混凝土中遇到碱活性骨料时，易产生碱-骨料反应，导致混凝土不均匀膨胀破坏，对工程造成危害。若使用碱活性骨料，用户要求提供低碱水泥时，水泥中碱含量不得大于0.60%或由供需双方商定。

二、物理指标

1. 凝结时间

凝结时间是指水泥从加水开始到完全失去可塑性所需要的时间。凝结时间分为初凝时间和终凝时间。初凝时间为水泥从开始加水拌和起至水泥浆开始失去可塑性所需要的时间；终凝时间是指从水泥开始拌和到水泥浆完全失去可塑性的时间，如图3-4所示。

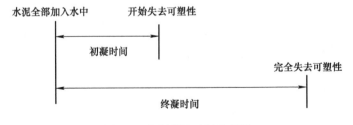

图 3-4　水泥凝结时间示意图

水泥的凝结时间对施工有重大意义。水泥初凝时间不能太短，以便在施工时有足够的时间完成混凝土或砂浆的搅拌、运输、浇捣和砌筑等工作。当施工完毕后，则要求尽快硬化，并具有强度，故水泥的终凝时间不宜太长，以免延误施工进度。

我国现行标准《通用硅酸盐水泥》（GB 175—2007）规定：硅酸盐水泥初凝不少于45min，终凝不大于390min；普通硅酸盐水泥、矿渣硅酸盐水泥、火山灰硅酸盐水泥、粉煤灰硅酸盐水泥和复合硅酸盐水泥初凝不少于45min，终凝不大于600min。实际工程中，国产硅酸盐水泥初凝时间一般为 1～3h，终凝时间一般为 3～4h。

2. 体积安定性

水泥体积安定性简称水泥安定性，是指水泥在凝结硬化过程中体积变化的均匀性。如果水泥在凝结硬化过程中，产生不均匀体积变化，即体积安定性不良，会导致构件产生膨胀裂纹，将影响工程质量，甚至产生严重工程事故。

水泥安定性不良的主要原因是熟料中含有过量的游离氧化钙、游离氧化镁或掺入的石膏过多。游离氧化钙、游离氧化镁在水泥硬化后才开始或继续进行化学反应，反应产物体积膨胀而会使水泥石开裂。当石膏掺量过多时，在水泥硬化后，残留的石膏还会继续与固态的水化铝酸三钙反应，生成高硫型水化硫铝酸钙，体积约增大 1.5 倍，也会引起水泥石开裂。

游离氧化钙引起的水泥体积安定性不良，可用沸煮法检验。检测方法有试饼法和雷氏法，有争议时以雷氏法为准。由于游离氧化镁在蒸压条件下才加速熟化，石膏的危害则需长期在常温水中才能发现，两者均不便于快速检测。为保证水泥的体积安定性合格，国家标准规定了水泥中游离氧化镁含量和三氧化硫含量见表 3-8，体积安定性不良的水泥应作报废处理，不能用于工程中。

工程中可采用以下几种简易方法对水泥安定性是否合格进行初步判定：

1）合格水泥浇筑的混凝土外表坚硬刺手，而安定性不合格水泥浇筑的混凝土给人以松软、冻后融化的感觉。

2）合格水泥浇筑的混凝土多数呈青灰色且有光亮，而安定性不合格水泥浇筑的混凝土多呈白色且黯淡无光。

3）合格水泥拌制的混凝土与骨料的握裹力强、黏结牢，石子很难从构件表面剥离下来，而安定性不合格的水泥拌制的混凝土与骨料的握裹力差、黏结力小，石子容易从混凝土的表面剥离下来。

3. 细度

细度是指水泥颗粒的粗细程度。它是影响水泥需水量、凝结时间、强度和安全性能的重要指标。水泥颗粒越细，与水反应的表面积越大，水化反应速度越快、越完全，水泥石的早期强度就越高，但早期放热量和硬化收缩也越大，生产成本较高，且水泥在储运过程中易受潮而降低活性。因此，水泥细度应该适当，水泥颗粒粒径一般为 7～200μm。

《通用硅酸盐水泥》（GB 175—2007）规定：矿渣硅酸盐水泥、火山灰质硅酸盐水泥、粉煤灰硅酸盐水泥和复合硅酸盐水泥在 80μm 方孔筛的筛余量不得超过 10.0%，45μm 方孔筛的筛余量不得超过 30.0%。

4. 强度与强度等级

水泥强度是表示水泥力学性能的重要指标，它与水泥的矿物组成、水泥细度、水灰比大小、水化龄期和养护条件等密切相关。根据《水泥胶砂强度检验方法》（ISO 法）（GB/T 17671—1999）的规定，采用 1∶3 的水泥和中国 ISO 标准砂，在 0.5 的水灰比下，制成 40mm×40mm×160mm 的棱柱试件，标准养护达到规定龄期（3d，28d）时，测定其抗压强度和抗折强度值来评定水泥强度等级的标准。

水泥强度等级按规定龄期的抗压强度和抗折强度来划分，各强度等级的各龄期强度见表 3-9。

表 3-9 通用硅酸盐水泥强度指标

品种	强度等级	抗压强度 /MPa		抗折强度 /MPa	
		3D	28D	3D	28D
硅酸盐水泥	42.5	≥ 17.0	≥ 42.5	≥ 3.5	≥ 6.5
	42.5R	≥ 22.0	≥ 42.5	≥ 4.0	≥ 6.5
	52.5	≥ 23.0	≥ 52.5	≥ 4.0	≥ 7.0
	52.5R	≥ 27.0	≥ 52.5	≥ 5.0	≥ 7.0
	62.5	≥ 28.0	≥ 62.5	≥ 5.0	≥ 8.0
	62.5R	≥ 32.0	≥ 62.5	≥ 5.5	≥ 8.0
普通硅酸盐水泥	42.5	≥ 17.0	≥ 42.5	≥ 3.5	≥ 6.5
	42.5R	≥ 22.0	≥ 42.5	≥ 4.0	≥ 6.5
	52.5	≥ 23.0	≥ 52.5	≥ 4.0	≥ 7.0
	52.5R	≥ 27.0	≥ 52.5	≥ 5.0	≥ 7.0
矿渣硅酸盐水泥、火山灰质硅酸盐水泥、粉煤灰硅酸盐水泥、复合硅酸盐水泥	32.5	≥ 10.0	≥ 32.5	≥ 2.5	≥ 5.5
	32.5R	≥ 15.0	≥ 32.5	≥ 3.5	≥ 5.5
	42.5	≥ 15.0	≥ 42.5	≥ 3.5	≥ 6.5
	42.5R	≥ 19.0	≥ 42.5	≥ 4.0	≥ 6.5
	52.5	≥ 21.0	≥ 52.5	≥ 4.0	≥ 7.0
	52.5R	≥ 23.0	≥ 52.5	≥ 5.0	≥ 7.0

注：R 为早强型。

通用水泥符合凝结时间、体积安定性、细度、强度要求的为合格品，不符合其中任何一项的为不合格品。

三、其他指标

1. 标准稠度用水量

由于加水量的多少对水泥的一些技术性质（如凝结时间等）的测定值影响很大，故测定这些性质时，必须在一个规定的稠度下进行。这个规定的稠度称为标准稠度。水泥净浆达到标准稠度时所需的拌和水量称为标准稠度用水量（也称为需水量），以水占水泥质量的百分比表示。硅酸盐水泥的标准稠度用水量一般为 25% ～ 30%。水泥熟料矿物成分不同时，其标准稠度用水量也有差别。水泥磨得越细，标准稠度用水量越大。水泥标准稠度用水量的测定按照《水泥标准稠度用水量、凝结时间、安定性检验方法》（GB/T 1346—2011）相应规定执行。

2. 密度与堆积密度

在进行混凝土配合比计算和储运水泥时，需要知道水泥的密度和堆积密度。硅酸盐水泥的密度为 $3.0 \sim 3.2\text{g/cm}^3$，通常采用 3.1g/cm^3，堆积密度一般取 $1000 \sim 1600\text{kg/cm}^3$。

《通用硅酸盐水泥》中规定，水泥出厂检验的指标包括化学指标和物理指标（即凝结时间、安定性和强度）。水泥的检验结果中上述任一项指标不符合相应标准规定技术要求，该水泥即判定为不合格水泥。凡氧化镁、三氧化硫、初凝时间、安定性中的任一项不符合相应标准规定的通用水泥，均为废品。水泥的碱含量和细度两项技术指标属于选择性指标，并非必检项目。而水泥的标准稠度用水量和水化热等技术指标反映水泥技术特性，国标中并不对其作具体规定。

3. 水化热

水泥在水化过程中所放出的热量称为水泥的水化热（kJ/kg）。水泥水化热的大部分是在水化初期（7d 内）放出的，后期放热逐渐减少。

水泥水化放出的热量和放热速度，主要取决于水泥的矿物组成和细度，还与水泥中掺加的混合材料及外加剂品种、数量有关。通常强度等级高的水泥，水化热较大。硅酸盐水泥在 $1 \sim 3\text{d}$ 内水化放热量达总放热量的 50%，7d 达 75%，6 个月达 $83\% \sim 91\%$。熟料矿物中铝酸三钙的含量越高，颗粒越细，则水化热越大，水泥的这种放热特性，对一般建筑的冬季施工是有利的，但对大体积混凝土建筑物是不利的。凡起促凝作用的物质（如 $FeCl_3$）均可提高早期水化热；反之，凡能减慢水化反应的物质（如缓凝剂），则能降低早期水化热。由于水化热积聚在混凝土内部不易散发，内部温度常上升到 50℃ 甚至更高，内外温差所引起的应力使混凝土结构开裂。因此，大体积混凝土工程应采用水化热较低的水泥。

任务四　熟悉水泥的检测项目

一、水泥标准稠度用水量测定

水泥标准稠度用水量测定依据标准《水泥标准稠度用水量、凝结时间、安定性检验方法》（GB/T 1346—2011）。

1. 试验制备

1）确保维卡仪的金属棒能自由滑动；调整试杆接触玻璃板时，指针对准零点。

2）称取 500g 水泥，水可采用洁净自来水（有争议时应以蒸馏水为准）。

3）搅拌锅和搅拌叶片先用湿布擦过，再将拌和水倒入搅拌锅内，然后在 $5 \sim 10\text{s}$ 内小心将称好的 500g 水泥加入水中，过程中防止水和水泥溅出；拌和时，先将锅放在搅拌机的锅座上，升至搅拌位置，启动搅拌机，低速搅拌 120s，停 15s，同时将叶片和锅壁上的水泥浆刮入锅中间，接着高速搅拌 120s 后停机。

2. 试样检测

1）拌和结束后，立即将拌制好的水泥净浆装入已置于玻璃底板上的试模中，用小刀插捣，轻轻振动数次，刮去多余的净浆。

2）抹平后迅速将试模和底板移到维卡仪上，并将其中心定在试杆下，降低试杆直至与水泥净浆表面接触，拧紧螺钉 1～2s 后，突然放松，使试杆垂直自由地沉入水泥净浆中。

3）在试杆停止沉入或释放试杆 30s 时记录试杆距底板之间的距离，升起试杆后，立即擦净；整个操作应在搅拌后的 1.5min 内完成。以试杆沉入净浆并距底板（6±1）mm 的水泥净浆为标准稠度净浆。其拌和水量为该水泥的标准稠度用水量（P），按水泥质量的百分比计算。

二、水泥凝结时间测定

水泥凝结时间测定依据标准《水泥标准稠度用水量、凝结时间、安定性检验方法》（GB/T 1346—2011）。

1. 试样制备

1）将圆模内侧稍许涂上一层机油，放在玻璃板上。

2）以标准稠度用水量制成标准稠度净浆，将标准稠度净浆一次装满试模，振动数次刮平，立即放入湿气养护箱中。将水泥全部加入水中的时刻（T_1）记录下来，作为凝结时间的起始时刻。

3）调整凝结时间测定仪的试针，当试针接触玻璃板时，指针应对准标尺零点。

2. 试样检测

（1）初凝时间的测定

1）试样在湿气养护箱中养护至加水后 30min 时进行第一次测定。测定时，从湿气养护箱中取出试模放到试针下，降低试针与水泥净浆表面接触。

2）拧紧定位螺钉 1～2s 后，突然放松（最初测定时应轻轻扶持金属棒，使之徐徐下降，以防试针撞弯，但结果以自由下落为准），试针垂直自由地沉入水泥净浆。

3）观察试针停止下沉或释放试针 30s 时指针的读数，临近初凝时，每隔 5min 测定一次。

4）当试针沉至距底板（4±1）mm 时，为水泥达到初凝状态。达到初凝时应立即重复测一次，两次结论相同时才能定为达到初凝状态。将此时刻（T_2）记录下来。

5）初凝时间 $T_初 = T_2 - T_1$（用 min 表示）。

（2）终凝时间的测定

1）在终凝针上安装一个环形附件，便于准确观测试针沉入的状况。

2）在完成初凝时间测定后，立即将试模连同浆体以平移的方式从玻璃板上取下，翻转 180°，直径大端向上，小端向下，放在玻璃板上，再放入湿气养护箱中继续养护，临近终凝时间取出试样。

3）拧紧定位螺钉 1～2s 后，突然放松，观察环形附件留下的痕迹，每隔 15min 测定一次。每次测定不能让试针落入原针孔，每次测定完毕须将试针擦拭干净并将试模放回湿气养护箱内，在整个测试过程中试针贯入的位置至少要距圆模内壁 10mm，且整个测试过程要防止试模受振。

4）当试针沉入实体 0.5mm 时，即环形附件开始不能在试样上留下痕迹时，为水泥达到终凝状态。达到终凝时应立即重复测一次，两次结论相同时才能定为达到终凝状态。将此时刻（T_3）记录下来。

终凝时间 $T_{终}=T_3-T_1$（用 min 表示）。

三、水泥体积安定性检测

水泥体积安定性测定依据标准《水泥标准稠度用水量、凝结时间、安定性检验方法》（GB/T 1346—2011）。

1.雷氏夹法（标准法）

1）将雷氏夹放在已准备好的玻璃板上，并立即将已拌和好的标准稠度净浆装满试模。装模时一手扶持试模，另一手用宽约 10mm 的小刀插捣 15 次左右，然后抹平，盖上玻璃板，立刻将试模移至湿气养护箱内，养护（24±2）h。

每个试样需成形 2 个试件。

2）先测量试样指针尖端间的距离，精确到 0.5mm，然后将试样放入水中篦板上。注意指针朝上，试样之间互不交叉，在（30±5）min 内加热试验用水至沸腾，并恒沸 3h±5min。在沸腾过程中，应保证水面高出试样 30mm 以上。煮毕将水放出，打开箱盖，待箱内温度冷却到室温时，取出试样进行判别。

3）煮后测量指针端的距离，记录至小数点后一位。当两个试样煮后增加距离的平均值不大于 5.0mm 时，即认为该水泥安定性合格。当两个试样的增加距离平均值超过 5.0mm 时，应用同一样品立即重做一次试验。记录试验数据并评定结果。

2.试饼法（代用法）

1）从拌好的标准稠度净浆中取约 150g，分成两份，放在预先准备好的涂抹少许机油的玻璃板上，呈球形，然后轻轻振动玻璃板，水泥净浆即扩展成试饼。

2）用湿布擦过的小刀，由试饼边缘向中心修抹，并在修抹的同时将试饼略作转动，中间切忌添加净浆，做成直径为 70～80mm、中心厚约 10mm、边缘渐薄、表面光滑的试饼。接着将试饼放入湿气养护箱内，养护（24±2）h。

每个试样需成形 2 个试件。

3）调整好沸煮箱内的水位，保证水面在整个沸煮过程中都超过试件，不需中途添补试验用水，同时又能保证在（30±5）min 内升至沸腾。脱去玻璃板取下试饼，在试饼无缺陷的情况下将试饼放在沸煮箱中的篦板上，在（30±5）min 内加热升至沸腾并持续沸腾（180±5）min。

4）煮后经肉眼观察未发现裂纹，用直尺检查没有弯曲，称为体积安定性合格。反之，体积安定性不合格，如图 3-5 所示。当两个试饼判别结果有矛盾时，该水泥的体积安定性也为不合格。

崩溃　　　　　　　放射性龟裂　　　　　　弯曲

图 3-5 安定性不合格的试饼

四、水泥胶砂强度检测

水泥胶砂强度检测依据标准《水泥胶砂强度检验方法》(ISO 法)(GB/T 17671—1999)。

1.试样制备

试样成形实验室的温度应保持在(20±2)℃,相对湿度不低于50%。

1)将试模擦净,四周模板与底板接触面上应涂黄油,紧密装配,防止漏浆。内壁均匀刷一薄层机油。每成形三条试样材料用量为水泥(450±2)g,ISO 标准砂(1350±5)g,水(225±1)g。其适用于硅酸盐水泥、普通硅酸盐水泥、矿渣硅酸盐水泥、粉煤灰硅酸盐水泥、复合硅酸盐水泥和火山灰质灰硅酸盐水泥。

知识拓展——ISO 标准砂

水泥胶砂强度用砂应使用中国 ISO 标准砂,灰砂比为 1:3,水灰比为 0.5。

ISO 标准砂是由含量不低于98%的天然圆形硅质砂组成,其颗粒分布见表3-10。

表3-10　ISO 标准砂颗粒分布

方孔边长 /mm	2.0	1.6	1.0	0.5	0.16	0.08
累计筛余 (%)	0	7±5	33±5	67±5	87±5	99±1

特别提示

《通用硅酸盐水泥》(GB 175—2007)规定,火山灰质硅酸盐水泥、粉煤灰硅酸盐水泥、复合硅酸盐水泥和掺火山灰质混合材料的普通硅酸盐水泥在进行水泥胶砂强度检验时,其用水量按 0.5 水灰比和胶砂流动度不小于 180mm 来确定。当胶砂流动度小于 180mm 时,应以 0.01 的整数倍递增的方法将水灰比调整至胶砂流动度不小于 180mm。

2)拌和:先使搅拌机处于等待工作状态,然后把水加入锅内,再加水泥,把锅安放在搅拌机固定架上,上升至固定位置。然后立即开动机器,低速搅拌 30s 后,在第二个 30s 开始的同时,均匀地加入砂子。把机器转至高速再拌 30s。停拌 90s,在第一个 15s 内用一胶皮刮具将叶片和锅壁上的胶砂刮入锅中间。再在高速下继续搅拌 60s。各个搅拌阶段,时间误差应在 1s 以内。停机后,将粘在叶片上的胶砂刮下,取下搅拌锅。

3)在搅拌胶砂的同时,将试模和模套固定在振实台上。待胶砂搅拌完成后,取下搅拌锅,用一个适当的勺子直接从搅拌锅里将胶砂分两层装入试模。装第一层时,每个槽里约放 300g 胶砂,用大播料器垂直架在模套顶部,沿每个模槽来回一次将料层播平,接着振实 60 次。再装第二层胶砂,用小播料器播平,再振实 60 次。移开模套,从振实台上取下试模,用一金属直尺以近似 90°的角度架在试模模顶的一端,沿试模长度方向以横向锯割动作慢慢向另一端移动,一次将超过试模部分的胶砂刮去,并用同一直尺在近乎水平的情况下将试样表面抹平。

4)在试模上做标记或加字条标明试样编号和试样相对于振实台的位置。

5)试样养护:

① 将做好标记的试模放入雾室或湿箱的水平架子上养护,湿空气[温度保持在

（20±1）℃，相对湿度不低于90％〕应能与试模各边接触。一直养护到规定的脱模时间（对于24h龄期的，应在破形试验前20min内脱模；对于24h以上龄期的应在成形后20～24h之间脱模）时取出脱模。脱模前用防水墨汁或颜色笔对试样进行编号和其他标记，两个龄期以上的试样，在编号时应将同一试模中的三条样分在两个以上龄期内。

② 将做好标记的试样立即水平或竖直放在（20±1）℃水中养护，水平放置时刮平面应朝上。养护期间试样之间间隔或试样上表面的水深不得小于5mm。最初用自来水装满养护池（或容器），随后随时加水保持适当的恒定水位，不允许在养护期间全部换水。不同龄期的试样强度试验脱模必须根据表3-11的要求进行。

表3-11 不同龄期的试样强度试验脱模必须在下列时间内进行

龄期	24h	48h	3d	7d	＞28d
时间	±15min	±30min	±45min	±2h	±8h

试样从养护箱或水中取出后，在强度检测前应用湿布覆盖。

2.试样检测

（1）抗折强度测定

1）各龄期必须在规定的时间3d±45min、28d±8h内取出三条试样先做抗折强度测定。测定前须擦去试样表面的水分和砂粒，消除夹具上圆柱表面黏着的杂物。试样放入抗折夹具内，应使试样侧面与圆柱接触。

2）采用杠杆式抗折试验机时在试样放入之前，应先将游动砝码移至零刻度线，调整平衡砣使杠杆处于平衡状态。试样放入后，调整夹具，使杠杆有一个仰角，从而在试样折断时尽可能地接近平衡位置。然后，起动电机，丝杆转动带动游动砝码给试样加荷；试样折断后从杠杆上可直接读出破坏荷载和抗折强度。

3）抗折强度测定时的加荷速度为（50±10）N/s。

① 抗折强度可在仪器的标尺上直接读出强度值，精确到0.1MPa。

② 抗折强度测定结果取三块试样的平均值并取整数，当三个强度值中有超过平均值±10％的，应予剔除后再取平均值作为抗折强度试验结果。

（2）抗压强度测定

1）抗折检测后的两个断块应立即进行抗压检测。抗压检测须用抗压夹具进行。试样受压面积为40mm×40mm。检测前应清除试样的受压面与加压板间的砂粒或杂物，检测时以试样的侧面作为受压面，试样的底面靠紧夹具定位销，并使夹具对准压力机压板中心。

2）抗压强度检测在整个加荷过程中以（2400±200）N/s的速率均匀地加荷直至破坏，记录破坏荷载。

3）抗压强度以一组三个棱柱体上得到的六个抗压强度测定值的算术平均值为试验结果。按下式计算，计算精确至0.1MPa。

$$f_c = \frac{F_P}{A} = 0.000625 F_P \tag{3-1}$$

式中 f_c——抗压强度（MPa）；

F_P——破坏荷载（N）；

A——受压面积，即 40mm×40mm = 1600mm²。

如果六个测定值中有一个超出平均值的 ±10％，应剔除这个结果，取剩下五个的平均数为结果。如果五个测定值中再有超过它们平均数 ±10％的，则此组结果作废。

任务五　了解其他品种水泥

为了满足工程建设中的多种需要，我国水泥工业还生产特性水泥和专业水泥等其他品种水泥。

☑ 一、铝酸盐水泥

凡以铝酸钙为主的铝酸盐水泥熟料，经磨细制成的水硬性胶凝材料，称为铝酸盐水泥（又称为高铝水泥），代号 CA。根据需要，也可在磨制 Al_2O_3 含量大于 68％的水泥时，掺加适量 α - Al_2O_3。

1. 分类

根据《铝酸盐水泥》（GB 201—2015）规定，铝酸盐水泥按 Al_2O_3 含量（百分数）分为四类：CA50，CA60，CA70，CA80。其化学成分见表 3-12。

表 3-12　铝酸盐水泥的化学成分

水泥类型	Al_2O_3	SiO_2	Fe_2O_3	$R_2O(Na_2O + 0.658K_2O)$	S[①]	Cl[①]
CA50	≥ 50％且 < 60％	≤ 9.0％	≤ 3.0％	≤ 0.50％	≤ 0.2％	
CA60	≥ 60％且 < 68％	≤ 5.0％	≤ 2.0％			≤ 0.06％
CA70	≥ 68％且 < 77％	≤ 1.0％	≤ 0.7％	≤ 0.40％	≤ 0.1％	
CA80	≥ 77％	≤ 0.5％	≤ 0.5％			

① 当用户需要时，生产厂应提供结果和测定方法。

2. 技术性质

（1）细度　比表面积不小于 300m²/kg 或 45μm 筛的筛余不大于 20％，发生争议时以比表面积为准。

（2）凝结时间　铝酸盐水泥的凝结时间见表 3-13。

表 3-13　铝酸盐水泥的凝结时间

水泥类型	初凝时间不得早于 /min	终凝时间不得迟于 /h
CA50，CA70，CA80	30	6
CA60	60	18

（3）强度　各类型、龄期强度值不得低于表 3-14 中数值。

表 3-14 铝酸盐水泥各龄期强度要求

类型		抗压强度				抗折强度			
		6h	1d	3d	28d	6h	1d	3d	28d
CA50	CA50-Ⅰ	≥20①	≥40	≥50	—	≥3①	≥5.5	≥6.5	—
	CA50-Ⅱ		≥50	≥60	—		≥6.5	≥7.5	—
	CA50-Ⅲ		≥60	≥70	—		≥7.5	≥8.5	—
	CA50-Ⅳ		≥70	≥80	—		≥8.5	≥9.5	—
CA60	CA60-Ⅰ	—	≥65	≥85	—	—	≥7.0	≥10.0	—
	CA60-Ⅱ	—	≥20	≥45	≥85	—	≥2.5	≥5.0	≥10.0
CA70		—	≥30	≥40	—	—	≥5.0	≥6.0	—
CA80		—	≥25	≥30	—	—	≥4.0	≥5.0	—

① 当用户需要时，生产厂应提供结果。

3. 特点及应用

（1）特点

1）快凝早强，1d 强度可达最高强度的 80％ 以上，后期强度增长不显著。

铝酸盐水泥的水化产物主要是水铝酸一钙 $CaO \cdot Al_2O_3 \cdot 10H_2O$（简写为 CAH_{10}）、水铝酸二钙 $2CaO \cdot Al_2O_3 \cdot 8H_2O$（简写为 C_2AH_8）和铝胶 $Al_2O_3 \cdot 3H_2O$（简写为 AH_3）。水化产物 CAH_{10} 与 C_2AH_8 为针状或板状结构，能相互交织成坚固的结晶共生体，析出的氢氧化铝凝胶难溶于水，填充于晶体骨架的空隙中，形成比较致密的结构，使水泥石获得很高的强度。经 5～7d 后，水化物的数量就增加很少，因此，铝酸盐水泥的早期强度增长很快，24h 即可达到最高强度的 80％ 左右，后期强度增长则不显著。

2）长期强度有降低的趋势。CAH_{10} 与 C_2AH_8 是不太稳定的，在温度高于 30℃ 的潮湿环境中，会逐渐转化为比较稳定的 C_2AH_8，转化过程随着温度的升高而加速。转化结果使固相体积只有原体积一半，孔隙率大大增加，同时由于水铝酸三钙晶本身缺陷较多，强度较低，晶体间的结合比较差，水泥石的强度显著降低。

3）水化热大，且放热量集中。铝酸盐水泥水化时放热量较大，且集中在水化初期，1d 内即可放出水化热总量的 70％～80％。

4）抗硫酸盐性能很强。铝酸盐水泥硬化后，密实度较大，且不含铝酸三钙和氢氧化钙，对矿物质水和硫酸盐的侵蚀作用具有很高的抵抗能力。

（2）应用

1）宜用于要求早期强度较高的特殊工程，如紧急军事抢建及抢修工程（筑路、修桥、堵漏等），也可用于抗硫酸盐侵蚀和寒冷地区冬季施工等特殊需要的混凝土工程。

2）铝酸盐水泥若采用耐火的粗细骨料（铬铁矿等），可以制成使用温度达 1300～1400℃ 的耐热混凝土，制作不定形非承重的耐火材料及制品（如窑炉内衬材料）等。

3）铝酸盐水泥不宜用于大体积混凝土工程及长期承重的结构和高温潮湿环境中的工程，不得用于接触碱性溶液的工程。在施工中，不能与硅酸盐水泥或者石灰等能析出氢氧化钙的胶凝物质混合，以防止凝结时间失控。

4）铝酸盐水泥使用时，未经试验，不得加入任何外加物。若用蒸汽养护时，其养护温度不得高于50℃。铝酸盐水泥常用于配制膨胀水泥、自应力水泥、抗硫酸盐水泥及化学建材的添加料等。

二、膨胀水泥

膨胀水泥是在硬化过程中不产生体积收缩，而具有一定体积膨胀性能的水泥。它通常由胶凝材料和膨胀剂混合而成。膨胀剂使水泥在水化过程中形成膨胀性物质（如水化硫铝酸钙），导致体积稍有膨胀。由于这一过程在未硬化的浆体中进行，所以不致引发破坏和有害内应力。

1. 分类

（1）按胶凝材料可分为

1）硅酸盐型膨胀水泥。这种水泥以硅酸盐水泥为主，外加铝酸盐水泥和石膏，按适当比例共同磨细或分别研磨再混合均匀制成。

2）铝酸盐型膨胀水泥。这种水泥以铝酸盐水泥熟料和适量石膏按适当比例混合，再加助磨剂磨细制成。

3）硫铝酸盐型膨胀水泥。这种水泥以硫铝酸盐水泥熟料为主，加入适量石膏，磨细而成。

（2）按膨胀值分类

1）收缩补偿型膨胀水泥。这种水泥膨胀性能较弱，膨胀时所产生的压应力大致能抵消干缩引起的拉应力，可防止混凝土产生干缩裂缝。

2）自应力型膨胀水泥。这种水泥具有较强的膨胀性能，用于钢筋混凝土中，由于它的膨胀性受到钢筋限制，而在混凝土中产生较大压应力（≥2.0MPa），这种压应力是水泥自身膨胀引起的。

2. 技术性质

上述水泥膨胀作用，主要是由水泥水化硬化过程中形成的钙矾石所致。通过调整各组成的配合比例，可得到不同膨胀值的膨胀水泥。各种膨胀水泥的膨胀不同，技术指标也不尽相同。通常规定的技术指标包括比表面积、凝结时间、膨胀率和强度等。

3. 应用

膨胀水泥适用于补偿收缩混凝土结构工程，防渗抗裂混凝土工程，如水泥混凝土路面、机场跑道或桥梁修补工程；也可用于构件接缝，梁柱和管道接头，固接机器底座和地脚螺栓等。

三、中热硅酸盐水泥和低热矿渣硅酸盐水泥

凡以适当成分的硅酸盐水泥熟料，加入适量石膏，磨细制成的具有中等水化热的水硬性胶凝材料，称为中热硅酸盐水泥（简称中热水泥），代号为P·MH。中热水泥的强度等级为42.5。

凡以适当成分的硅酸盐水泥熟料，加入粒化高炉渣、适量石膏，磨细制成的具有低水化热的水硬性胶凝材料，称为低热硅酸盐水泥（简称低热水泥），代号为P·LH。水泥中粒化高炉矿渣掺量按质量百分比计为20%～60%，允许用不超过混合料总量50%的磷渣或粉

煤灰代替部分矿渣。低热矿渣水泥强度等级为32.5。各龄期强度值见表3-15。

表3-15　中、低热水泥各龄期强度要求

品种	强度等级	抗压强度 /MPa			抗折强度 /MPa		
		3d	7d	28d	3d	7d	28d
中热水泥	42.5	12.0	22.0	42.5	3.0	4.5	6.5
低热矿渣水泥	32.5	—	12.0	32.5	—	3.0	5.5

中热水泥和低热矿渣水泥通过限制水泥熟料中水化热大的铝酸三钙和硅酸三钙的含量，从而降低水化热。熟料中铝酸三钙含量的要求，对于中热水泥不得超过6%，对于低热矿渣水泥不得超过8%；熟料中硅酸三钙含量对于中热水泥不得超过55%。水泥中三氧化硫含量不得超过3.5%。初凝不得早于60min，终凝不得迟于12h。80μm方孔筛筛余不得超过12%。各龄期水化热不得低于表3-16中数值。

表3-16　中、低热水泥各龄期水化热值

水泥品种	强度等级	水化热 (kJ/kg)	
		3d	7d
中热水泥	42.5	251	293
低热水泥	42.5	230	260
低热矿渣水泥	32.5	197	230

中热水泥和低热矿渣水泥主要适用于要求水化热较低的大体积混凝土，如大坝、大体积建筑物和厚大的基础等。

☑ 四、抗硫酸盐硅酸盐水泥

在以硅酸钙为主要矿物成分的水泥熟料中，加入适量石膏，磨细制成的具有一定抗硫酸盐侵蚀性能的水硬性胶凝材料，称为抗硫酸盐硅酸盐水泥（简称抗硫酸盐水泥）。

抗硫酸盐硅酸盐水泥中，要求水泥熟料中硅酸三钙含量小于50%，铝酸三钙含量小于5%，铝酸三钙和铁铝酸四钙总含量小于22%；三氧化硫含量不得超过2.5%；初凝时间不得早于45min，终凝时间不得迟于12h；80μm方孔筛筛余不得超过10%。

抗硫酸盐水泥除了具有抗硫酸盐能力较强的特点外，还具有水化热较低的特点，适用于受硫酸盐侵蚀的海工构筑物、水利、地下、隧道、引水、道路和桥涵基础等工程。

☑ 五、砌筑水泥

凡由一种或一种以上的水泥混合材料，加入适量硅酸盐水泥熟料和石膏，经磨细制成的工作性较好的水硬性胶凝材料，称为砌筑水泥，代号为M。

水泥中混合材料掺加量按质量百分比计应大于50%，允许掺入适量的石灰石或窑灰，据国家推荐标准《砌筑水泥》（GB/T 3183—2003）的规定：水泥中三氧化硫含量应不大于4.0%；80μm方孔筛筛余不大于10.0%；初凝时间不早于60min，终凝时间不迟于12h；安定性用沸煮法检验，应合格；保水率应不低于 80％；强度等级为 12.5、22.5 两个等级，各等级水泥各龄期强度不得低于表 3-17 中数值。

表 3-17　砌筑水泥各龄期强度要求

水泥等级	抗压强度 /MPa		抗折强度 /MPa	
	7d	28d	7d	28d
12.5	7.0	12.5	1.5	3.0
22.5	10.0	22.5	2.0	4.0

砌筑水泥主要用于砌筑砂浆、抹面砂浆、垫层混凝土等，不应用于结构混凝土。

项目四 混凝土

 知识目标

1. 了解普通混凝土的基本性质。
2. 熟悉普通混凝土用砂、石的技术参数、质量标准与检测标准。
3. 掌握普通混凝土的技术参数与检测标准。
4. 掌握普通混凝土的检测方法、步骤。
5. 了解普通混凝土配合比设计方法。

 能力目标

1. 能够对砂、石常规检测项目进行检测，精确读取检测数据。
2. 能够对混凝土常规项目进行检测，并评定检测结果。
3. 能够独立设计普通混凝土配合比。

任务一　认识混凝土

 一、混凝土的概念及特点

混凝土是由胶凝材料、粗细骨（集）料、水（有时还加入外加剂和外掺材料）配合拌制而成的并具有一定强度的人造石材。混凝土的胶凝材料多用水泥，也可以使用其他胶结材料，如沥青、石膏、水玻璃、聚合物树脂等。

混凝土的优点：

1）混凝土具有良好的可浇筑性，可浇筑成各种形状和尺寸的制品及结构物。

2）混凝土的性能具有多样性，可通过改变混凝土组成成分及其数量比例，获得具有不同物理、力学性能的产品。

3）混凝土具有良好的耐久性和经济性，其经久耐用，原材料来源广泛，成本低廉。

4）混凝土与钢筋可牢固黏结，制得力学、耐久性能俱佳的钢筋混凝土与预应力钢筋混凝土。

5）混凝土具有一定的美学特性，其经过表面处理，可获得不同的质感与装饰效果。

混凝土的缺点：

1）混凝土脆性大、延性低、易开裂、抗拉强度小，一般不单独使用，与钢筋共同工作形成钢筋混凝土。

2）混凝土自重大、比强度低，施工时支撑要牢固，必要时必须经过验算。

3）混凝土对环境因素敏感，需较长时间保证养护条件，需要保证其表面保持湿润，并且在天气寒冷时，要保证其入模温度不低于5℃。

特别提示

鉴于混凝土自重大、易开裂和抗拉强度小的特点，在针对跨度4m以上的混凝土现浇梁施工支设模板时，要求起拱范围为1/1000～3/1000。

二、混凝土的结构

水泥混凝土硬化后（即混凝土石）结构如图4-1所示。其中，砂、石子起骨架作用，水泥与水形成的水泥浆填充在砂石骨架空隙之中，并将砂、石子包裹起来。水泥浆凝结硬化前，赋予混凝土拌合物一定的流动性，水泥浆硬化后，将砂、石子胶结为一个整体。

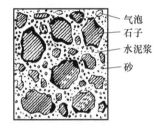

气泡
石子
水泥浆
砂

图 4-1　水泥混凝土硬化后结构

三、混凝土的分类

1. 按体积密度分类

（1）重混凝土　重混凝土体积密度大于2800kg/m³，采用表观密度较大的骨料配制而成，如重晶石、铁矿石等。此类混凝土对X射线、R射线有较高的屏蔽能力，适用于人防、军事、防辐射工程。

（2）普通混凝土　普通混凝土体积密度为2000～2800kg/m³，采用天然砂、石作骨料配制而成。此类混凝土广泛用于各类土木工程。

（3）轻混凝土　轻混凝土体积密度小于2000kg/m³，包括轻骨料混凝土、多孔混凝土和无砂大孔混凝土。此类混凝土多用于有保温、隔热要求的部位，强度等级高的轻骨料混凝土也可用于承重结构。

2. 按功能及用途分类

混凝土按功能及用途可分为结构混凝土、防水混凝土、耐热混凝土、耐酸混凝土、道路混凝土、大体积混凝土、防辐射混凝土等。

3. 按生产及施工方式分类

混凝土按生产及施工方式可分为泵送混凝土、预拌（商品）混凝土、喷射混凝土、真空脱水混凝土、离心混凝土、碾压混凝土、压力灌浆混凝土等。

四、普通混凝土基本材料的选用

1. 水泥的选用

水泥是混凝土中重要的组分，配制混凝土时，应根据工程性质、部位、施工条件、环境状况等，按各品种水泥的特性合理选择水泥的品种。工程中典型通用水泥的选用原则，见表 3-7。

水泥强度等级的选择应与混凝土设计强度等级相适应，一般水泥强度等级标准值为混凝土强度等级标准值的 1.2 ～ 2.0 倍为宜。若用低强度等级水泥配制高强度等级混凝土，不仅会使水泥用量过多（经济性不佳），还会对混凝土产生不利影响（如带来过大的水化热和硬化收缩等）；若用高强度等级水泥配制低强度等级混凝土，若只考虑强度要求，会使水泥用量偏少，影响耐久性能，若水泥用量兼顾了耐久性要求，又会导致混凝土超强而不经济。

2. 骨料的选用

砂、石的总体积占混凝土体积的 70% ～ 80%，因此砂、石的性能对所配制的混凝土性能有很大影响。为保证混凝土的质量，一般选用符合如下要求的砂或碎（卵）石：各类有害杂质含量少（达到国标相应规定）；具有良好的颗粒形状、适宜的颗粒级配和细度（多选级配合格的中砂和连续级配石子）；表面粗糙，与水泥黏结牢固（多选碎石）；性能稳定，坚固耐久等。

3. 拌和用水的选用

混凝土用水的基本质量要求是：不影响混凝土的凝结和硬化；无损于混凝土强度发展及耐久性；不加快钢筋锈蚀；不引起预应力钢筋脆断；不污染混凝土表面。混凝土用水中的物质含量限值应符合国标相应规定。

凡能饮用的水和清洁的天然水（包括地表水和地下水），都可用于混凝土拌制和养护。因海水含有大量无机盐及有机物，故不得用于拌制钢筋混凝土、预应力混凝土及有饰面要求的混凝土。某些工业废水经适当处理后允许用于拌制混凝土。

任务二 了解混凝土用砂、石的基本性质与质量标准

普通混凝土所用骨料按照粒径大小分为两种：粒径大于 4.75mm 的称为粗骨料，即石子；粒径小于 4.75mm 的称为细骨料，即砂。

一、混凝土用砂

混凝土主要采用天然砂、人工砂、混合砂。

天然砂是指由自然风化、水流搬运和分选、堆积形成的公称粒径小于 4.75mm 的岩石颗粒，但不包括软质岩、风化岩石的颗粒。天然砂按其产源不同可分为河砂、海砂和山砂。河砂和海砂由于长期受水流的冲刷作用，颗粒表面比较圆滑、洁净，且产源较广，但海砂中常含有贝壳碎片及可溶盐等有害杂质。山砂颗粒多具棱角，表面粗糙，砂中含泥量及有机质等有害杂质较多。建筑工程中一般多采用河砂。

人工砂是岩石经除土开采、机械破碎、筛分制成的，岩石颗粒公称粒径小于 4.75mm，但不包括软质岩、风化岩石的颗粒。人工砂单纯由矿石、卵石或尾矿加工而成。其颗粒尖锐，有棱角，较洁净，但片状颗粒及细粉含量较多，成本较高。

混合砂是由人工砂和天然砂按一定比例混合制成的砂，它执行人工砂的技术要求和检测方法。把人工砂和天然砂相混合，可充分利用地方资源，降低机制砂的生产成本。一般

在当地缺乏天然砂源时，可采用人工砂或混合砂。

根据我国《普通混凝土用砂、石质量及检验方法标准》（JGJ 52—2006）的规定，对砂的质量要求主要有下述几个方面：

1. 砂的细度模数和颗粒级配

砂的粗细程度是指不同粒径的砂粒，混合在一起后的总体砂的粗细程度。砂子通常分为粗、中、细、特细四个级别。在砂用量相同的条件下，细砂的总表面积较大，粗砂的总表面积较小。在混凝土中，砂子表面需用水泥浆包裹，以赋予流动性和黏结强度。砂子的总表面积越小，则需要包裹砂粒表面的水泥浆就越少。即相同的水泥浆量，包裹在粗砂表面的水泥浆就厚，能减少骨料间的摩擦。因此，一般用粗砂配制混凝土比用细砂所用的水泥用量要省。

砂的颗粒级配是指不同粒径砂颗粒的分布情况。在混凝土中砂粒之间的空隙由水泥浆填充，为节约水泥和提高混凝土强度，就应尽量减小砂粒之间的空隙。从图 4-2 可以看出：若骨料的粒径分布全在同一尺寸范围内，则会产生很大的空隙率，如图 4-2a 所示；若骨料的粒径分布在更多的尺寸范围内，则空隙率相应减小，如图 4-2b 所示；若采用较大的骨料最大粒径，也可以减小空隙率，如图 4-2c 所示。因此，要减小砂粒间的空隙，就必须由大小不同的颗粒合理搭配。

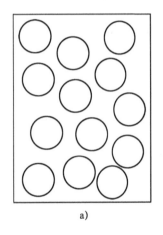 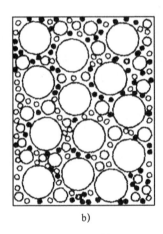 

a)　　　　　　　　　　b)　　　　　　　　　　c)

图 4-2　砂的颗粒级配

由此可见，只有适宜的骨料粒径分布，才能达到良好级配的要求。良好的级配应当能使骨料的空隙率和总表面积均较小，从而不仅使所需水泥浆量较少，还可以提高混凝土的密实度、强度及其他性能。

砂的级配和粗细程度用筛分法测定。砂的筛分法是用一套孔径分别为 10.00mm、5.00mm、2.50mm、1.25mm、630μm、315μm、160μm 的 7 个标准筛。筛分法是将预先通过 10.0mm 孔径的干砂，分筛后计算出各筛上的分计筛余 a_1、a_2、a_3、a_4、a_5、a_6（各筛上的筛余量占砂样总质量的百分率），及累计筛余 A_1、A_2、A_3、A_4、A_5、A_6（各筛与比该筛粗的所有筛的分计筛余之和）。分计筛余与累计筛余的关系见表 4-1。一组累计筛余（$A_1 \sim A_6$）表征一种级配。

表 4-1　分计筛余和累计筛余的关系

筛孔尺寸	分计筛余（%）	累计筛余（%）
5.00mm	a_1	$A_1=a_1$
2.50mm	a_2	$A_2=a_1+a_2$
1.25mm	a_3	$A_3=a_1+a_2+a_3$
630μm	a_4	$A_4=a_1+a_2+a_3+a_4$
315μm	a_5	$A_5=a_1+a_2+a_3+a_4+a_5$
160μm	a_6	$A_6=a_1+a_2+a_3+a_4+a_5+a_6$

《普通混凝土用砂、石质量及检验方法标准》（JGJ 52—2006）规定，砂按 630μm 筛孔的累计筛余计，按天然砂和机制砂分别分成 3 个级配区，见表 4-2。砂的颗粒级配应符合表 4-2 的规定，砂的级配类别应符合表 4-3 的规定。配制普通混凝土时宜优先选用 2 区砂（中砂）；当采用 1 区砂（偏粗砂）时，应提高砂率并保持足够的水泥用量，以满足混凝土的和易性；当采用 3 区砂（偏细砂）时，宜适当降低砂率以保证混凝土强度。

表 4-2　砂的颗粒级配

公称粒径 / 累计筛余（%）级配区	天然砂			机制砂		
	1 区	2 区	3 区	1 区	2 区	3 区
10.00mm	0	0	0	0	0	0
5.00mm	0～10	0～10	0～10	0～10	0～10	0～10
2.50mm	5～35	0～25	0～15	0～35	0～25	0～15
1.25mm	35～65	10～50	0～25	35～65	10～50	0～25
630μm	71～85	41～70	16～40	71～85	41～70	16～40
315μm	80～95	70～92	55～85	80～95	70～92	55～85
160μm	90～100	90～100	90～100	85～97	80～94	75～94

表 4-3　砂的级配类别

类别	Ⅰ	Ⅱ	Ⅲ
级配区	2 区	1、2、3 区	

砂的粗细程度用细度模数表示，细度模数（M_X）按式 4-1 计算

$$M_X=\frac{(A_2+A_3+A_4+A_5+A_6)-5A_1}{100-A_1}$$

（4-1）

细度模数越大，表示砂越粗。普通混凝土用砂的细度模数范围一般为 1.6～3.7，其中 M_X 在 3.1～3.7 为粗砂，M_X 在 2.3～3.0 为中砂，M_X 在 1.6～2.2 为细砂，M_X 在 0.7～1.5 为特细砂。应当注意，砂的细度模数并不能反映其级配的优劣，细度模数相同的砂，级配可以相差很大。所以，配制混凝土时必须同时考虑砂的颗粒级配和细度模数。

在实际工程中，若砂的级配不合适，可采用人工掺配的方法来改善，即将粗、细砂按

适当的比例进行掺和使用；或将砂过筛，筛除过粗或过细颗粒。

2. 含泥量、石粉含量和泥块含量

含泥量是指砂中公称粒径小于 80μm 的颗粒含量；石粉含量是指人工砂中公称粒径小于80μm，且其矿物组成和化学成分与被加工母岩相同的颗粒含量；泥块含量是指砂中公称粒径大于 1.25mm，经水洗、手捏后小于 630μm 的颗粒含量。

天然砂中的泥附在砂粒表面妨碍水泥与砂的黏结，增大混凝土用水量，降低混凝土的强度和耐久性，增大干缩。所以，它对混凝土是有害的，必须严格控制其含量。人工砂在生产过程中，会产生一定量的石粉，这是人工砂与天然砂最明显的区别之一。它的公称粒径虽小于 80μm，但与天然砂中的泥成分不同，粒径分布不同，在使用中所起的作用也不同。根据《普通混凝土用砂、石质量及检验方法标准》（JGJ 52—2006）的规定，天然砂的含泥量和泥块含量见表 4-4，人工砂或混合砂中石粉含量见表 4-5。对于有抗冻、抗渗或其他特殊要求的小于或等于 C25 的混凝土用砂，其含泥量不应大于 3.0%，泥块含量不应大于 1.0%。

表 4-4　天然砂的含泥量和泥块含量

混凝土强度等级	≥ C60	C55 ～ C30	≤ C25
含泥量（按质量计）	≤ 2.0%	≤ 3.0%	≤ 5.0%
泥块含量（按质量计）	≤ 0.5%	≤ 1.0%	≤ 2.0%

表 4-5　人工砂或混合砂中石粉含量

混凝土强度等级		≥ C60	C55 ～ C30	≤ C25
石粉含量	MB < 1.4%（合格）	≤ 5.0%	≤ 7.0%	≤ 10.0%
	MB ≥ 1.4%（不合格）	≤ 2.0%	≤ 3.0%	≤ 5.0%

注：MB 为亚甲蓝值（g/kg），表示每千克 0 ～ 2.36mm 粒径试样所消耗的亚甲蓝克数。

3. 砂的坚固性

砂的坚固性是指砂在气候、环境变化或其他物理因素作用下抵抗破裂的能力。按《普通混凝土用砂、石质量及检验方法标准》（JGJ 52—2006）规定，天然砂用硫酸钠溶液检验，砂样经 5 次循环后，其质量损失见表 4-6。人工砂采用压碎指标反映其坚固性，人工砂总压碎值指标值应不小于 30%。

表 4-6　砂的坚固性指标

混凝土所处的环境条件及其性能要求	5 次循环后的质量损失
在严寒及寒冷地区室外使用并经常处于潮湿或干湿交替状态下的混凝土；对于有疲劳、耐磨、抗冲击要求的混凝土；有腐蚀介质作用或经常处于水位变化区的地下结构混凝土	≤ 8%
其他条件下使用的混凝土	≤ 10%

4. 有害物质含量

砂中不应混有草根、树叶、树枝、塑料、煤块、炉渣等杂物。砂中的云母、轻物质、

有机物、硫化物及硫酸盐等含量见表4-7。

表4-7 砂中有害物质含量

项目	质量指标
云母含量（按质量计）	≤2.0%
轻物质含量（按质量计）	≤1.0%
硫化物及硫酸盐含量（折算成SO_3）	≤1.0%
有机物含量（用比色法试验）	颜色不应深于标准色。当颜色深于标准色时，应按水泥胶砂强度试验方法进行强度对比试验，抗压强度比不应低于0.95

云母为表面光滑的层、片状物质，它与水泥的黏结性差，影响混凝土的强度和耐久性。对于有抗冻、抗渗要求的混凝土用砂，其云母含量不应大于1.0%。硫化物及硫酸盐对水泥有侵蚀作用，当砂中含有颗粒状的硫酸盐或硫化物杂质时，应进行专门检验，确认能满足混凝土耐久性的要求后方可采用。有机物会影响水泥的水化硬化。

氯化钠等氯化物对钢筋有锈蚀作用。砂中氯离子含量应符合如下要求：对于钢筋混凝土用砂，其氯离子含量不得大于0.06%（以干砂的质量百分率计）；对于预应力混凝土用砂，其氯离子含量不得大于0.02%（以干砂的质量百分率计）。

对于海砂，其中贝壳含量见表4-8。对于有抗冻、抗渗或其他特殊要求的小于或等于C25的混凝土用砂，其贝壳含量不应大于5%。

表4-8 海砂中贝壳含量

混凝土强度等级	≥C40	C35～C30	C25～C15
贝壳含量（按质量计）	≤3%	≤5%	≤8%

当砂中有害物质含量多，但又无合适砂源时，可以过筛并用清水或石灰水（有机物含量多时）冲洗后使用，以符合就地取材原则。

二、混凝土用石

普通混凝土用石常用的有卵石和碎石两类。卵石是在自然条件下形成、公称粒径大于4.75mm的岩石颗粒。按其产源可分为河卵石、海卵石和山卵石等几种，其中河卵石应用较多。碎石是由天然岩石或卵石经破碎、筛分而得、公称粒径大于4.75mm的岩石颗粒。卵石、碎石的规格按其粒径尺寸分为单粒级和连续粒级。也可根据需要，采用不同单粒级卵石、碎石混合成特殊粒级的卵石、碎石。

石子表面的粗糙程度及孔隙特征等会影响骨料与水泥石之间的黏结性能，进而影响混凝土的强度。而且粗糙的碎石表面具有吸收水泥浆的孔隙特征，所以它与水泥石的黏结能力强；卵石表面光滑且少棱角，与水泥石的黏结能力较差，但混凝土拌合物的和易性较好。在相同条件下，碎石混凝土比卵石混凝土的强度高10%左右。

根据我国《普通混凝土用砂、石质量及检验方法标准》(JGJ 52—2006）的规定，对卵石和碎石的质量要求主要有以下几个方面：

1. 颗粒级配

石子公称粒级的上限称为该粒级的最大粒径。石子的粒径越大，其表面积相应减小，因而包裹其表面所需的水泥浆量减少，可节约水泥；而且，在一定和易性和水泥用量条件下，能减少用水量而提高强度。但对于用普通混凝土配合比设计方法配制结构混凝土，尤其是高强混凝土时，当石子的最大粒径超过40mm时，由于减少用水量获得的强度提高，被较少的黏结面积及大粒径骨料造成不均匀性的不利影响抵消，因而不被采用。

根据《混凝土结构工程施工质量验收规范》（GB 50204—2015）规定，混凝土用石子的最大粒径不得大于结构截面最小尺寸的1/4，同时不得大于钢筋最小净距的3/4；对于混凝土实心板，骨料的最大粒径不宜超过板厚的1/3，且不得超过40mm；对泵送混凝土，碎石最大粒径与输送管内径之比宜小于或等于1：3，卵石最大粒径与输送管内径之比宜小于或等于1：2.5。

石子与砂子一样，也要求有良好的颗粒级配，以减小空隙率，增强密实性，从而可以节约水泥，保证混凝土的和易性及混凝土的强度。特别是配制高强度混凝土，石子的级配特别重要。石子的级配有连续级配和间断级配两种。连续级配是按颗粒尺寸由小到大连续分级，每级骨料都占有一定比例，如天然卵石。连续级配颗粒级差小，颗粒上下限粒径之比较小，配制的混凝土拌合物和易性好，不易发生离析，目前应用较广泛。间断级配是人为剔除某些中间粒级颗粒，大颗粒的空隙直接由比它小得多的颗粒去填充，颗粒级差大，颗粒上下限粒径之比较大，空隙率的降低比连续级配快得多，可最大限度地发挥骨料的骨架作用，减小水泥用量。但混凝土拌合物易产生离析现象，增加施工困难，工程应用较少。

单粒级宜用于组合成满足要求的连续粒级，也可与连续粒级混合使用，以改善其级配或配成较大粒度的连续粒级。工程中不宜采用单一的单粒级粗骨料配制混凝土。

石子的级配也是通过筛分试验来确定，石子的公称直径有：2.50mm、5.00mm、10.00mm、16.0mm、20.0mm、25.0mm、31.5mm、40.0mm、50.0mm、63.0mm、80.0mm和100.0mm，其对应方孔筛的筛孔公称直径有：2.36mm、4.70mm、9.50mm、16.0mm、19.0mm、26.5mm、31.50mm、37.50mm、53.0mm、63.0mm、75.0mm和90.0mm共十二个筛。分计筛余百分率及累计筛余百分率的计算与砂相同。依据《普通混凝土用砂、石质量及检验方法标准》（JGJ 52—2006）的规定，普通混凝土用碎石或卵石的颗粒级配见表4-9。

当卵石的颗粒级配不符合表4-9要求时，应采取措施并经试验证实能确保工程质量后，方允许使用。

2. 针、片状颗粒含量

为提高混凝土强度和减小骨料间的空隙，石子比较理想的颗粒形状应是三维长度相等或相近的立方体形或球形颗粒，而三维长度相差较大的针、片状颗粒粒形较差。卵石、碎石颗粒的长度大于该颗粒所属粒级的平均粒径2.4倍的为针状颗粒；厚度小于平均粒径0.4倍的为片状颗粒。平均粒径是指该粒级上下限粒径的平均值。

针、片状颗粒含量按标准规定的针状规准仪及片状规准仪来逐粒测定，凡颗粒长度大于针状规准仪上相应间距者为针状颗粒；颗粒厚度小于片状规准仪上相应孔宽者，为片状颗粒。根据标准规定，卵石和碎石的针、片状颗粒含量见表4-10。

表 4-9 碎石或卵石的颗粒级配

级配情况	公称粒径/mm	累计筛选（按质量）(%)											
		方孔筛筛孔边长尺寸/mm											
		2.36	4.75	9.5	16.0	19.0	26.5	31.5	37.5	53	63	75	90
连续粒径	5~10	95~100	80~100	0~15	0	—	—	—	—	—	—	—	—
	5~16	95~100	85~100	30~60	0~10	—	—	—	—	—	—	—	—
	5~20	95~100	90~100	40~80	—	0~10	—	—	—	—	—	—	—
	5~25	95~100	90~100	—	30~70	—	0~5	—	—	—	—	—	—
	5~31.5	95~100	90~100	70~90	—	15~45	—	0~5	—	—	—	—	—
	5~40	—	95~100	70~90	—	30~65	—	—	0~5	—	—	—	—
单粒径	10~20	—	95~100	85~100	—	0~15	0	—	—	—	—	—	—
	16~31.5	—	—	95~100	85~100	—	—	0~10	0	—	—	—	—
	20~40	—	—	95~100	—	80~100	—	—	0~100	0	—	—	—
	31.5~63	—	—	—	95~100	—	—	75~100	45~75	—	0~10	0	—
	40~80	—	—	—	95~100	95~100	—	—	70~100	—	30~60	0~10	0

表 4-10　针、片状颗粒含量

混凝土强度等级	≥ C60	C55 ～ C30	≤ C25
针、片状颗粒含量（按质量计）	≤ 8%	≤ 15%	≤ 25%

在粗骨料中，针、片状颗粒不仅本身受力时容易折断，影响混凝土的强度，而且会增大骨料的空隙率，使混凝土拌合物的和易性变差。

3. 含泥量和泥块含量

碎石、卵石的含泥量指粒径小于 80μm 的颗粒含量；泥块含量指粒径大于 5.00mm，经水洗、手捏后变成小于 2.50mm 颗粒的含量。同砂子一样，石子中的泥和泥块对混凝土而言是有害的，必须严格控制其含量。各类产品中含泥量和泥块含量见表 4-11。

表 4-11　碎石或卵石中含泥量和泥块含量

混凝土强度等级	≥ C60	C55 ～ C30	≤ C25
泥含量（按质量计）	≤ 0.5%	≤ 1.0%	≤ 2.0%
当碎石或卵石的含泥是非黏土质的石粉时（按质量计）	≤ 1.0%	≤ 1.5%	≤ 3.0%
泥块泥量（按质量计）	≤ 0.2%	≤ 0.5%	≤ 0.7%

对于有抗冻、抗渗或其他特殊要求的混凝土，其所用碎石或卵石中的含泥量不应大于 1.0%。对于有抗冻、抗渗或其他特殊要求的强度等级小于 C30 的混凝土，其所用碎石或卵石中的泥块含量不应大于 0.5%。

特别提示

　　砂、石的含泥量与泥块含量会降低混凝土拌合物的流动性，或增加用水量，同时由于它们对骨料的包裹，大大降低了骨料与水泥石之间的界面黏结强度，从而使混凝土的强度和耐久性降低，变形增大。故含泥量与泥块含量高的砂、石在使前应用水冲洗或淋洗。

4. 强度

为保证混凝土的强度要求，石子必须具有足够的强度。碎石的强度可用岩石的抗压强度和压碎值指标两种方法表示。卵石的强度可用压碎值指标表示。

岩石抗压强度检验是将碎石的母岩制成直径与高均为 5cm 的圆柱体试件或边长为 5cm 的立方体，在水饱和状态下，测定其极限抗压强度值。

压碎值指标检验是将一定质量公称粒径为 10.0 ～ 20.0mm 的风干状态的石子装入标准圆模内，放在压力机上，在 160 ～ 300s 内均匀加荷至 200kN 稳定 5s，卸荷后称取试样质量，然后用公称直径为 2.50mm 的方孔筛筛除被压碎的细粒，称出剩余在筛上的试样质量，按下式计算压碎值指标（以三次试验结果的算术平均值作为压碎值指标测定值）

$$Q_c = \frac{m_0 - m_1}{m_0} \times 100\% \tag{4-2}$$

压碎值指标越小，表示石子抵抗受压破坏的能力越强。

岩石的抗压强度应比所配制的混凝土强度至少高 20%。当混凝土强度等级大于或等于 C60 时，应进行岩石抗压强度检验。岩石的抗压强度首先应由生产单位提供，工程中可采用压碎值指标进行质量控制。根据《普通混凝土用砂、石质量及检验方法标准》（JGJ 52—2006），碎石的压碎值指标见表 4-12，卵石的压碎值指标见表 4-13。

表 4-12 碎石的压碎值指标

岩石品种	混凝土强度	碎石压碎值指标
沉积岩	C60 ～ C40	≤ 10%
	≤ C35	≤ 16%
变质岩或深成的火成岩	C60 ～ C40	≤ 12%
	≤ C35	≤ 20%
喷出的火成岩	C60 ～ C40	≤ 13%
	≤ C35	≤ 30%

注：沉积岩包括石灰岩、砂岩等；变质岩包括片麻岩、石英岩等；深成的火成岩包括花岗岩、正长岩、闪长岩和橄榄岩等；喷出的火成岩包括玄武岩和辉绿岩等。

表 4-13 卵石的压碎值指标

混凝土强度等级	C60 ～ C40	≤ C35
压碎值指标	≤ 12%	≤ 16%

5. 坚固性

坚固性是卵石、碎石在自然风化和其他外界物理、化学等因素作用下抵抗破裂的能力。石子由于湿循环或冻融交替等作用引起体积变化会导致混凝土破坏。具有某种特征孔结构的岩石会表现出不良的体积稳定性。曾经发现，由某些页岩、砂岩等配制的混凝土，较易遭受冰冻以及骨料内盐类结晶所导致的破坏。骨料越密实、强度越高、吸水率越小，其坚固性越好；而结构越疏松、矿物成分越复杂、构造越不均匀，其坚固性越差。

采用硫酸钠溶液法进行检测，卵石和碎石经 5 次循环后，其质量损失见表 4-14。

表 4-14 碎石或卵石的坚固性指标

混凝土所处的环境条件及其性能要求	5 次循环后的质量损失
在严寒及寒冷地区室外使用，并经常处于潮湿或干湿交替状态下的混凝土；有腐蚀性介质作用或经常处于水位变化区的地下结构或有抗疲劳、耐磨、抗冲击等要求的混凝土	≤ 8%
其他条件下使用的混凝土	≤ 12%

6. 有害物质

碎石或卵石中不应混有草根、树叶、树枝、塑料、煤块和炉渣等杂物。其有害物质含量见表 4-15。

表 4-15　碎石或卵石中的有害物质含量

项目	质量要求
硫化物及硫酸盐含量（折算成 SO_3）	≤ 1.0%
卵石中有机物含量（用比色法试验）	颜色不应深于标准色。当颜色深于标准色时，应配制成混凝土进行强度对比试验，抗压强度比应不低于 0.95

当碎石或卵石中含有颗粒状的硫酸盐或硫化物杂质时，应进行专门检验，确认能满足混凝土耐久性的要求后，方可采用。

三、骨料状态

1. 碱 - 骨料反应

水泥、外加剂等混凝土组成物及环境中的碱与砂、石子中碱活性矿物在潮湿环境下会缓慢发生导致混凝土开裂破坏的膨胀反应。对于长期处于潮湿环境的重要混凝土，其所使用的骨料进行骨料的碱活性检验。当判定骨料存在潜在的碱 - 硅反应时，应控制混凝土中的碱含量不超过 0.6%，或采用能抑制碱 - 骨料反应的有效措施。

2. 含水

骨料的含水状态可分为干燥（全干）状态、气干状态、饱和面干状态和湿润状态 4 种，如图 4-3 所示。干燥状态的骨料含水率等于或接近于零；气干状态的骨料含水率与大气湿度相平衡，但未达到饱和状态；饱和面干状态的骨料，其内部孔隙含水达到饱和，而其表面干燥；湿润状态的骨料，不仅内部孔隙含水达到饱和，而且表面还附着一部分自由水。计算普通混凝土配合比时，一般以干燥状态的骨料为基准，而一些大型水利工程，常以饱和面干状态的骨料为基准。

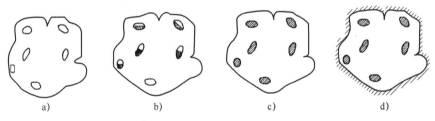

图 4-3　骨料的含水状态

a）全干　b）气干　c）饱合面干　d）湿润

任务三　熟悉砂、石的检测项目

一、砂的筛分试验

1. 试样制备

先将见证取样的样品通过孔径 10.0mm 的方孔筛，并计算筛余。称取经缩分后试样不少于 550g 的两份，分别倒入两个浅盘中，然后将两份试样置于温度为（105±5）℃的烘箱中烘干至恒重。冷却至室温备用。

2. 试验步骤

1）称取烘干试样 500g（特细砂可称 250g），将试样倒入已按筛孔大小顺序（大孔在上、小孔在下）叠放好的套筛顶层筛中。

2）将套筛置于摇筛机上，盖上筛盖并将固定架拧紧，开启摇筛机，筛分 10min；取下套筛，按筛孔由大到小的顺序，在清洁的浅盘上逐个进行手筛，筛至每分钟通过量小于试样总量的 0.1％为止；通过的试样并入下一只筛中，并与下一只筛中的试样一起进行手筛。按照这样的顺序依次进行，直至所有筛子全部筛完为止。

3）当试样含泥量超过 5％时，应先将试样水洗，然后烘干至恒重，再进行筛分。

4）分别称出各筛的筛余试样质量（精确至 1g），所有筛的分计筛余量和筛底剩余量的总和与筛分前试样总量相比，相差不得超过 1％，否则须重新试验。

3. 数据处理与分析

根据各号筛的筛余量计算分计筛余率和累计筛余率（分计筛余与累计筛余的关系见表 4-1），以两次试验结果的算术平均值作为测定值，精确至 0.1。

根据式（4-1）计算细度模数，当两次试验所得的细度模数之差大于 0.20 时，应重新取试样进行试验。根据各筛两次试验累计筛余的平均值，评定该试样的颗粒级配分布情况，精确至 1％。

以累计筛余百分率为纵坐标，以筛孔尺寸为横坐标，根据表 4-2 的数值可以画出砂Ⅰ、Ⅱ、Ⅲ三个级配区的筛分曲线，如图 4-4 所示。通过观察所计算的砂的筛分曲线是否完全落在三个级配区的任一区内，即可判定该砂级配的合格性。

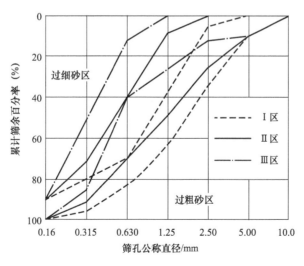

图 4-4 砂的级配曲线

砂的实际颗粒级配与表 4-2 中的累计筛余相比，除公称粒径为 5.00mm 和 630μm 的累计筛余外，其余公称粒径的累计筛余可稍超出分界线，但总超出量不应大于 5％，可判定为合格，否则判定不合格。

同时，也可根据筛分曲线偏向情况，大致判断砂的粗细程度。当筛分曲线偏向右下方时，表示砂较粗；筛分曲线偏向左上方时，表示砂较细。

二、石子的压碎值检测

1.试样准备

试样采用风干石料，用19.0mm和9.5mm方孔筛过筛，去除针片状颗料。取9.5～19.0mm的试样3组各3kg（记为m_0，精确至1g），供试验用。如需加热烘干时，烘箱温度不应超过100℃，烘干的时间不超过4h，试验前，石料应冷却至室温。

2.试验步骤

1）将石料分两层倒入原模中，每层数量大致相同。

2）每装完一层试样后，在底盘下垫ϕ10mm垫棒，将筒按住，左右交替颠击地面各25次，平整模内试样表面，盖上压头。

3）将压碎值测定仪放在压力机上，按1kN/s速度均匀地施加荷至200kN，稳定5s后卸载。

4）取出试样，用2.36mm方孔筛筛分经压碎的全部试样，可分几次筛分，均需筛到在1min内没有明显筛出物为止。

5）称取通过2.36mm筛孔的全部细骨料质量m_1。

6）根据式（4-2）计算压碎值Q_c。

任务四 掌握普通混凝土拌合物的基本性能

拌制完成的混凝土在尚未凝结硬化之前，称为新拌混凝土或混凝土拌合物。普通混凝土中，砂、石起骨架作用，称为骨料；水泥和水形成水泥浆，包裹在骨料表面并填充其空隙。水泥浆在凝结硬化前，主要起润滑作用，赋予混合物一定的流动性，便于施工；水泥浆硬化后，起胶结作用，将骨料胶结成坚实的整体，成为具有一定力学强度和耐久性的人造石材。

所以，混凝土拌合物必须具备良好的和易性，才能便于进行各项施工操作，以获得均匀而密实的混凝土，保证其硬化后的强度和耐久性。

一、和易性的概念

新拌混凝土的和易性也称为工作性，是指混凝土拌合物易于施工操作（拌和、运输、浇筑、振捣等）并获得质量均匀、成形密实的混凝土性能。和易性是一项综合技术性质，它至少包括流动性、黏聚性和保水性三项独立的性能。

1.流动性

流动性是指混凝土拌合物在本身自重或施工机械振捣的作用下，能产生流动，并均匀密实地填满模板的性能。流动性的大小取决于混凝土拌合物中用水量或水泥浆含量的多少。流动性通常用稠度来表示。

2. 黏聚性

黏聚性是指混凝土拌合物在施工过程中因其组成材料之间有一定的黏聚力，使其不致产生分层和离析的性能。

离析是指混凝土拌合物在运输、泵送、振捣、凝结过程中出现各组分分离，造成不均匀和失去连续性的现象。离析通常有两种形式：一种是粗骨料从拌合物中分离；一种是稀水泥浆从拌合物中淌出。

混凝土拌合物是不同密度材料的混合物，水的密度最小，有上浮到表面的趋势，依靠水泥细粉颗粒的物理化学吸附作用，将水保持在浆体中；骨料密度大于水泥浆体，有下沉趋势，依靠水泥浆体的黏滞阻力阻止其下沉，但是骨料粒径越大下沉趋势也越大。当水泥浆过稀（即水灰比过大）或过多（即用水量过大）、振捣过度或者浇注混凝土时自由倾落高度过大均会产生离析现象。

黏聚性的优劣主要取决于细骨料的用量以及水泥浆的稠度等。黏聚性一般通过直观观察，根据经验进行评定。

3. 保水性

保水性是指混凝土拌合物在施工过程中，能够保持水分，不致产生严重泌水的性能。

泌水是指混凝土拌合物从振捣成形后到开始凝结期间，水分上升并在表面析出水的现象。泌水会引起某些不良的后果。由于水的析出，导致固体颗粒下沉，混凝土拌合物发生沉降收缩，引起诸如麻面、塑性开裂、表层混凝土强度降低等问题。水分从混凝土内部上升到表面，在混凝土内部留下了一条泌水通道，大大降低了混凝土的抗渗透能力、抗冻融能力和抗腐蚀能力，严重影响硬化混凝土的耐久性。

保水性的优劣主要取决于混凝土拌合物的用水量及细粉颗粒含量（包括水泥和掺合料）。保水性通常通过直观观察，根据经验进行评定，也可以用泌水量和泌水率指标定量测定。

混凝土拌合物的流动性、黏聚性、保水性三者之间既互相关联又互相矛盾。如黏聚性好，则保水性往往也好，但流动性可能较差；当增大流动性时，黏聚性和保水性往往变差。因此，所谓拌合物的和易性良好，就是要使这三方面的性能在某种具体工作条件下得到统一，达到均为良好的状况。

☑ 二、和易性的测定与评价

新拌混凝土的流动性、黏聚性和保水性有其各自独立的内涵，目前尚没有能够全面反映混凝土拌合物和易性的测定方法。通常是测定混凝土拌合物的流动性，辅以其他方法或直接观察（结合经验）评定混凝土拌合物的黏聚性和保水性，然后综合评定混凝土拌合物的和易性。按《普通混凝土拌合物性能试验方法标准》（GB/T 50080—2016）的规定，主要采用坍落度法和维勃稠度法。

1. 坍落度试验

将搅拌好的混凝土拌合物按一定方法装入坍落度筒内，按规定方式插捣，待装满刮平后垂直平稳地向上提起坍落度筒。量测筒高与坍落后混凝土试样最高点之间的高度差（mm），即为该混凝土拌合物的坍落度值，如图 4-5 所示。进行坍落度试验时，应同时根据经验考察混凝土的黏聚性及保水性。

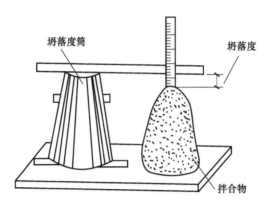

坍落度筒　　　　坍落度

拌合物

图 4-5　坍落度试验

根据坍落度的不同，可将混凝土拌合物分为：低塑性混凝土（坍落度为 10 ~ 40mm）、塑性混凝土（坍落度为 50 ~ 90mm）、流动性混凝土（坍落度为 100 ~ 150mm）、大流动性混凝土（坍落度大于 160mm）。其中低塑性混凝土允许偏差为 ±10mm，塑性混凝土允许偏差为 ±20mm，流动性混凝土允许偏差为 ±30mm。

坍落度试验仅适用于骨料最大粒径不大于 40mm、坍落度不小于 10mm 的混凝土拌合物。实际施工时，混凝土拌合物的坍落度要根据构件截面尺寸大小、钢筋疏密、输送方式和捣实方法来确定。当构件截面尺寸较小，或钢筋较密、采用人工插捣时，坍落度选择大一些；反之，若构件截面尺寸较大，或钢筋较疏、采用机械振捣，则坍落度选择小一些。常规品的泵送施工混凝土拌合物的坍落度一般不低于 100mm，也不宜大于 180mm。根据《混凝土结构工程施工质量验收规范》（GB 50204—2015）的规定，混凝土的坍落度等级按《预拌混凝土》（GB/T 14902—2012）划分，见表 4-16。

表 4-16　混凝土拌合物的坍落度等级划分

等级	S1	S2	S3	S4	S5
坍落度 /mm	10 ~ 40	50 ~ 90	100 ~ 150	160 ~ 210	≥ 220

当混凝土坍落度大于 220mm 时，需测定混凝土拌合物的扩展度。

2. 维勃稠度试验

对于干硬性混凝土拌合物（坍落度小于 10mm），通常采用维勃稠度法评价其和易性，振实时间越长，流动性越差。此方法适用于骨料最大粒径不大于 40mm，维勃稠度在 5 ~ 30s 之间的混凝土拌合物的稠度测定。

~~~~~~

知识拓展——混凝土坍落度经时损失

混凝土坍落度经时损失是指新拌混凝土的坍落度随着拌合物放置时间的延长而逐渐减小。这种现象是水泥持续水化、浆体逐渐变稠凝结的结果，也是拌合物中的游离水分随着水化反应吸附于水化产物表面或者蒸发等原因而逐渐减少造成的结果，是混凝土的正常性能，但对于泵送混凝土而言，损失过大，则混凝土入泵坍落度不能满足施工要求，易造成混凝土堵塞泵管，从而影响施工正常进行。泵送混凝土坍落度经时损失值（掺粉煤灰和木钙，经时 1h）一般可参考以下标准取值：大气温度在 $10 \sim 20℃$ 时，损失值约 $5 \sim 25mm$；大气温度在 $20 \sim 30℃$ 时，损失值约 $25 \sim 35mm$；大气温度在 $30 \sim 35℃$ 时，损失值约 $35 \sim 50mm$。

三、影响和易性的主要因素

1. 水泥浆的用量和水泥浆的稠度（水胶比）

混凝土拌合物的流动性主要取决于拌合物流动时内阻力的大小，而内阻力主要来源于两个方面：一是骨料间的摩擦力；二是水泥浆本身的黏稠阻力。因此，在水胶比不变的情况下，水泥浆越多，则骨料间润滑浆层越厚，拌合物的流动性越大；水胶比越大，则水泥浆越稀，水泥浆的流动阻力也越小，拌合物的流动性越大。

但水泥浆过多，不仅增加了水泥用量，还会使拌合物出现流浆现象，导致黏聚性变差，对混凝土的强度和耐久性会产生不利的影响；而水泥浆过稀，则会使拌合物黏聚性和保水性都变差，出现严重的泌水、分层或流浆现象，同时混凝土强度和耐久性也随之降低。因此，混凝土拌合物中水泥浆的用量应以满足流动性和强度的要求为宜，不宜过量；水胶比则应在满足流动性要求的前提下尽量选择较小值（这样有利于混凝土硬化后的强度和耐久性）。

根据试验结果，在使用确定骨料的前提下，如果单位体积用水量一定，单位体积水泥用量增减不超过 $50 \sim 100kg$，混凝土拌合物的坍落度大体可保持不变，这一规律称为固定用水量定则。这一定则为混凝土的配合比设计提供了很大的方便。

2. 砂率

砂率指混凝土中砂的质量占砂石总质量的百分率。在混凝土拌合物中，水泥浆量固定时加大砂率，骨料的总表面积及空隙率增大，使水泥浆显得比原来贫乏，从而减少了流动性；若减少砂率，使水泥浆显得富余起来，流动性会加大，但不能保证粗骨料之间有足够的砂浆润滑层，也会降低拌合物的流动性，并严重影响其黏聚性和保水性。因此，采用合理的砂率（最佳砂率），可以使拌合物获得较好的流动性以及良好的黏聚性与保水性，而且使水泥用量最省，如图 4-6 和图 4-7 所示。

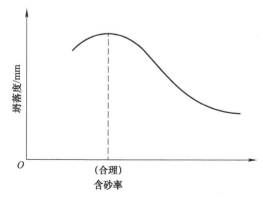

图 4-6 砂率与坍落度的关系（水与水泥用量一定）

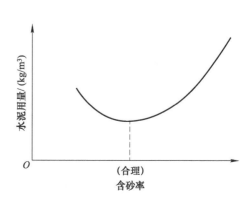

图 4-7 砂率与水泥用量的关系（达到相同的坍落度）

3.组成材料性质的影响

水泥对和易性的影响主要表现在水泥的需水性上。需水量大的水泥品种，达到相同的坍落度需要较多的用水量。常用水泥中普通硅酸盐水泥所配制的混凝土拌合物的流动性和保水性较好。

骨料的性质对混凝土拌合物的和易性影响较大。级配良好的骨料，空隙率小，在水泥浆量相同的情况下，包裹骨料表面的水泥浆较厚，和易性好。碎石比卵石表面粗糙，相同条件下碎石所配制的混凝土拌合物流动性较卵石配制的差。细砂的比表面积大，用细砂配制的混凝土拌合物比用中、粗砂配制的混凝土拌合物流动性小。

4.外加剂

外加剂（如减水剂、引气剂等）对拌合物的和易性有很大的影响，在拌制混凝土时，尤其是拌制泵送混凝土时，合理使用外加剂能使混凝土拌合物在不增加水泥用量的条件下获得良好的和易性，不仅流动性显著增加，而且还能有效地改善混凝土拌合物的黏聚性和保水性。本项目任务七中会作详细介绍。

5.时间和温度

搅拌后的混凝土拌合物随着时间的延长而逐渐变得干稠，和易性变差。其原因是：一部分水已与水泥水化，一部分水被骨料吸收，一部分水蒸发，以及混凝土凝聚结构的逐渐形成，致使混凝土拌合物的流动性变差。因此，混凝土拌合物浇注时的和易性更具实际意义，在施工中测定和易性的时间，应以搅拌完后15min为宜。

混凝土拌合物的和易性也受温度的影响。因为环境温度升高，水分蒸发及水化反应加快，相应使流动性降低。因此，施工中为保证一定的和易性，必须注意环境温度的变化，采取相应的措施，如夏季施工时，为了保持一定的流动性，应适当提高拌合物的用水量。

在实际施工中，可采用如下措施调整混凝土拌合物的和易性。

1）通过试验，采用合理砂率，并尽可能采用较低的砂率。

2）改善砂、石（特别是石子）的级配。

3）在工程条件允许的情况下，尽量采用较粗的砂、石。

4）当混凝土拌合物坍落度太小时，保持水胶比不变，增加适量的水泥浆；当坍落度太大时，保持砂率不变，增加适量的砂石。

5）有条件时应尽量掺用外加剂（如减水剂、引气剂等）。

≈≈

知识拓展——泵送混凝土

泵送混凝土指可用混凝土泵通过管道输送的混凝土拌合物，其拌合物的坍落度一般不低于100mm，目前在工程中已普遍应用。泵送混凝土具有集中搅拌、远距离运输、现场泵送输送等特征和施工效率高（一般混凝土泵送量可达$60m^3/h$）、施工占地较小等优点。对不同泵送高度，入泵时混凝土拌合物的坍落度要求可按表4-17确定。

表4-17　入泵时混凝土拌合物的坍落度要求

泵送高度/m	30以下	30～60	60～100	100以上
坍落度/mm	100～140	140～160	160～180	180～200

泵送混凝土原材料具有以下特点：

1）水泥用量较多。强度等级在 C20 ~ C60 范围内水泥单位用量可达 350 ~ 550kg/m³，水胶比宜为 0.4 ~ 0.6。

2）常添加混合材料或超细掺合料。为改善混凝土性能，节约水泥和降低造价，混凝土中常掺加粉煤灰、矿渣、沸石粉等掺合料。

3）砂率偏高、砂用量多。为保证混凝土的流动性、黏聚性和保水性，便于运输、泵送和浇筑，泵送混凝土的砂率要比普通流动性混凝土砂率增大 6% 以上，约为 38% ~ 45%。

4）石子最大粒径要求。粗骨料宜优先选用卵石，为满足泵送和强度要求，石子最大粒径与管道直径比一般控制在 1：2.5（卵石）、1：3（碎石）~ 1：4 或 1：5。

5）泵送剂。减水剂、塑化剂、加气剂以及增稠剂等均可用作泵送剂，可避免混凝土施工中拌合料分层离析、泌水和堵塞输送管道。

混凝土泵送结束前应正确计算尚需要的混凝土数量，及时通知搅拌站；泵送过程中被废弃的和泵送终止时多余的混凝土应妥善处理；泵送完毕后应将混凝土泵和输送管清洗干净并应防止废混凝土高速飞出伤人。泵送混凝土浇筑时应由远而近进行，在同一区域浇筑混凝土时按先竖向再水平的顺序分层连续浇筑；当不允许留施工缝时在区域之间上下层之间的混凝土浇筑间歇时间不得超过其初凝时间。在泵送时应注意以下事项：

① 在浇筑竖向结构混凝土时布料设备出口离模板内侧面不小于 50mm，不得向模板内侧面直接冲料，更不能将料直冲钢筋骨架。

② 浇筑水平结构时不得在同一处连续布料，应在 2 ~ 3m 范围内水平布料。

③ 分层浇筑时每层厚度宜为 30 ~ 50cm，振捣时捣棒插入间距宜为 40cm 左右，一次振捣时间一般为 15 ~ 30s，并且在 20 ~ 30min 后进行二次复振。

④ 水平结构的混凝土表面应适时用木抹磨平搓毛两遍以上，最后一遍宜在混凝土收水时完成，必要时可先用铁滚筒压两遍以上，防止产生收缩。

任务五　了解硬化混凝土的性能

硬化后的混凝土称为硬化混凝土，通常简称为混凝土。硬化混凝土的主要性能包括强度、变形性能、耐久性。

☑ 一、混凝土的强度

混凝土的强度包括抗压强度、抗拉强度、抗弯强度和抗剪强度等。其中抗压强度最大，抗拉强度最小，因此在结构工程中混凝土主要用于承受压力。混凝土强度与混凝土的其他性能关系密切。一般来说，混凝土的强度越高，其刚性、不透水性、耐久性也越好，故通常用混凝土强度来评定和控制混凝土的质量。

1. 混凝土立方体抗压强度与强度等级

（1）混凝土立方体抗压强度　根据国家标准《普通混凝土力学性能试验方法标准》（GB/T

50081—2002）规定，在混凝土浇筑前用规定方法制作标准尺寸的立方体试件，在标准条件（温度20℃±2℃、相对湿度95%以上）下，或在水中养护到28d龄期，所测得的抗压强度值即为混凝土立方体抗压强度，以f_{cu}表示，工程中即通过测定混凝土立方体抗压强度来实现对混凝土强度合格性的评定。

$$f_{cu} = \frac{F}{A} \tag{4-3}$$

式中　f_{cu}——混凝土立方体试件抗压强度（MPa）；

F——试件破坏荷载（N）；

A——试件承压面积（mm^2）。

混凝土进行现场施工时，应按照施工规范规定原则留置试件，试件为边长150mm（也可是100mm或200mm）的立方体，留置时以组为单位留置，每组3块。工程中留置的标准养护试件用于评定混凝土强度合格性，留置的同条件养护（试件放置在工程现场条件下正常养护）试件在所需龄期进行试验测得立方体试件抗压强度值，可作为现场混凝土施工控制（如拆模、预应力筋张拉、放张等）的依据。

（2）混凝土立方体强度等级　混凝土的抗压强度与其他强度有良好的相关性，这是确定混凝土强度等级的依据。根据混凝土立方体抗压强度标准值（以$f_{cu,k}$表示），可将混凝土划分若干不同的强度等级。混凝土强度等级采用符号C与立方体抗压强度标准值（以N/mm^2即MPa计）表示，共划分成C15、C20、C25、C30、C35、C40、C45、C50、C55、C60、C65、C70、C75、C80等强度等级。例如，C30表示混凝土立方体抗压强度标准值$f_{cu,k}$不低于30MPa。

知识拓展

混凝土立方体抗压强度标准值是指按标准方法制作和养护的立方体试件，在28d龄期，用标准试验方法测得的抗压强度总体分布中的一个值，强度低于该值的百分率不超过5%（即具有强度保证率为95%的立方体抗压强度）。抗压强度标准值是用数理统计的方法计算得到的达到规定保证率的某一强度数值，并非实测立方体试件的抗压强度。

2.混凝土轴心抗压强度

确定混凝土强度等级采用立方体试件，但实际工程中钢筋混凝土构件形式极少是立方体的，大部分是棱柱体或圆柱体。为了使测得的混凝土强度接近于混凝土构件的实际情况，在钢筋混凝土结构计算中，计算轴心受压构件（例如柱子、桁架的腹杆等）时都采用混凝土的轴心抗压强度f_{cp}作为设计依据。

根据国家标准《普通混凝土力学性能试验方法标准》（GB/T 50081—2002），轴心抗压强度一般采用150mm×150mm×300mm的棱柱体作为标准试件。轴心抗压强度值f_{cp}比同截面的立方体抗压强度值f_{cu}小，棱柱体试件高宽比（h/a）越大，轴心抗压强度越小，但当h/a达到一定值后，强度不再降低。在立方体抗压强度f_{cu}为10～55MPa范围内时，轴心抗压强度$f_{cp}=（0.70～0.80）f_{cu}$。

3.混凝土抗拉强度

混凝土的抗拉强度只有自身抗压强度的 1/20 ~ 1/10，且拉压比随着混凝土强度等级的提高而减小。在普通钢筋混凝土结构设计中不考虑混凝土受拉力（拉力主要由钢筋来进行承担），但抗拉强度对混凝土的抗裂性起着重要的作用。

4.影响混凝土强度的主要因素

混凝土在凝结硬化过程中，由于水泥水化造成的化学收缩和物理收缩引起砂浆体积的变化，在粗骨料与砂浆界面存在着微裂缝。当硬化后的混凝土受力时，由于应力集中现象，这些微裂缝会逐渐扩大、延长并汇合连通起来；随后，水泥石也开始出现裂缝，最终形成贯通性裂缝，混凝土结构遭到完全破坏。所以，混凝土的强度主要取决于水泥石强度及其与骨料的黏结强度，此外，混凝土强度还受施工质量、养护条件、龄期等因素的影响。

（1）水泥强度等级与水胶比的影响　水泥强度等级和水胶比（混凝土中水的单位用量与水泥及矿物掺合料的合计单位用量的比值）是决定混凝土强度最主要的因素。在水胶比不变时，水泥强度等级越高，则硬化水泥石的强度越大，对骨料的胶结力就越强，配制成的混凝土强度也就越高。在水泥强度等级相同的条件下，混凝土的强度主要取决于水胶比。因为在拌制混凝土时，为了获得施工要求的流动性，实际加水量一般要比水泥水化所需水量多一些，如常用的塑性混凝土，其水胶比均为 0.4 ~ 0.8。当混凝土硬化后，多余的水分就残留在混凝土中或蒸发后形成气孔或通道，大大减小了混凝土抵抗荷载的有效断面，而且可能在孔隙周围引起应力集中。所以，在水泥强度等级相同的情况下，较小的水胶比，意味着水泥用量一定的前提下用水量较少，水泥石的强度就较高，与骨料黏结力也较大，混凝土强度较高。但是，如果水胶比过小，拌合物会过于干稠（即和易性不良），在一定施工条件下混凝土难以被振捣密实，可能出现较多的蜂窝、孔洞，反而会导致混凝土强度严重下降，如图 4-8 所示。

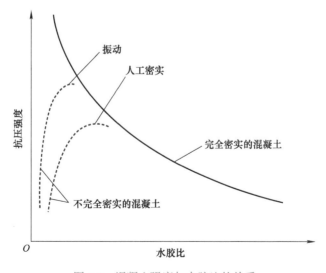

图 4-8　混凝土强度与水胶比的关系

根据大量试验结果，在原材料一定的情况下，混凝土 28d 龄期抗压强度（$f_{cu,0}$）与水胶比、水泥强度等因素之间存在以下线性经验公式

$$f_{cu,0} = \alpha_a f_b \left(\frac{C}{W} - \alpha_b \right) \tag{4-4}$$

式中 $f_{cu,0}$——混凝土 28d 龄期的抗压强度（MPa）；

C——1m^3 混凝土中水泥用量（kg）；

W——1m^3 混凝土中水的用量（kg）；

W/C——混凝土水胶比；

f_b——胶凝材料（水泥与矿物掺合料按使用比例混合）28d 胶砂强度（MPa）[试验方法应按现行国家标准《水泥胶砂强度检验方法（ISO 法）》（GB/T 17671—1999）执行；当无实测值时，$f_b=\gamma_f \gamma_s f_{ce}$，$\gamma_f$ 和 γ_s 指的是粉煤灰影响系数和粒化高炉矿渣影响系数，f_{ce} 是指水泥 28d 胶砂抗压强度（MPa）]；

α_a，α_b——回归系数，根据工程所使用的材料，通过试验建立的水胶比与混凝土强度关系来确定；当不具备上述试验统计资料时，碎石 α_a 取 0.53，α_b 取 0.20；卵石 α_a 取 0.49；α_b 取 0.13。

以上的经验公式，一般只适用于流动性混凝土及低流动性混凝土，对于干硬性混凝土则不适用。利用混凝土强度公式，可根据所用的水泥强度和水胶比来估计所配制混凝土的强度，在混凝土配合比设计中，利用水泥强度和要求的混凝土强度等级来计算应采用的水胶比。

（2）骨料的影响 当骨料级配良好、砂率适当时，由于组成了坚强密实的骨架，因而有利于混凝土强度的提高。碎石表面粗糙有棱角，提高了骨料与水泥砂浆之间的机械啮合力和黏结力，所以在原材料、配合比及坍落度相同的条件下，用碎石拌制的混凝土比用卵石拌制的混凝土的强度要高。

一般骨料强度比水泥石强度高，所以不直接影响混凝土的强度。粗骨料粒形以三维长度相等或相近的球形或立方体形为好，若含有较多针状、片状颗粒，会导致混凝土强度的下降。

（3）养护温度及湿度的影响 混凝土强度是一个渐进发展的过程，温度和湿度是影响水泥水化速度和程度的重要因素。养护温度高，水泥水化速度加快，混凝土强度的发展也快；反之，在低温下混凝土强度发展迟缓，如图 4-9 所示。当温度降至冰点以下时，不但水泥停止水化，混凝土强度停止发展，而且由于混凝土孔隙中的水结冰，产生体积膨胀从而使硬化中的混凝土结构遭到破坏，强度受损。同时，混凝土早期强度低，更容易冻坏，所以在冬期施工时，应特别注意采取保温措施，防止混凝土早期受冻。

水是水泥水化反应的必要条件，只有周围环境湿度适当，水泥水化反应才能不断地顺利进行，使混凝土强度得到充分发展。如果湿度不够，水泥水化不充分甚至停止水化，不仅会严重降低混凝土强度，还会促使混凝土结构疏松，形成干缩裂缝，增大渗水性，从而影响混凝土的耐久性，如图 4-10 所示。

现场浇筑混凝土绝大多数采用自然养护，即在自然状态下养护混凝土。自然养护的温度随气温变化，而为保持混凝土在凝结后的潮湿状态，施工时规定：在混凝土浇筑完毕后，应在 12h 内进行覆盖，以防止水分蒸发。在夏季施工的混凝土，要特别注意浇水保湿。使用硅酸盐水泥、普通硅酸盐水泥和矿渣硅酸盐水泥时，浇水保湿应不少于 7d；使用火山灰硅酸盐水泥和粉煤灰硅酸盐水泥或在施工中掺用缓凝型外加剂或混凝土有抗渗要求时，保湿养护应不少于 14d。

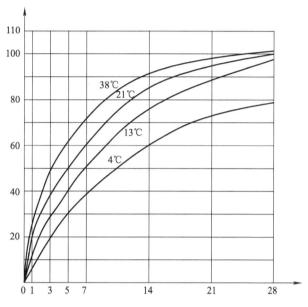

图 4-9　养护温度对混凝土强度的影响

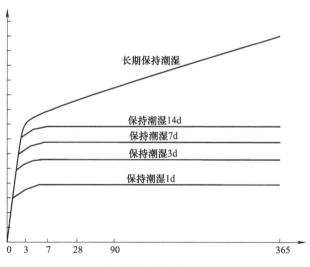

图 4-10　潮湿养护对混凝土强度的影响

（4）龄期的影响　龄期是指混凝土在正常养护条件下经历的时间。在正常养护的条件下，混凝土的强度将随龄期的增长而不断发展，最初 7～14d 内强度发展较快，以后逐渐缓慢，28d 达到设计强度。28d 后强度仍在发展，如果保持良好的养护条件，强度增长过程可延续数 10 年之久。混凝土强度与龄期的关系如图 4-11 所示。

普通水泥制成的混凝土，在标准养护条件下，混凝土强度的发展大致与其龄期的常用对数成正比关系

$$f_n/f_{28} = \lg n/\lg 28 \qquad\qquad (4\text{-}5)$$

式中　f_n 和 f_{28}——第 n 天和 28d 龄期混凝土的抗压强度（MPa）；

　　　　n——混凝土龄期（龄期不少于 3d）。

但由于影响强度的因素比较复杂，故按此式计算的结果只能作为参考。

5. 提高混凝土强度的措施

（1）采用高强度等级水泥或早强型水泥　在混凝土配合比相同的情况下，水泥的强度等级越高，混凝土的强度越高。采用早强型水泥可提高混凝土的早期强度，有利于加快施工进度。

（2）降低水胶比和单位用水量　低水胶比（较少单位用水量）的干硬性混凝土拌合物游离水分少，硬化后留下的孔隙少，混凝土密实度高，强度可显著提高。但水胶比过小，将影响拌合物的流动性，造成施工困难，一般采取同时掺加减水剂的方法，使混凝土在低水胶比下，仍具有良好的和易性。

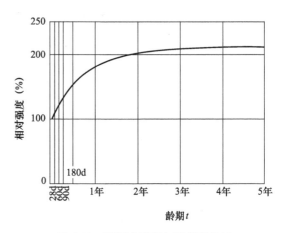

图 4-11　混凝土强度与龄期的关系

（3）采用湿热处理养护混凝土构件　湿热处理可分为蒸汽养护及蒸压养护两类，尤以蒸汽养护常见。蒸汽养护是将混凝土置于 60℃ 以上的常压饱和水蒸气中进行养护。一般混凝土经过不超过 12h 的蒸汽养护，其强度可达正常条件下养护 28d 强度的 70%～80%，蒸汽养护最适于掺活性混合材料的矿渣硅酸盐水泥、火山灰硅酸盐水泥及粉煤灰硅酸盐水泥制备的混凝土。因为蒸汽养护可加速活性混合材料内的活性 SiO_2 及活性 Al_2O_3 与水泥水化析出的 $Ca(OH)_2$ 反应，使混凝土不仅提高早期强度，而且后期强度也有所提高，其 28d 强度可提高 10%～20%。而对普通硅酸盐水泥和硅酸盐水泥制备的混凝土进行过高温度或过长时间的蒸汽养护，其早期强度也能得到提高，但因在水泥颗粒表面过早形成水化产物凝胶膜层，阻碍水分继续深入水泥颗粒内部，使后期强度增长速度反而减缓。

（4）改善施工工艺　要严格按照施工规范进行操作。机械搅拌较人工拌和更能使混凝土拌和均匀，特别是在拌和低流动性混凝土拌合物时效果更加显著。采用二次投料搅拌工艺，可改善混凝土骨料与水泥砂浆之间的界面缺陷，有效提高混凝土强度。采用先进的高频振动、变频振动及多向振动设备，也可获得更好的振动密实效果。

特别提示

　　二次投料法是先将水、水泥、砂子投入拌和机，拌和 30s 成为水泥砂浆，然后再投入粗骨料拌和 60s，这时骨料与水泥已充分拌和均匀，采用这种方法，因砂浆中无粗骨料，便于拌和，粗骨料投入后，易被砂浆均匀包裹，有利于提高混凝土强度，并可减少粗骨料对叶片和衬板的磨损。

（5）掺入混凝土外加剂、掺合料　在混凝土中合理掺用外加剂（如减水剂、早强剂等）可减少用水量，提高混凝土不同龄期强度；掺入高效减水剂的同时掺用磨细的矿物掺合料（如硅灰、优质粉煤灰、超细磨矿渣等），可显著提高混凝土的强度，配制出强度等级为 C60～C100 的高强度混凝土。

☑ 二、混凝土的变形性能

水泥混凝土的变形对混凝土的结构尺寸、受力状态、应力分布、裂缝开裂等都有明显影响。混凝土的变形主要分为两大类：非荷载型变形和荷载型变形。

1. 非荷载型变形

（1）化学收缩　化学收缩是指水泥水化物的固体体积小于水化前反应物（水和水泥）的总体积所造成的收缩。混凝土的这种体积收缩是不能恢复的，其收缩量随混凝土的龄期延长而增加，但总的收缩率一般很小。虽然化学减缩率很小，但其混凝土在收缩过程中内部会产生微细裂缝，这些微细裂缝可能会影响到混凝土的承载状态（产生应力集中）和耐久性。

（2）干湿变形　处于空气中的混凝土当水分散失时会引起体积收缩，称为干燥收缩（简称干缩）；混凝土受潮后体积又会膨胀，即为湿胀。干燥收缩又分为可逆收缩（混凝土干燥后再放入水中可恢复的部分收缩）和不可逆收缩两类。混凝土的湿胀变形量很小，一般无破坏作用。但干缩变形对混凝土危害较大，会导致混凝土表面出现拉应力而开裂，严重影响混凝土耐久性。

在混凝土结构设计中，干缩率取值一般为 $(1.5～2.0)×10^{-4}$ mm/mm，即混凝土每 1m 长度收缩 0.15～0.20mm。干缩主要由水泥石产生，因此，降低水泥用量、减小水胶比是减少干缩的关键。

（3）温度变形　混凝土与通常的固体材料一样呈现热胀冷缩现象，其热膨胀系数约为 $(6～12)×10^{-6}$/℃，即温度每升降 1℃，每 1m 混凝土收缩 0.006～0.012mm。由于混凝土的导热能力很低，水泥水化初期释放出的大量水化热会聚集在混凝土内部长期难以散失，而混凝土表面散热较快，混凝土内外温差很大（甚至高达 50～70℃），形成"内胀外缩"，混凝土表面产生很大的拉应力直至出现裂缝。因此，温度变形对大体积混凝土工程极为不利。此类工程施工时，常选用低热水泥，或采取减少水泥用量、掺加缓凝剂及人工降温等措施，以减少温度变形可能带来的质量问题。

2. 荷载型变形

（1）短期荷载作用下的变形　混凝土在短期荷载作用下的变形是一种弹塑性变形，混凝土静压应力－应变曲线如图 4-12 所示。混凝土在受荷前内部存在随机分布的不规则微细界面裂缝，当荷载不超过极限应力的 30% 时（阶段Ⅰ），这些裂缝无明显变化，荷载（应力）与变形（应变）接近直线关系；当荷载达到极限应力的 30%～50% 时（阶段Ⅱ），裂缝数量开始增加且缓慢伸展，应力－应变曲线随界面裂缝的演变逐渐偏离直线，产生弯曲；当荷载超过极限应力的 50% 时（阶段Ⅲ），

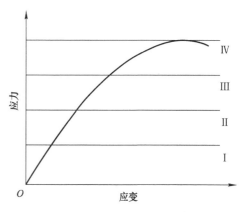

图 4-12　混凝土静压应力－应变曲线

界面裂缝就不再稳定，而且逐渐延伸至砂浆基体中；当荷载超过极限应力的75%时（阶段Ⅳ），界面裂缝与砂浆裂缝互相贯通，成为连续裂缝，混凝土变形加速增大，荷载曲线明显地弯向水平应变轴；当荷载超过极限应力时，混凝土承载能力迅速下降，连续裂缝急剧扩展而导致混凝土完全破坏。

混凝土应力 - 应变曲线上任一点的应力 δ 与其应变 ε 的比值，称为混凝土在该应力下的变形模量，它反映了混凝土的刚度。弹性模量 E 是计算钢筋混凝土结构的变形、裂缝的开展时必不可少的参数。一般取混凝土应力 - 应变曲线原点与曲线上40%的极限应力的点之间连线的斜率（即割线模量）为该混凝土的（静）弹性模量。当混凝土强度等级为C10～C60时，其割线模量为 $(1.75 \sim 3.60) \times 10^4$MPa。当混凝土所含骨料较多、水胶比较小、养护较好、龄期较长时，其弹性模量较大。

（2）长期荷载作用下的变形——徐变 混凝土承受持续荷载时，随时间的延长而增加的变形，称为徐变。混凝土徐变在加荷早期增长较快，然后逐渐减缓，当混凝土卸载后，一部分变形瞬时恢复，还有一部分要过一段时间后才恢复，称为徐变恢复。剩余不可恢复部分，称为残余变形，如图4-13所示。

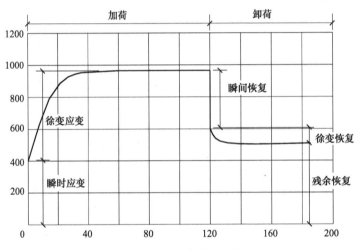

图 4-13　混凝土的徐变和恢复

混凝土的徐变对混凝土及钢筋混凝土结构物的应力和应变状态有很大影响。徐变可能超过弹性变形，甚至达到弹性变形的2～4倍。徐变应变一般可达（3～15）×10^{-4}mm/mm，即0.3～1.5mm/m。在某些情况下，徐变有利于削弱由温度、干缩等引起的约束变形，从而防止裂缝的产生。但在预应力结构中，徐变将产生应力松弛，引起预应力损失，造成不利影响。因此，在混凝土结构设计时，必须充分考虑徐变的有利影响和不利影响。影响混凝土徐变的主要因素包括：环境湿度减小（导致混凝土过快失水）会使徐变增大；混凝土强度越低，水泥用量越多，徐变越大；因骨料的徐变很小，故增大骨料含量会使徐变减小。

三、混凝土的耐久性

混凝土除要求具备一定的强度以承受荷载外，还应具备与所处环境及使用条件相适应的耐久性能。这些性能包括抗渗性、抗冻性、抗侵蚀性、抗碳化能力、抗碱－骨料反应能力等，统称为混凝土的耐久性。

1. 混凝土的耐久性能

（1）混凝土的抗渗性 抗渗性是指抵抗水、油等液体在压力作用下渗透的性能。环境中各种侵蚀性介质均要通过渗透才能进入混凝土内部，因而抗渗性对混凝土的耐久性起着重要的作用。

混凝土的抗渗性以抗渗等级来表示。采用标准养护 28d 的标准试件，按规定的方法进行试验，以其所能承受的最大静水压（MPa）来计算其抗渗等级，有 P4、P6、P8、P10、P12，共 5 个等级，如 P6 表示混凝土能抵抗 0.6MPa 的静水压力而不渗透。

混凝土的抗渗性主要与混凝土的密实程度及孔隙构造特征有关——混凝土密实度越小，抗渗性越差；孔隙率一定时，相互连通的孔隙越多，孔径越大，混凝土的抗渗性越差。提高混凝土抗渗性的措施有降低水胶比、掺用减水剂、引气剂、改善施工工艺、加强养护等。

（2）混凝土的抗冻性 抗冻性是指混凝土抵抗冻融循环破坏作用的能力。混凝土的冻融破坏是指混凝土毛细孔中的水结冰后体积膨胀，使混凝土产生微细裂缝，反复冻融导致裂缝扩展，混凝土由表及里剥落破坏的现象。在寒冷地区，特别是接触水又受冻环境下的混凝土，要求具有较高的抗冻性。

混凝土的抗冻性用抗冻等级来表示。抗冻等级是以 28d 龄期的混凝土标准试件，在饱水后承受反复冻融循环，以抗压强度损失不超过 25% 且质量损失不超过 5% 时所能承受的最多的循环次数来表示。混凝土的抗冻等级有 F10、F15、F25、F50、F100、F150、F200、F250 和 F300 共 9 个等级，如 F50 表示混凝土能承受冻融循环的次数不少于 50 次。

混凝土的孔隙率、孔隙构造和孔隙的充水程度是影响抗冻性的主要因素。密实的混凝土和具有封闭孔隙的混凝土（如引气混凝土），抗冻性较好。掺入引气剂和减水剂，可有效提高混凝土的抗冻性。

（3）混凝土的抗侵蚀性 当混凝土所处环境中含有侵蚀性介质时，混凝土便会遭受侵蚀，通常有软水侵蚀、硫酸盐侵蚀、镁盐侵蚀、碳酸盐侵蚀、一般酸侵蚀与强碱侵蚀等，其侵蚀机理与水泥腐蚀机理接近。随着混凝土在地下工程、海岸与海洋工程等恶劣环境中的大量应用，对混凝土的抗侵蚀性提出了更高的要求。混凝土的抗侵蚀性与所用水泥品种、混凝土密实度和孔隙特征等有关。密实和孔隙封闭的混凝土，环境水不易侵入，抗侵蚀性较强。

（4）混凝土的碳化 混凝土的碳化是指混凝土内水泥石中的 $Ca(OH)_2$ 与空气中的 CO_2 在湿度适宜时发生化学反应，生成 $CaCO_3$ 和 H_2O，也称为中性化。混凝土的碳化是 CO_2 由表及里逐渐向混凝土内部扩散的过程。碳化对混凝土性能有正面和负面两方面的影响。

碳化首先造成混凝土碱度降低，减弱了对钢筋的保护作用。混凝土中的钢筋处在强碱性环境中（pH 值约为 12～14）而在表面生成一层钝化膜，保护钢筋不易腐蚀。但当混凝土持续碳化，穿透混凝土保护层而达到钢筋表面时，由于混凝土碱性下降，钢筋钝化膜被破坏而发生锈蚀，产生锈蚀体积膨胀，致使混凝土保护层开裂，钢筋锈蚀速度进一步加快。另外，碳化作用会增加混凝土的收缩，引起混凝土表面产生拉应力而出现微细裂缝，从而降低混凝土的抗拉强度、抗折强度及抗渗能力。碳化作用对混凝土也有有利的影响，碳化作用产生的碳酸钙填充了混凝土表面水泥石的孔隙，提高了混凝土表面的密实度和硬度，对提高混凝土抗压强度有利。

影响碳化速度的主要因素有环境中二氧化碳的浓度、水泥品种、水胶比、环境湿度等。当 CO_2 浓度高（如铸造车间）时，碳化速度快；当环境中的相对湿度在 50% ~ 75% 时，碳化速度最快，当相对湿度小于 25% 或在水中时碳化将停止；水胶比小的混凝土较密实，CO_2 和 H_2O 不易侵入，碳化速度较慢；掺混合材料较多的水泥碱度较低，碳化速度随混合材料掺量的增多而加快。

（5）混凝土的碱 – 骨料反应　碱 – 骨料反应是指水泥中的碱（Na_2O、K_2O）与骨料中的活性 SiO_2 发生化学反应，在骨料表面生成复杂的碱 – 硅酸凝胶，凝胶吸水体积剧烈膨胀（体积可增加 3 倍以上），从而导致混凝土产生膨胀开裂而破坏的现象。

混凝土发生碱 – 骨料反应必须同时具备以下 3 个条件：

1）水泥中碱含量高。水泥中碱含量按（Na_2O+K_2O）% 计算大于 0.6%。

2）砂、石骨料中含有活性二氧化硅成分，如蛋白石、玉髓、鳞石英等。

3）有水存在。在无水情况下，混凝土不可能发生碱 – 骨料反应。

碱 – 骨料反应缓慢，其破坏后果往往要经过几年甚至十几年后才会明显暴露出来，且一旦发现，难以有效抑制其持续发展，故素有混凝土的"癌症"之称，应以预防为主。

预防碱 – 骨料反应的措施有：控制水泥总含碱量不超过 0.6%；选用非活性骨料；降低混凝土单位水泥用量以降低单位混凝土的含碱量；在混凝土中掺入火山灰质混合材料以减少膨胀值；防止水分侵入，设法使硬化后混凝土处于干燥状态。

2. 提高混凝土耐久性的措施

当混凝土的环境条件变化时，对其所要求的耐久性具体内容也各有侧重，但混凝土的密实程度是始终影响其耐久性的主要因素。

综合来看，影响混凝土耐久性的主要因素大致有以下几点：

首先，在混凝土工程中为了满足混凝土施工工作性要求，即用水量大、水胶比高，因而导致混凝土的孔隙率很高，约占水泥石总体积的 25% ~ 40%，特别是其中毛细孔占相当大部分，毛细孔是水分、各种侵蚀介质、氧气、二氧化碳及其他有害物质进入混凝土内部的通道，引起混凝土耐久性的不足。

其次，水泥石中的水化物稳定性不足也会对耐久性产生影响。例如，通用硅酸盐水泥水化后的主要化合物是碱度较高的高碱性水化硅酸钙、水化铝酸钙、水化硫铝酸钙等。此外，在水化物中还有数量很大的游离 $Ca(OH)_2$，它的强度很低、稳定性极差，在侵蚀条件下，是首先遭到侵蚀的部分。因此必须减少这些稳定性低的组分，尤其是游离 $Ca(OH)_2$ 的含量。

提高混凝土耐久性的主要措施有以下几种：

1）合理选用原材料。具体包括：选择适宜的水泥品种，可根据混凝土工程的特点和所处的环境条件，合理选用水泥（如低碱水泥）；选用质量良好、技术条件合格的砂石骨料；根据工程特点及环境特点合理掺用外加剂（如减水剂、引气剂），改善混凝土的孔隙结构，提高混凝土的抗渗性和抗冻性。

2）保证合理的混凝土配合比。控制水胶比及保证足够的胶凝材料用量是保证混凝土密实度并提高混凝土耐久性的关键。根据不同的环境类别和混凝土等级《普通混凝土配合比设计规程》（JGJ 55—2011）和《混凝土结构设计规范》（GB 50010—2010）规定了工业与民用建筑所用混凝土的最大水胶比和最小胶凝材料用量的限值，见表 4-18 和表 4-19。

3）改进施工操作程序及工艺，保证混凝土施工质量。

表 4-18 混凝土结构的环境类别

环境类别	条件
一	室内干燥环境 无侵蚀性静水浸没环境
二 a	室内潮湿环境 非严寒和非寒冷地区的露天环境 非严寒和非寒冷地区与无侵蚀性的水或土壤直接接触的环境 严寒和寒冷地区的冰冻线以下与无侵蚀性的水或土壤直接接触的环境
二 b	干湿交替环境 水位频繁变动环境 严寒和寒冷地区的露天环境 严寒和寒冷地区的冰冻线以上与无侵蚀性的水或土壤直接接触的环境
三 a	严寒和寒冷地区冬季水位变动区环境 受除冰盐影响环境 海风环境
三 b	盐渍土环境 受除冰盐作用环境 海岸环境
四	海水环境
五	受人为或自然的侵蚀性物质影响的环境

注：1. 室内潮湿环境是指结构表面经常处于结露或潮湿状态的环境。

2. 严寒和寒冷地区的划分应符合国家现行标准《民用建筑热工设计规范》（GB 50176—1993）的有关规定。

3. 海岸环境和海风环境宜根据当地情况，考虑主导风向及结构所处迎风，背风部位等因素的影响由调查研究和工程经验确定。

4. 受除冰盐影响环境是指受到除冰盐雾影响的环境；受除冰盐作用环境是指被除冰盐溶液溅射的环境以及使用除冰盐地区的洗车房、停车楼等建筑。

5. 暴露的环境是指混凝土结构表面所处的环境。

表 4-19 混凝土的最大水胶比和最小胶凝材料用量

环境等级	最大水胶比	最低强度等级	最小胶凝材料用量 (kg/m³)		
			素混凝土	钢筋混凝土	预应力混凝土
一	0.60	C20	250	280	300
二 a	0.55	C25	280	300	300
二 b	0.50(0.55)	C30(C25)	320		
三 a	0.45(0.50)	C35(C30)	330		
三 b	0.40	C40			

注：1. 素混凝土构件的水胶比及最低强度等级的要求可适当放松。

2. 有可靠工程经验时，二类环境中的最低混凝土强度等级可降低一个等级。

3. 处于严寒和寒冷地区二 b、三 a 类环境中的混凝土应使用引气剂，并可采用括号中的有关参数。

知识拓展——混凝土结构工程的耐久性现状

混凝土结构的耐久性是当前困扰土建基础设施工程的世界性问题。长期以来,人们曾一直以为混凝土是非常耐久的材料。直到20世纪70年代末,发达国家逐渐发现原先建成的基础设施工程在一些环境下出现过早损坏。美国许多城市的混凝土基础设施工程和港口工程建成后不到二三十年,甚至在更短的时期内就出现劣化。有资料显示,1998年美国仅修理与更换公路桥梁的混凝土桥面板一项就需80亿美元,其他基础设施工程存在问题的还有很多。

目前发达国家为混凝土结构耐久性投入了大量科研经费并积极采取应对措施。而我国遭受盐冻侵蚀地区的公路桥梁在耐久性设计方面至今仍无明确要求,对混凝土保护层和强度的要求仅为2.5cm与C25,与加拿大50年代水准一致;甚至大型工程如2000年投入运行的莲花大桥,其主体结构在浪溅区仍采用不耐海水干湿交替侵蚀的C30混凝土与3～4cm厚的保护层厚度。有专家估计,我国"大建"基础设施工程建设的高潮还可延续20年,由于忽视耐久性,迎接人们的可能还会有"大修"20年的高潮,而且这个高潮不用很久就将到来,其耗费将倍增于这些工程的建设投资。

使混凝土结构的耐久性问题进一步加剧的原因还有以下几方面:

1)由于混凝土的质量检验习惯上以单一的强度指标作为衡量标准,导致水泥工业对水泥强度的不适当追求使水泥细度增加,早强的矿物成分比例提高,这些都不利于混凝土的耐久性。我国对水泥质量的检验在强度上只要求不低于规定的最低许可值,而国外则同时还要求不高于规定的最高值,如果强度超过了也被认为不合格,这种要求还有利于水泥产品质量的均匀性。

2)工程施工单位不适当地加快施工进度。混凝土的耐久性质量尤其需要有足够的施工养护期加以保证,早产有损生命健康的概念同样适用于混凝土。

3)工程使用环境的不断恶化,如废气、酸雨等日益严重的大气污染,也对工程混凝土造成了严重的侵蚀和危害。我国的酸雨面积已超过国土面积的30%。

任务六　熟悉混凝土检测项目

混凝土拌合物的常规检测指标包括稠度、密度、凝结时间。对实际工程的混凝土拌合物性能进行检验,样品必须在施工现场抽取,检测也应该在施工现场完成;如果是进行混凝土配合比设计,或对混凝土配合比进行验证,混凝土拌合物应由检测室拌制,检测应该在检测室内规定环境条件下进行,也可在检测室内模拟现场环境进行。

依据标准:《普通混凝土拌合物性能试验方法标准》(GB/T 50080—2016)、《普通混凝土力学性能试验方法标准》(GB/T 50081—2002)、《混凝土结构工程施工质量验收规范》(GB 50204—2015)。

一、取样

1. 取样方法

1）用于检查结构构件混凝土拌合物的性能、抗压强度、抗折强度和抗渗等级的试样，应在混凝土的浇筑地点随机抽取；使用预拌混凝土的，应在交货地点随机从同一车中抽取。

2）同一组样品应从同一盘混凝土或同一车混凝土中取样。取样量应多于试验所需量的1.5倍，且不宜小于20L。

3）取样应具有代表性，宜采用多次取样的方法。一般在同一盘混凝土或同一车混凝土中的约1/4处、1/2处和3/4处之间分别取样，从第一次取样到最后一次取样不宜超过15min，然后人工搅拌均匀。

4）在实验室制备混凝土拌合物时，拌和时实验室的温度应保持在（20±5）℃，所用材料的温度应与实验室温度保持一致；需要模拟施工条件下所用的混凝土时，所用原材料的温度宜与施工现场保持一致；材料用量应以质量计，称量精度：骨料为 ±1%，水、水泥、掺合料、外加剂均为 ±0.5%。

5）从取样完毕或试样制备完毕到开始做各项性能试验不宜超过5min。

2. 取样频率

1）检查结构构件混凝土的强度，取样与试件留置应符合下列规定：

① 每拌制 100 盘且不超过 100m³ 的同配合比的混凝土，取样不得少于一次。

② 每工作班拌制的同一配合比的混凝土不足 100 盘时，取样不得少于一次。

③ 当一次连续浇筑超过 1000m³ 时，同一配合比的混凝土每 200m³ 取样不得少于一次。

④ 每一楼层、同一配合比的混凝土，取样不得少于一次。

⑤ 每次取样应至少留置一组标准养护试件。同条件养护试件的留置组数应根据实际需要确定。

2）对有抗渗和抗冻要求的混凝土结构，其混凝土试件应在浇筑地点随机取样。同一工程、同一配合比的混凝土，取样应不少于一次，留置组数可根据实际需要确定。

3）混凝土坍落度测定频率没有硬性规定，一般与强度试件的取样频率相同；其他项目的检测根据相关方事先约定的进行。

> **特别提示**
>
> 对于混凝土试件的取样频率，不同行业和工程都有各自不同的要求，具体体现在各种标准、规程中。比如隧道工程中，抗渗试件就要求每100m留置一组；地下防水工程中规定，连续浇筑混凝土每500m³应留置一组6个抗渗试件，且每项工程不得少于两组；采用预拌混凝土的抗渗试件，留置组数应视结构的规模和要求而定。

二、混凝土稠度试验

1. 坍落度与坍落扩展度检测

1）坍落度筒内壁和底板上应无明水。底板应放置在坚实的水平面上，并把筒放在底板中心，筒顶套上装料漏斗，然后用脚踩住两边的脚踏板，坍落度筒在装料时应保持固定的位置。

2）把按要求取得的混凝土试样用小铲分三层均匀地装入筒内，使捣实后的每层高度为筒高的1/3左右。每层用捣棒插捣25次。插捣应沿螺旋方向由外向中心进行，各次插捣应在截面上均匀分布。插捣筒边混凝土时，捣棒可以稍稍倾斜。插捣底层时，捣棒应贯穿整个深度，插捣第二层和顶层时，捣棒应插透本层至下一层的表面；浇灌顶层时，混凝土应灌到高出筒口。插捣过程中，若混凝土沉落到低于筒口面，则应随时添加。顶层插捣完后，卸下漏斗，刮去多余的混凝土，并用抹刀抹平。

3）清除筒边底板上的混凝土后，垂直平稳地提起坍落度筒。坍落度筒的提离过程应在 3～7s 内完成；从开始装料到提坍落度筒的整个过程应不间断地进行，并应在 150s 内完成。

4）提起坍落度筒后，将平尺调整到与坍落后的混凝土试样的最高点接触，在测量标尺上读出坍落度值；或测量筒高与坍落后的混凝土试样的最高点之间的高度差，也为该混凝土拌合物的坍落度值。坍落度筒提离后，若混凝土发生崩坍或一边剪坏的现象，则应重新取样另行测定；若第二次试验仍出现上述现象，则表示该混凝土的和易性不好，应予记录备查。

5）观察坍落后的混凝土试样的黏聚性及保水性。黏聚性的检查方法是用捣棒在已坍落的混凝土锥体侧面轻轻敲打，此时如果锥体逐渐下沉，则表示黏聚性良好，如果锥体倒塌、部分崩裂或出现离析现象，则表示黏聚性不好。保水性以混凝土拌合物稀浆析出的程度来评定，坍落度筒提起后若有较多的稀浆从底部析出，锥体部分的混凝土也因失浆而骨料外露，则表明此混凝土拌合物的保水性能不好；若坍落度筒提起后无稀浆或仅有少量稀浆自底部析出，则表示此混凝土拌合物的保水性良好。

6）当混凝土拌合物的坍落度大于220mm时，用钢尺测量混凝土扩展后最终的最大直径和最小直径，在这两个直径之差小于50mm的条件下，用其算术平均值作为坍落扩展度值；若两者之差大于50mm，则此次试验无效。

7）如果发现粗骨料在中央集堆或边缘有水泥浆析出，表示此混凝土拌合物抗离析性不好，应予记录。混凝土拌合物坍落度和坍落扩展度值以毫米为单位，测量值精确至1mm，结果表达修约至5mm。

2. 维勃稠度试验

1）维勃稠度仪应放置在坚实水平面上，用湿布把容器、坍落度筒、喂料斗内壁及其他用具润湿。

2）将喂料斗提到坍落度筒上方扣紧，校正容器位置，使其中心与喂料中心重合，然后拧紧固定螺钉。

3）把按要求取样或制作的混凝土拌合物试样用小铲分三层经喂料斗均匀地装入筒内，装料及插捣的方法与坍落度试验相同。

4）把喂料斗转离，垂直地提起坍落度筒，此时应注意不使混凝土试样产生横向的扭动。

5）把透明圆盘转到混凝土圆台体顶面，放松测杆螺钉，降下圆盘，使其轻轻接触到混凝土顶面。

6）拧紧定位螺钉，并检查测杆螺钉是否已经完全放松。

7）在开启振动台的同时用秒表计时，当振动到透明圆盘的底面被水泥浆布满的瞬间停止计时，并关闭振动台。

8）由秒表读出的时间即为该混凝土拌合物的维勃稠度值，精确至 1s。

三、抗压强度检测

1. 试件的制作

1）取样或拌制好的混凝土拌合物应用铁锹再至少来回拌和三次。

2）根据混凝土拌合物的稠度确定混凝土成形方法，坍落度不大于 70mm 的混凝土宜用振动振实；坍落度大于 70mm 的混凝土宜用捣棒人工捣实；检验现浇混凝土或预制构件的混凝土，试件成形方法宜与实际采用的方法相同。

3）根据粗骨料的最大粒径选择尺寸合适的试模。

4）振捣。用振动台振实制作试件应按下述方法进行：

① 将混凝土拌合物一次装入试模，装料时应用抹刀沿各试模壁插捣，并使混凝土拌合物高出试模口。

② 试模应附着或固定在振动台上，振动时试模不得有任何跳动，振动应持续到表面出浆为止，不得过振。

人工插捣制作试件应按下述方法进行：

① 混凝土拌合物应分两层装入模内，每层的装料厚度大致相等。

② 插捣应按螺旋方向从边缘向中心均匀进行。在插捣底层混凝土时，捣棒应达到试模底部；插捣上层时，捣棒应贯穿上层后插入下层 20 ～ 30mm；插捣时捣棒应保持垂直，不得倾斜。然后应用抹刀沿试模内壁插拔数次。

③ 每层插捣次数为每 10000mm² 截面面积内不得少于 12 次。

④ 插捣后应用橡皮锤轻轻敲击试模四周，直至插捣棒留下的空洞消失为止。

用插入式振捣棒振实制作试件应按下述方法进行：

① 将混凝土拌合物一次装入试模，装料时应用抹刀沿各试模壁插捣，并使混凝土拌合物高出试模口。

② 宜用直径为 25mm 的插入式振捣棒，插入试模振捣时，振捣棒距试模底板 10 ～ 20mm 且不得触及试模底板，振动应持续到表面出浆为止，且应避免过振，以防止混凝土离析；一般振捣时间为 20s。振捣棒拔出时要缓慢，拔出后不得留有孔洞。

③ 刮除试模上口多余的混凝土，待混凝土临近初凝时，用抹刀抹平。

2. 试件的养护

1）试件成形后应立即用不透水的薄膜覆盖表面。

2）采用标准养护的试件，应在温度为（20±5）℃的环境中静置一至两天，然后编号、拆模。拆模后应立即放入温度为（20±2）℃，相对湿度为 95％以上的标准养护室中养护，或在温度为（20±2）℃的不流动的 $Ca(OH)_2$ 饱和溶液中养护。标准养护室内的试件应放在支架上，彼此间隔 10 ～ 20mm，试件表面应保持潮湿，并不得被水直接冲淋。

3）同条件养护试件的拆模时间可与实际构件的拆模时间相同，拆模后，试件仍需保持同条件养护。

4）标准养护龄期为28d（从搅拌加水开始计时）。

3. 检测步骤

1）试件从养护地点取出后应及时进行检测，将试件表面与上下承压板面擦干净。

2）将试件安放在试验机的下压板或垫板上，试件的承压面应与成形时的顶面垂直。试件的中心应与试验机下压板的中心对准，开动试验机，当上压板与试件或钢垫板接近时，调整球座，使接触均衡。

3）在检测过程中应连续均匀地加荷，混凝土强度等级小于C30时，加荷速度取每秒钟0.3～0.5MPa；混凝土强度等级大于等于C30且小于C60时，取每秒钟0.5～0.8MPa；混凝土强度等级大于等于C60时，取每秒钟0.8～1.0MPa。

4）当试件接近破坏开始急剧变形时，应停止调整试验机油门，直至试件被破坏。然后记录破坏荷载 F。

5）按式（4-3）计算每个试件的立方体抗压强度 f_{cu}。

6）按规定的方法确定一组试件的抗压强度值（也称为抗压强度代表值）。对于普通混凝土，如果采用了非标准试件，抗压强度值还应乘以表4-20中相应的尺寸换算系数。

表 4-20　尺寸换算系数

立方体试件边长 /mm	100	150	200
骨料最大粒径 /mm	31.5	40	63
尺寸换算系数	0.95	1	1.05

四、抗折强度检测

1. 试件的制作

同抗压强度检测。

2. 试件的养护

同抗压强度检测。

3. 检测

1）试件从养护地取出后应将试件表面擦干净并及时进行检测。

2）按三分式抗折加荷方式装置试件，安装尺寸偏差不得大于1mm。试件的承压面应为试件成形时的侧面。支座及承压面与圆柱的接触面应平稳、均匀，否则应垫平。

3）施加荷载应保持均匀、连续。当混凝土强度等级小于C30时，加荷速度取每秒钟0.02～0.05MPa；当混凝土强度等级大于等于C30且小于C60时，取每秒钟0.05～0.08MPa；当混凝土强度等级大于等于C60时，取每秒钟0.08～0.10MPa，至试件接近破坏时，应停止调整试验机油门，直至试件破坏，然后记录破坏荷载。

4）记录试件破坏荷载的试验机示值及试件下边缘断裂位置。

5）抗折强度试验结果计算及确定。

① 若试件下边缘断裂位置处于两个集中荷载作用线之间，则试件的抗折强度 f_m（MPa）

按式（2-21）计算，精确至 0.01MPa。

② 一组试件的抗折强度值应采用与抗压强度代表值相同的规定计算确定。

③ 三个试件中若有一个的折断面位于两个集中荷载之外，则混凝土抗折强度值按另两个试件的检测结果计算。若这两个测值的差值不大于两者的较小值的 15% 时，则该组试件的抗折强度值按这两个测值的平均值计算，否则该组试件的检测结果无效。若有两个试件的下边缘断裂位置位于两个集中荷载作用线之外，则该组试件的检测结果无效。

④ 当试件尺寸为 100mm×100mm×400mm 的非标准试件时，应乘以尺寸换算系数 0.85；当混凝土强度等级大于等于 C60 时，宜采用标准试件；使用非标准试件时，尺寸换算系数应由试验确定。

任务七　了解混凝土外加剂及外掺料

一、外加剂的概念及分类

混凝土搅拌过程中掺入的，用以改善混凝土性能的物质称为混凝土外加剂，其掺量一般不超过水泥质量的 5%。外加剂在混凝土工程中的应用非常广泛，已逐渐成为混凝土的第五种组分。外加剂种类较多，一般按其主要功能分为以下四类：

1）改善新拌混凝土流变性能的外加剂，包括减水剂、引气剂、泵送剂等。

2）调节混凝土凝结硬化性能的外加剂，包括缓凝剂、早强剂、速凝剂等。

3）改善混凝土耐久性的外加剂，包括引气剂、防水剂、阻锈剂等。

4）改善混凝土其他性能的外加剂，包括加气剂、膨胀剂、防冻剂、防水剂、泵送剂等。

工程中常用的外加剂包括减水剂、引气剂、早强剂、缓凝剂、防冻剂、膨胀剂等。

二、外加剂的介绍

1. 减水剂

（1）减水剂的作用机理　减水剂属于表面活性剂，其分子由亲水基团和憎水基团两部分组成。在水溶液中加入表面活性剂（如减水剂）后，亲水基团指向溶液，而憎水基团指向空气、非极性液体或固体，作定向排列，组成吸附膜，因此降低了水的表面张力。当水泥加水拌和后，由于水泥颗粒间分子凝聚力的作用，使水泥浆形成絮凝结构，如图 4-16a 所示，这种絮凝结构将一部分拌和用水（游离水）包裹在水泥颗粒之间，降低了混凝土拌合物的流动性。若在水泥浆中加入减水剂，减水剂的憎水基团定向吸附于水泥颗粒表面，使水泥颗粒表面带有相同的电荷。在电性斥力作用下水泥颗粒分开，从而将絮凝结构内的游离水释放出来，如图 4-14b、c 所示。减水剂的这种分散作用使混凝土拌合物在不增加用水量的情况下，增加了流动性。

（2）减水剂的技术经济效果　混凝土中加入减水剂后，可获得如下几种不同的使用效果：

1）增加流动性。在用水量及水胶比不变时，混凝土坍落度可增大 80 ～ 200mm，且不影响混凝土强度。

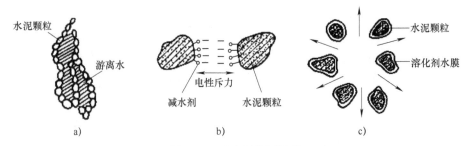

图 4-14　减水剂作用机理

a）水泥浆的絮凝结构　b）减水剂分子定向排列　c）释放拌和用水

2）减少用水提高强度。在保持流动性及水泥用量不变的条件下，可减少拌和水量 8%～45%，从而降低了水胶比，使混凝土 28d 强度提高 10%～35%，早期强度提高则更为显著。

3）节约水泥。在保持流动性及水胶比不变的条件下，可以在减少拌和用水量的同时，相应减少水泥用量，即在保持混凝土强度不变时，可节约水泥用量 10%～25%。

4）改善混凝土的耐久性。由于减水剂的掺入，显著地改善了混凝土的孔隙结构，使混凝土的密实度提高，透水性降低，从而可提高抗渗、抗冻、抗化学腐蚀等能力。

（3）减水剂的主要品种

1）普通减水剂。普通减水剂主要品种有木质素磺酸钙（即木钙）、木质素磺酸钠等。普通减水剂属于缓凝型减水剂，可以改善混凝土拌合物的泌水、离析现象，延缓混凝土拌合物的凝结时间，减慢水泥水化放热速度。但掺量过多，除造成缓凝外，还可能导致强度下降，因而不利于冬季施工。木钙是此类减水剂的代表性品种，一般为棕黄色粉末，掺量为水泥质量的 0.2%～0.3%，该减水剂价格较便宜，应用广泛。

2）高效减水剂。高效减水剂主要品种有多环芳香族磺酸盐类减水剂、水溶性树脂磺酸盐类减水剂、脂肪族类减水剂等。

萘系减水剂是多环芳香族磺酸盐类减水剂的代表性品种，一般为棕色粉末或黏稠液体，掺量为水泥质量的 0.75%～1.5%（粉剂）或 1.5%～2.5%（液体）。萘系减水剂是我国目前生产量最大、应用最广泛的高效减水剂（占高效减水剂总产量 80% 以上），其特点是减水率较高（15%～25%）、不引气、对凝结时间影响小、与水泥适应性相对较好，能与其他各种外加剂复合使用，价格也相对便宜。萘系减水剂常被用于配制大流动性、高强、高性能混凝土，但单纯掺加萘系减水剂的混凝土坍落度损失较快。

3）高性能减水剂。聚羧酸系高性能减水剂是高性能减水剂的代表性品种，是使混凝土在减水、保坍、增强、收缩及环保等方面具有优良性能的外加剂，掺量为水泥质量的 0.8%～1.5%，其主要特点有：减水率高（可高达 45%）、坍落度轻时损失小（预拌混凝土 2h 坍落度损失小于 15%，对于商品混凝土的长距离运输及泵送施工极为有利）、混凝土工作性好（即使在高坍落度情况下也不会有明显的离析、泌水现象）、与不同品种水泥和掺合料相容性好、混凝土收缩小、产品无毒无害（绿色环保产品）、经济效益好（虽单价较高，但工程长期综合的成本低于其他类型产品）等，常用于配制高流动性混凝土、自流平混凝土、自密实混凝土、清水饰面混凝土，尤其适用于配制高强及高性能混凝土。

2. 引气剂

引气剂在混凝土搅拌过程中掺入，能引入大量分布均匀的微小气泡，可改善混凝土拌合物的和易性，减少泌水、离析现象，并能显著提高混凝土耐久性。

引气剂属于憎水性表面活性剂，由于能显著降低水的表面张力和界面性能，使水溶液在搅拌过程中极易产生大量微小（直径多在 200μm 以下）的封闭气泡，使混凝土含气量增大到 3% ~ 5%（不加引气剂的混凝土含气量取 1%），且气泡稳定不易破裂。这些气泡如同滚珠一样，减少了混凝土各组分颗粒间的摩擦阻力，同时减少了自由移动的水量，改善了混凝土拌合物的和易性；大量均匀分布的封闭气泡切断了混凝土中的毛细管渗水通道，改变了混凝土的孔隙结构，使混凝土抗渗性显著提高；同时，封闭气泡有较大的弹性变形能力，对由水结冰所产生的膨胀应力有一定的缓冲作用，因而混凝土的抗冻性得到提高。但混凝土含气量的增大会导致强度的下降，因此，为保持混凝土的力学性能，引入的气泡应适量。

目前应用较多的引气剂有松香热聚物、松香皂、烷基苯磺酸盐等。其适宜掺量为水泥质量的 0.005% ~ 0.02%。

3. 早强剂

早强剂可加速混凝土硬化过程，明显提高混凝土的早期强度（3d 强度可提高40% ~ 100%），并对混凝土最终强度无显著影响，多用于冬季施工混凝土和抢修工程，或用于加快模板的周转率。常用早强剂有无机盐（如氯化钙、氯化钠、硫酸钠、硫代硫酸钠）和有机物（如三乙醇胺）两大类。

各类早强剂的掺量均应严格控制。若使用含氯盐早强剂会加速混凝土中钢筋的锈蚀，为防止氯盐对钢筋的锈蚀，一般可采取将氯盐与阻锈剂（如亚硝酸钠）复合使用；硫酸盐对钢筋无锈蚀作用，并能提高混凝土的抗硫酸盐侵蚀性，但若掺入量过多时，会导致混凝土后期性能变差，且混凝土表面易析出"白霜"，影响外观与表面装饰；三乙醇胺对混凝土稍有缓凝作用，掺入量过多时，会造成混凝土严重缓凝和混凝土强度下降。

在实际应用中，早强剂单掺效果不如复合掺加。因此，较多使用由多种组分配成的复合早强剂（如硫酸钠加三乙醇胺、三乙醇胺加亚硝酸钠加二水石膏），使用效果更好。

4. 缓凝剂

缓凝剂的主要作用是延缓混凝土凝结时间和水泥水化热释放速度，且对混凝土后期强度发展无不利影响。缓凝剂多用于大体积混凝土、泵送和滑模混凝土施工以及高温炎热气候下远距离运输的商品混凝土。在分层浇灌混凝土时，为防止出现冷缝，也常掺加缓凝剂。

缓凝剂主要有四类：糖类，如糖蜜；木质素磺酸盐类，如木钙、木钠；羟基羧酸及其盐类，如柠檬酸、酒石酸；无机盐类，如锌盐、硼酸盐等。常用的缓凝剂是木钙和糖蜜，其中糖蜜的缓凝效果最好，其适宜掺量为 0.1% ~ 0.3%，混凝土凝结时间可延长 2 ~ 4h。

缓凝剂对水泥品种适应性十分明显，用于不同品种水泥缓凝效果不相同，甚至会出现相反效果，因而，缓凝剂使用前必须进行试拌，检测其效果。

5. 防冻剂

防冻剂是能使混凝土在负温下硬化，并在规定养护条件下达到预期性能的外加剂。常用的防冻剂有氯盐类（如氯化钙、氯化钠）；氯盐阻锈类（以氯盐与亚硝酸钠阻锈剂复合而成）；无氯盐类（以硝酸盐、亚硝酸盐、碳酸盐、乙酸钠或尿素复合而成）。

氯盐类防冻剂适用于无筋混凝土；氯盐阻锈类防冻剂可用于钢筋混凝土；无氯盐类防冻剂可用于钢筋混凝土和预应力钢筋混凝土。硝酸盐、亚硝酸盐、碳酸盐易引起钢筋的应力腐蚀，故此类防冻剂不适用于预应力混凝土以及与镀锌钢材相接触部位的混凝土结构。

防冻剂一般适用于 $-15 \sim 0℃$ 的气温条件下施工的混凝土，当在更低气温下施工时，应增加其他混凝土冬季施工措施，如暖棚法、原料（砂、石、水）预热法等。

6. 膨胀剂

膨胀剂是能使混凝土产生一定体积膨胀的外加剂。使用膨胀剂可在混凝土内产生约 $0.2 \sim 0.7MPa$ 的膨胀应力，抵消由于干缩而产生的拉应力，增大混凝土密实度，提高混凝土抗裂性和抗渗性，多用于补偿收缩工程（如防水抗渗混凝土）、灌注及接头填缝、自应力混凝土压力管等。

膨胀剂主要有硫铝酸钙类膨胀剂（如明矾石、CSA 微膨胀剂）、氧化钙等。

三、外加剂应用

1. 外加剂品种的选择

选择外加剂时，应根据工程特点、材料种类和施工条件，参考外加剂产品说明书选择，如有条件应进行试验验证。混凝土选用外加剂的参考资料，见表 4-21。

表 4-21　混凝土外加剂选用参考资料

混凝土类型	应用外加剂目的	适宜的外加剂
高强混凝土	1. 减少混凝土的用水量，提高混凝土的强度 2. 提高施工性能，以使用普通的成形工艺施工 3. 减少混凝土水泥用量，减少混凝土的徐变和收缩	高效减水剂
泵送混凝土	1. 提高可泵送性，控制坍落度 8 ~ 16cm，混凝土有良好的黏聚性，离析、泌水现象少 2. 确保硬化混凝土质量	1. 泵送剂 2. 减水剂（低坍落度损失） 3. 膨胀剂
大体积混凝土	1. 降低水泥初期水化热 2. 延缓混凝土凝结时间 3. 减少水泥用量 4. 避免干缩裂缝	1. 缓凝型减水剂 2. 缓凝剂 3. 引气剂 4. 膨胀剂（如大型设备基础）
防水混凝土	1. 减少混凝土内部孔隙 2. 改变孔隙的形状和大小 3. 堵塞漏水通路，提高抗渗性	1. 减水剂与引气型减水剂 2. 膨胀剂 3. 防水剂
自然养护预制混凝土	1. 缩短生产周期，提高产量 2. 节省水泥 5% ~ 15% 3. 改善工作性能，提高构件质量	1. 普通减水剂 2. 早强型减水剂 3. 高效减水剂 4. 引气减水剂
大模板施工混凝土	1. 提高和易性，确保混凝土具有良好流动性、保水性和黏聚性 2. 提高混凝土早期强度，以满足快速拆模和一定的扣板强度	1. 夏季：普通减水剂，低掺量的高效减水剂 2. 冬季：早强减水剂或减水剂与早强剂复合使用

（续）

混凝土类型	应用外加剂目的	适宜的外加剂
滑动模板施工混凝土	1. 夏季延长混凝土的凝结时间，便于滑升和抹光 2. 冬季早强，保证滑升速度	1. 夏季宜用木钙等缓凝型减水剂 2. 冬季宜用高效减水剂或减水剂与早强剂复合使用
商品（预拌）混凝土	1. 节约水泥，获得经济效益 2. 保证混凝土运输后的和易性，以满足施工要求确保混凝土的质量 3. 满足对混凝土的某些特殊要求	1. 夏季及运输距离长时，宜用木质磺酸盐、糖蜜等缓凝型减水剂 2. 为满足各种特殊要求，选用不同性质的外加剂
耐冻融混凝土	1. 引入适量的微气泡，缓冲冰胀应力 2. 减小混凝土水胶比，提高混凝土抗冻融能力	1. 引气型减水剂 2. 引气剂 3. 减水剂
夏季施工混凝土	缓凝	1. 缓凝型减水剂 2. 缓凝剂
冬季施工混凝土	1. 加快施工进度，提高构件质量 2. 防止冻害	1. 不受冻地区，用早强减水剂或单掺早强剂 2. 要求防冻地区，应选用防冻剂 3. 引气减水剂加早强剂加防冻剂

2. 外加剂掺量的确定及掺入方法

一般情况下，外加剂产品说明书都列出推荐的掺量范围，可参照选用。若没有可靠的资料为参考依据时，应尽可能通过试验来确定外加剂掺量。

外加剂的掺量很少，必须保证其均匀分散，一般不能直接加入混凝土搅拌机内。对于可溶于水的外加剂，应先配成一定浓度的溶液，随水加入搅拌机；对于不溶于水的外加剂，应与适量水泥或砂混合均匀后，再加入搅拌机内。另外，外加剂的掺入时间，对其效果的发挥也有很大影响，如减水剂有同掺法、后掺法、分掺法等方法。同掺法是指减水剂在混凝土搅拌时一起掺入；后掺法是指搅拌好混凝土后间隔一定时间，然后再掺入；分掺法是指一部分减水剂在混凝土搅拌时掺入，另一部分在间隔一段时间后再掺入。

四、混凝土掺合料

在混凝土拌合物制备时，为了节约水泥、改善混凝土性能、调节混凝土强度等级而加入的天然或人造矿物材料，统称为混凝土掺合料。混凝土掺合料多为活性矿物掺合料，其本身不硬化或硬化速度很慢，但能与水泥水化生成的 $Ca(OH)_2$ 发生化学反应，生成具有水硬性的胶凝材料，如粉煤灰（一般是煤在电厂焚烧后的产物）、硅灰、粒化高炉矿渣粉、沸石粉等。

1. 粉煤灰

低钙粉煤灰（一般 CaO 百分含量＜10%）不同于水泥中作为混合材料的高钙粉煤灰，它来源比较广泛，是当前用量最大、使用范围最广的混凝土掺合料。其技术经济效果包括以下几方面：

1）节约水泥：一般可节约水泥 10%～15%，有显著的经济效益。

2）改善混凝土拌合物的和易性和可泵性。

3）降低混凝土水化热，是大体积混凝土的主要掺合料。

4）提高混凝土抗硫酸盐性能。

5）提高混凝土抗渗性。

6）抑制碱-骨料反应。

粉煤灰按细度、烧失量等指标分为Ⅰ、Ⅱ、Ⅲ这3个等级（Ⅰ级质量最佳），按《粉煤灰混凝土应用技术规范》（GB/T 50146—2014）要求，配制泵送混凝土、大体积混凝土、抗渗结构混凝土、抗硫酸盐和抗软水侵蚀混凝土、蒸养混凝土、轻骨料混凝土、地下工程和水下工程混凝土、压浆和碾压混凝土等，均可掺用粉煤灰。

2. 硅灰

硅灰又称为硅粉或硅烟灰，是从生产硅铁合金或硅钢时所排放的烟气中收集到的颗粒极细的烟尘。硅灰颗粒是微细的玻璃球体，呈浅灰到深灰，其粒径为 $0.1 \sim 1.0 \mu m$，是水泥颗粒粒径的 $1/100 \sim 1/50$。其技术经济效果包括以下几方面：

1）由于硅灰具有极高的比表面积，施工中多配以减水剂或高效减水剂，可获得拌合物黏聚性和保水性俱佳的高流态混凝土和泵送混凝土。

2）适合配制高强、超高强混凝土。混凝土掺入占水泥质量 $5\% \sim 10\%$ 的硅灰，同时掺用高效减水剂，可配制出抗压强度高达 100MPa 的超高强混凝土。

3）硅灰掺入混凝土后，混凝土总孔隙率虽变化不大，但其毛细孔会相应变小，因而抗渗性明显提高，抗冻性及抗腐蚀性也得以改善。

知识拓展——预拌混凝土

预拌混凝土是指由水泥、骨料、水以及根据需要掺入的外加剂、矿物掺合料等组分按一定比例，在搅拌站经计量、拌制后出售的，并采用运输车在规定时间内运至使用地点的混凝土拌合物。因其多作为商品出售，故也称为商品混凝土。

混凝土集中搅拌有利于采用先进的工艺技术，实行专业化生产管理。设备利用率高，计量准确，将配合好的干料投入混凝土搅拌机充分拌和后，装入混凝土搅拌输送车，因而产品质量好、材料消耗少、工效高、成本较低，又能改善劳动条件，减少环境污染。2012年我国共生产预拌混凝土 16.45 亿 m^3。

任务八　控制与评定混凝土质量

混凝土质量控制包括以下3个过程：

1）混凝土生产前的初步控制，主要包括人员配备、设备调试、组成材料的检验及配合比的确定与调整等内容。

2）混凝土生产过程的控制，包括控制称量、搅拌、运输、浇筑、振捣及养护等内容。

3）混凝土生产后的合格性控制，包括批量划分、确定每批取样数量、确定检测方法和验收界限等内容。

在混凝土生产管理中，由于其抗压强度与其他性能有较好的相关性，能较好地反映混凝土整体的质量情况，因此工程中通常以混凝土抗压强度作为评定和控制其质量的主要指标。

一、混凝土的质量波动与统计

1. 混凝土质量波动

在混凝土正常的施工条件下，按同一配合比生产的混凝土质量也会产生波动。造成强度波动的原因有原材料质量的波动和运输、浇筑、振捣、养护条件的变化等。另外，由于试验机的误差及试验人员操作的差异，也会造成混凝土强度测试值的波动。在正常条件下，上述因素都是随机变化的，混凝土强度受这些随机变量的影响，因此可以用数理统计的方法来对其进行评定。

对在一定条件下生产的混凝土进行随机取样测定其强度，当取样次数足够多时，数据整理后绘成强度概率分布曲线，一般接近正态分布，如图 4-15 所示。曲线的最高点为混凝土的平均强度 $\bar{f}_{cu}$ 的概率。以平均强度为轴，左右两边曲线是对称的。距对称轴越远的强度，出现的概率越小，并以横轴为渐近线逐渐趋近于零。曲线与横轴之间的面积为概率总和等于 100%。

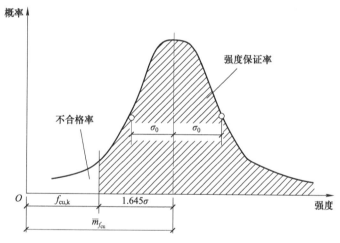

图 4-15 混凝土强度正态分布与强度保证率

当混凝土平均强度相同时，概率曲线窄且高，说明强度测定值比较集中、波动小、混凝土的均匀性好、施工水平高；曲线宽而矮，说明强度值离散程度大、混凝土的均匀性差、施工水平较低。

2. 混凝土质量的统计评定

混凝土的质量可以用数理统计方法中样本的算术平均值 $m_{f_{cu}}$，标准差 σ_0、变异系数（离差系数）c_v、强度保证率 P 等参数评定。

强度平均值

$$m_{f_{cu}} = \frac{1}{n} \sum_{i=1}^{n} f_{cu,i} \tag{4-6}$$

标准差

$$\sigma_0 = \sqrt{\frac{\sum_{i=1}^{n} f_{\mathrm{cu},\,i}^2 - n m_{f_{\mathrm{cu}}}^2}{n-1}} \qquad (4\text{-}7)$$

变异系数

$$c_{\mathrm{v}} = \frac{\sigma_0}{m_{f_{\mathrm{cu}}}} \qquad (4\text{-}8)$$

式中　　$m_{f_{\mathrm{cu}}}$——n 组混凝土试件强度的算术平均值（MPa）；

　　　　$f_{\mathrm{cu},i}$——第 i 组混凝土立方体抗压强度的试验值（MPa）；

　　　　n——试验组数。

强度保证率

$$P = \frac{n_0}{n} \times 100\% \qquad (4\text{-}9)$$

式中　　P——统计周期内的实测强度标准组数的百分率，精确到 0.1%，且 P 不应小于 95%；

　　　　n_0——统计周期内相同强度等级混凝土达到强度标准值的组数；

　　　　n——试验组数。

强度的算术平均值表示混凝土强度的总体平均水平，但不能反映混凝土强度的波动情况。标准差（均方差）是评定混凝土质量均匀性的指标，表示一批混凝土强度整体上与其算术平均值的距离，在数值上等于正态分布曲线的拐点与强度平均值的距离。标准差越大，说明强度的离散程度越大，混凝土的质量越不稳定。变异系数又称为离差系数，变异系数越小，混凝土的质量越稳定，生产水平越高。混凝土是否合格，由根据国家标准《普通混凝土拌合物性能试验方法标准》（GB/T 50080—2016）取样留置的试件强度，经统计后评定来判定是否合格。混凝土的生产质量水平分为"合格"和"不合格"。

3. 混凝土的配制强度

由于混凝土施工过程中原材料性能及生产因素的差异，会出现混凝土质量的不稳定，若按设计强度等级配制混凝土，则按照混凝土强度的正态分布规律，在施工中将有约一半的混凝土达不到设计强度等级，强度保证率（即混凝土强度测试值达到或超过其设计等级标准值的百分比）只有 50%。为使混凝土强度保证率满足规定的要求，在设计混凝土配合比时，必须使配制强度（即平均强度）高于混凝土设计要求的强度，即 $f_{\mathrm{cu},0} \geqslant f_{\mathrm{cu},k}$，且两者相差越大，混凝土强度达到设计要求的保证率越高。根据《普通混凝土配合比设计规程》（JGJ 55—2011）规定，工业与民用建筑及一般构筑物所采用施工中，为使混凝土强度保证率达到所要求的 95%，普通混凝土的配制强度须满足下式

$$f_{\mathrm{cu},0} \geqslant f_{\mathrm{cu},k} + 1.645\sigma \qquad (4\text{-}10)$$

式中　　$f_{\mathrm{cu},0}$——混凝土的配制强度（MPa）；

　　　　$f_{\mathrm{cu},k}$——混凝土设计强度等级的抗压强度标准值（MPa）；

　　　　σ——施工单位混凝土强度标准差的历史统计水平（MPa）。

　　　　1.645——95% 的强度保证率对应的概率参数（概率度）。

二、混凝土强度的检验与评定

《混凝土结构工程施工质量验收规范》（GB 50204—2015）规定，混凝土强度的检验，应以在混凝土浇筑地点制备并与结构实体同条件养护的试件强度为依据，必要时，可采用微（局部）破损与非破损方法检测混凝土强度。

《混凝土强度检验评定标准》（GB/T 50107—2010）规定，混凝土强度的评定可采用统计法和非统计法两种。统计方法适用于混凝土的生产条件能在较长时间内保持一致，且同一品种混凝土的强度变异性能保持稳定的情况，如预拌混凝土厂、预制混凝土构件厂和采用集中搅拌混凝土的施工单位所拌制的混凝土；非统计法适用于零星生产预制构件用混凝土或现场搅拌批量不大的混凝土。

目前，由于许多中小型工程属零星生产混凝土，现场留置混凝土试件数量有限（同一验收批混凝土试件不超过 10 组），其合格性评定多采用非统计法。

$$m_{f_{cu}} \geqslant \lambda_3 f_{cu,k} \tag{4-11}$$

$$f_{cu,min} \geqslant \lambda_4 f_{cu,k} \tag{4-12}$$

式中　　$m_{f_{cu}}$——同一验收批混凝土立方体抗压强度的平均值（MPa）；

$f_{cu,k}$——混凝土立方体抗压强度标准值，即该等级混凝土的抗压强度值（MPa）；

$f_{cu,min}$——同一验收批混凝土立方体抗压强度的最小值（MPa）。

混凝土强度的非统计法合格评定系数见表 4-22。

表 4-22　混凝土强度的非统计法合格评定系数

混凝土强度等级	< C60	≥ C60
λ_3	1.15	1.10
λ_4	0.95	

知识拓展——混凝土的微破损与非破损检测

为了了解和控制混凝土结构和构件的施工质量，应按规范要求制作部分同条件养护的混凝土试件，通过破损性（抗压）试验来检验混凝土强度。但试件并不一定能准确地反映其所代表的混凝土实体构件的质量，特别是当混凝土实体结构出现质量缺陷（如空洞、严重露筋和开裂等），工程技术人员对其强度合格性产生怀疑，而试件强度合格时，此时试件已无代表性可言，故常采用钻芯法或后装拔出法等微破损（又称为局部破损）方法进行强度检验；另外，当预留混凝土试件强度评定为不合格时，也可采用微破损方法对实体混凝土结构进行进一步强度检验。而采用上述检验方法相对复杂，还会对构件带来一定的损伤，因此，工程技术人员希望尽量在不损伤混凝土构件的前提下，较为便捷地了解判断混凝土的质量，这样混凝土的非破损方法强度检验就具有非常实际的应用意义。

非破损方法强度检验主要有回弹法、超声波法和超声回弹综合法等。采用这些检验方法不仅不破坏构件，还可对结构物构件进行多次检验。非破损试验中以回弹法目前应用最为广泛。

回弹法是采用回弹仪进行试验，其基本原理是用有拉簧的一定尺寸的金属弹击杆，以一定的能量弹击在混凝土表面，根据弹击后弹杆的回弹距离可以测定被测混凝土的表面硬度，依据混凝土硬度与抗压强度之间的关系推算出强度。试验时操作人员手持回弹仪，将回弹仪冲杆垂直于混凝土表面，并徐徐地压入套筒。筒内弹簧逐渐压缩而储备能量，当弹簧压缩到一定程度后，弹簧即自动发射而推动冲杆冲击混凝土，冲杆头部受混凝土表面的反作用力而回弹，其回弹距离可从回弹仪的标尺上读出来（或从连接的数字式显示设备中精确读出），然后根据回弹距离与抗压强度的关系（附于回弹法的试验规程中）推定出混凝土抗压强度。

需要特别指出的是，微破损和非破损方法的检测结果并不能完全代表混凝土的真实强度，而只是其推定强度，只能作为处理混凝土质量问题的依据之一。

任务九　设计普通混凝土配合比

混凝土配合比是指混凝土中各组成材料用量之间的比例关系。混凝土配合比通常用各种材料质量的比例关系表示。常用的表示方法有以下两种：

1）以每立方米混凝土中各种材料的质量来表示，如：胶凝材料 300kg，水 180kg，砂720kg，石子 1200kg。

2）以每立方米混凝土各组成材料的质量之比表示，如上例还可表示为：胶凝材料：砂：石子 $= 1 : 2.4 : 4$，水胶比 $W/C=0.6$。

一、混凝土配合比设计的准备

1.混凝土配合比设计的基本要求

1）达到混凝土结构设计强度等级的要求。

2）满足混凝土施工所要求的施工性能（和易性）。

3）具有良好的耐久性，满足抗冻、抗渗、抗侵蚀等方面的要求。

4）在满足上述要求的前提下，尽量节约胶凝材料，满足经济性要求。

2.混凝土配合比设计的参数

混凝土配合比设计，实质上就是确定胶凝材料、水、砂与石子这四项基本组成材料用量之间的 3 个比例关系。即水与胶凝材料之间的比例关系，常用水胶比表示；砂与石子之间的比例关系，常用砂率表示；胶浆与骨料之间的比例关系，常用单位用水量来表示。

确定水胶比、砂率、单位用水量这 3 个混凝土配合比重要参数的基本原则是：在满足混凝土强度和耐久性的基础上，确定混凝土的水胶比；在满足混凝土施工要求的和易性的基础上，根据粗骨料的种类和规格确定混凝土的单位用水量；以砂填充石子空隙后略有富余的原则来确定砂率。

3.混凝土配合比设计的资料准备

在设计混凝土配合比之前，必须预先掌握下列基本资料：

1）混凝土强度要求，即混凝土设计强度等级。

2）混凝土耐久性要求，即根据混凝土所处环境条件所要求的抗冻等级及抗渗等级。

3）原材料情况，主要包括：胶结材料品种和实际强度、密度等；砂石品种、表观密度及堆积密度、含水率、级配、最大粒径、压碎指标值等；拌和用水的水质及水源；外加剂品种、特性、适宜剂量等。

4）施工条件及工程性质，主要包括搅拌和振捣方法、要求的坍落度、施工单位的施工管理水平、构件形状和尺寸以及钢筋的疏密程度等。

二、混凝土配合比设计的步骤

进行混凝土配合比设计，应首先按照已选择的原材料性能及对混凝土的技术要求进行初步理论计算，得出初步配合比；再经过实验室试拌及调整，得出基准配合比；然后经过强度检验（如有抗渗、抗冻等其他性能要求，应当进行相应的检验），定出满足设计和施工要求并比较经济的设计配合比（实验室配合比）；最后根据现场砂、石的实际含水率，对实验室配合比进行调整，求出施工配合比。

1. 初步配合比计算

（1）确定混凝土的配制强度（$f_{cu,0}$）

$$f_{cu,0}=f_{cu,k}+1.645\sigma \tag{4-13}$$

式中　$f_{cu,0}$——混凝土配制强度（MPa）；

$f_{cu,k}$——混凝土立方体抗压强度标准值（MPa）；

σ——混凝土强度标准差（MPa）。

混凝土强度标准差（σ）确定方法如下：

1）若施工单位具有近期同一品种混凝土强度统计资料时，σ可按照式（4-7）计算确定，注意式中 $n \geqslant 25$ 组。

2）若施工单位无历史统计资料时，见表4-23。

表 4-23　混凝土标准差取值

混凝土强度等级	$\leqslant$ C20	C25 ~ C45	C50 ~ C55
σ/MPa	4.0	5.0	6.0

（2）确定水胶比 (W/C)

1）根据强度要求计算水胶比。采用经验公式（4-8）的变形公式计算满足强度要求的水胶比为

$$\frac{W}{C}=\frac{\alpha_a f_b}{f_{cu,0}+\alpha_a\alpha_b f_b} \tag{4-14}$$

式中　$f_{cu,0}$——混凝土配制强度（MPa）；

α_a，α_b——回归系数（对碎石取 α_a= 0.53，α_b= 0.20；对卵石取 α_a= 0.49，α_b= 0.13）；

f_b——胶凝材料 28d 抗压强度实测值（MPa）。

特别提示

水泥厂为保证水泥出厂强度，所生产水泥的实际强度要高于其强度的标准值（$f_{ce,k}$），在无法取得水泥实际强度数据时，可用式 $f_{ce}=\gamma_c f_{ce,k}$，其中 γ_c 为水泥强度值的富余系数，可按实际统计资料或通过试验确定，若无资料和试验数据，则取 1.0。

2）根据施工规范中对最大允许水胶比的规定，查表 4-19 确定保证耐久性要求的最大允许水胶比，对所计算出的水胶比进行耐久性复核。

（3）确定单位用水量（m_{w0}）　水胶比在 0.40～0.80 范围时，根据粗骨料的品种、粒径及施工要求的混凝土拌合物稠度，见表 4-24。

表 4-24　塑性和干硬性混凝土的用水量选用表　　　　（单位：kg/m³）

拌合物稠度		卵石最大粒径 /mm				碎石最大粒径 /mm			
项　目	指　标	10	20	31.5	40	16	20	31.5	40
坍落度 /mm	10～30	190	170	160	150	200	185	175	165
	35～50	200	180	170	160	210	195	185	175
	55～70	210	190	180	170	220	205	195	185
	75～90	215	195	185	175	230	215	205	195
维勃稠度 /s	16～20	175	160	—	145	180	170	—	155
	11～15	180	165	—	150	185	175	—	160
	5～15	185	170	—	155	190	180	—	165

注：1. 本表用水量是采用中砂时用水量的平均取值，采用细（粗）砂时，用水量可相应增（减）5～10kg/m³。

2. 采用各种外加剂或掺合料时，用水量应相应进行调整。

（4）确定单位胶凝材料用量（m_{b0}），矿物掺合料用量（m_{f0}）和水泥用量（m_{c0}）

1）确定每立方米混凝土胶凝材料用量。

$$m_{b0} = \frac{m_{w0}}{W/C} \qquad (4\text{-}15)$$

2）确定每立方米混凝土矿物掺合料用量（m_{f0}）。

$$m_{f0} = m_{b0}\beta_f \qquad (4\text{-}16)$$

式中　β_f——矿物掺合料掺量（%）。

3）确定每立方米混凝土水泥用量。

$$m_{c0} = m_{b0} - m_{f0} \qquad (4\text{-}17)$$

查表 4-19 确定耐久性允许的最小胶凝材料用量，对所计算出的胶凝材料用量进行耐久性复核。

（5）确定砂率（β_s）　一般情况下，可根据粗骨料品种、粒径及水胶比确定砂率，见表 4-25。坍落度较大或较干硬混凝土的砂率，可经试验试配后确定。

表 4-25　混凝土的砂率　　　　（单位：kg/m³）

水胶比 (W/C)	卵石最大粒径 /mm			碎石最大粒径 /mm		
	10	20	40	16	20	40
0.40	26～32	25～31	24～30	30～35	29～34	27～32
0.50	30～35	29～34	28～33	33～38	32～37	30～35
0.60	33～38	32～37	31～36	36～41	35～40	33～38
0.70	36～41	35～40	34～39	39～44	38～43	36～41

注：1. 本表数值是中砂的选用砂率，对细砂或粗砂，可相应减少或增大砂率。

2. 采用人工砂配制混凝土时，砂率可适当增大。

3. 只用一个单粒级粗骨料配置混凝土时，砂率应适当增大。

（6）计算单位粗、细骨料用量（m_{s0}、m_{g0}） 砂石用量的计算有绝对体积法（体积法）及假定容重法（质量法）两种。

1）采用假定容重法时，按下式计算

$$\begin{cases} m_{c0} + m_{f0} + m_{s0} + m_{g0} + m_{W0} = m_{cp} \\ \beta_s = m_{s0} / (m_{s0} + m_{g0}) \end{cases} \tag{4-18}$$

式中 m_{cp}——每立方米混凝土拌合物的假定质量，其值可取 2350 ~ 2450kg。

2）采用绝对体积法时，按下式计算

$$\begin{cases} \dfrac{m_{c0}}{\rho_c} + \dfrac{m_{f0}}{\rho_f} + \dfrac{m_{g0}}{\rho_g} + \dfrac{m_{s0}}{\rho_s} + \dfrac{m_{W0}}{\rho_W} + 0.01\alpha = 1 \\ \beta_s = m_{s0} / (m_{s0} + m_{g0}) \end{cases} \tag{4-19}$$

式中 ρ_f、ρ_c、ρ_s、ρ_g、ρ_W——分别为掺合料密度、水泥密度、细骨料的表观密度、粗骨料的表观密度、水的密度（kg/m³）；

α——混凝土含气量百分数（%），不掺引气型外加剂时，取 1。

（7）得出初步配合比 将上述的计算结果表示为：m_{c0}、m_{s0}、m_{g0}、m_{W0} 或 $m_{c0} : m_{s0} : m_{s0} : m_{W0}$。

2. 配合比的试配与调整

（1）基准配合比的确定 初步配合比中各材料用量是根据经验公式、经验数据计算而得的，是否能满足混凝土的设计要求还需要经试验来验证，即通过试配和调整来完成。

1）计算试配用量。根据粗骨料最大粒径确定试配混凝土用量。一般最大粒径 31.5mm 以下，试拌时取 15L；最大粒径 ≥ 40mm，试拌时取 25L。根据初步配合比，算出试配量中各组成材料的用量。

2）和易性检验与调整（确定基准配合比）。按计算量称取各材料进行试拌，搅拌均匀，测定其坍落度并观察黏聚性和保水性，若经试配坍落度不符合设计要求时，可作如下调整：

① 当坍落度比设计要求值大或小时，可以保持水胶比不变，相应的减少或增加胶浆用量。

② 当坍落度比要求值大时，除上述方法外，还可以在保持砂率不变的情况下，增加骨料用量。

③ 当坍落度值大且拌合物黏聚性、保水性差时，可减少胶浆、增大砂率（保持砂石总量不变，增加砂用量，相应减少粗骨料用量）。

这样重复测试，直至符合要求为止。而后测出混凝土拌合物实测表观密度，并计算出 1m³ 混凝土中各拌合物的实际用量。然后提出和易性已满足要求的供检验混凝土强度用的基准配合比 m_{fa}、m_{ca}、m_{sa}、m_{ga}、m_{Wa}。

（2）实验室配合比的确定 混凝土和易性满足要求后，还应复核混凝土强度并修正配合比。

1）强度复核。复核检验混凝土强度时至少应采用 3 个不同水胶比的配合比，其中一个为基准配合比，另两个配合比是以基准配合比的水胶比为准，在此基础上水胶比分别增加和减少 0.05，其用水量不变，砂率值可增加和减少 1%，试拌并调整，使和易性满足要求后，测出其实表观密度，每种配合比至少制作一组（3 块）试件，标准养护 28d 后测定抗压强度。

2）配合比调整应符合下列规定：

① 绘制出强度与胶水比的线性关系图或插值法确定略大于配制强度的强度对应的胶

水比。

② 在试拌配合比的基础上，用水量（m_W）和外加剂用量（m_a）应根据确定的水胶比作调整。

③ 胶凝材料用量（m_b）应以用水量乘以确定的胶水比计算得出。

④ 粗骨料和细骨料用量（m_g 和 m_s）应根据用水量和胶凝材料用量进行确定。

3）按混凝土实测表观密度修正配合比。可按下式求校正系数 δ 值

$$\rho_{c,c}=m_{cb}+m_{fb}+m_{sb}+m_{gb}+m_{Wb} \tag{4-20}$$

$$\delta=\frac{\rho_{c,t}}{\rho_{c,c}} \tag{4-21}$$

式中　　　　　　　　δ——混凝土配合比校正系数；

$\rho_{c,t}$——混凝土拌合物表观密度实测值（kg/m³）；

$\rho_{c,c}$——混凝土拌合物表观密度计算值（kg/m³）；

m_{cb}、m_{fb}、m_{sb}、m_{gb}、m_{Wb}——按强度复核情况修正后的水泥、矿物掺合料、细骨料、粗骨料、水的用量。

当 $\rho_{c,t}$ 与 $\rho_{c,c}$ 之差不超过 $\rho_{c,c}$ 的 2% 时，则不需按混凝土实测表观密度修正配合比；当两者之差超过 $\rho_{c,c}$ 的 2% 时，混凝土配合比中每项材料用量均乘以修正系数 δ，即得到最终确定的设计配合比（即实验室配合比）。

3. 施工配合比的确定

上述设计配合比中材料是以干燥状态为基准计算出来的，而施工现场砂石常含一定量水分，并且含水率经常变化，为保证混凝土质量，应根据现场砂石含水率对实验室配合比设计值进行修正。修正后的配合比称为施工配合比。

假定施工现场存放砂的含水率为 $a\%$，石子的含水率为 $b\%$，可通过下式计算，将实验室配合比中各材料用量 m_{cb}、m_{fb}、m_{sb}、m_{gb}、m_{Wb} 换算为施工配合比各材料用量 m_c、m_f、m_s、m_g、m_W。

$$\begin{cases} m_c=m_{cb} \\ m_f=m_{fb} \\ m_s=m_{sb}(1+a\%) \\ m_g=m_{gb}(1+b\%) \\ m_W=m_{Wb}-a\%m_{sb}-b\%m_{gb} \end{cases} \tag{4-22}$$

☑ 三、混凝土配合比设计实例

某教学楼的钢筋混凝土梁，设计强度等级为 C30，不受风雪影响，施工要求坍落度为 30～50mm，施工单位无同类混凝土质量的历史统计资料，生产质量水平优良，混凝土施工采用机械拌和、机械振捣。试设计混凝土的配合比。采用原材料如下：

水泥：强度等级为 42.5 级的普通硅酸盐水泥，ρ_c=3100kg/m³，富余系数 1.11。

砂：中砂，ρ_s=2650kg/m³，ρ_{0s}=1500kg/m³，施工现场砂含水率为 3%。

石子：碎石，ρ_g=2700kg/m³，ρ_{0g}=1600kg/m³，粒径范围 5～40mm，施工现场石子含水率为 1%。

水：自来水，不掺外加剂。

解：

1. 混凝土的配制强度（$f_{cu, 0}$）

标准差取 5.0MPa，则

$$f_{cu, 0}=f_{cu, k}+1.645\sigma =(30+1.645\times5.0)MPa=38.2MPa$$

2. 计算水胶比

$$\frac{W}{C}=(0.53\times42.5\times1.11)/(38.2+0.53\times0.20\times42.5\times1.11)=0.58$$

查表 4-19，$\left[\dfrac{W}{C}\right]_{max}$ =0.6 > 0.58，水胶比满足耐久性要求。

3. 确定单位用水量（m_{W0}）

混凝土坍落度为 30 ~ 50mm，碎石最大粒径为 40mm，查表 4-24，得 m_{W0}=175kg。

4. 计算水泥用量（m_{c0}）

$$m_{c0}=(175/0.58)kg=302kg$$

查表 4-19，$[m_{c0}]_{min}$==260kg < 302kg，水泥用量满足耐久性的要求。

5. 确定砂率（β_s）

查表 4-25，当 W/C=0.58，最大粒径为 40mm 时，β_s=32% ~ 37%，取 β_s=35%。

6. 计算砂、石用量（m_{s0}、m_{g0}）

（1）体积法

$$\begin{cases}(302 / 3100) + (m_{s0} / 2650) + (m_{g0} / 2700) + (175 / 1000) + 0.01 = 1\\ 0.35 = m_{s0} / (m_{s0} + m_{g0})\end{cases}$$

以上联立方程得：m_{s0}=674kg；m_{g0}=1251kg。

（2）质量法

$$\begin{cases}302 + m_{s0} + m_{g0} +175 = 2400\\ 0.35 = m_{s0} / (m_{s0} + m_{g0})\end{cases}$$

解以上联立方程得：m_{s0}=673kg；m_{g0}=1250kg。

7. 初步配合比

按体积法的计算结果，初步配合比的各种材料用量为：m_{c0}=302kg；m_{W0}=175kg；m_{s0}=674kg；m_{g0}=1251kg。

8. 试拌与调整

（1）试拌用量 石子最大粒径为 40mm，混凝土拌合物数量取 25L，材料用量见表 4-26。

表 4-26 拌 25L 混凝土各种材料用量

材料名称	水泥	水	砂	石
用量 /kg	7.55	4.38	16.85	31.28

（2）和易性测定与调整 经试验测得坍落度值大于 30 ~ 50mm，故保持 W/C=0.58 不变，减少水泥浆数量 4% 后，测得坍落度为 42mm，满足要求，黏聚性、保水性均良好。实

测混凝土拌合物的表观密度为 ρ_0=2415kg/m³。

经调整后，拌 25L 混凝土中各种材料用量（即 25L 混凝土用量的基准配合比）为

$$m_{ca}=[7.55\times(1-0.04)]kg=7.23kg$$

$$m_{Wa}=[4.38\times(1-0.04)]kg=4.20kg$$

$$m_{sa}=16.85kg$$

$$m_{ga}=31.28kg$$

（3）强度复核　在基准配合比的基础上，保持用水量不变，增加和减少水胶比 0.05，即按水胶比为 0.53、0.58、0.63 试拌 3 组混凝土。经测试，其和易性均满足要求，制成立方体试件。经标准养护 28d 后，测得其强度值见表 4-27。

表 4-27　不同水胶比的混凝土立方体抗压强度

水胶比 W/C	胶水比 C/W	混凝土立方体抗压强度 f_{cu}/MPa
0.53	1.89	43.0
0.58	1.72	37.0
0.63	1.59	33.0

绘制强度与胶水比关系曲线，如图 4-16 所示。从图中查得立方体抗压强度为 38.2MPa 时，对应的胶水比为 C/W=1.75，水胶比 W/C=0.57。

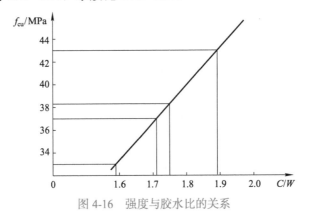

图 4-16　强度与胶水比的关系

9. 确定实验室配合比

（1）按强度检验结果修正配合比

① 用水量（m_{Wb}）。

$$m_{Wb}=[4.20\times2415/(7.23+4.20+16.85+31.28)]kg=170kg$$

② 水泥用量（m_{cb}）。

$$m_{cb}=[170/0.57]kg=298kg$$

③ 砂、石用量（m_{sb}、m_{gb}）。

砂：$m_{sb}=[16.85\times2415/(7.23+4.20+16.85+31.28)]kg=683kg$

石子：$m_{gb}=[31.28\times2415/(7.23+4.20+16.85+31.28)]kg=1268kg$

（2）按实测表观密度修正配合比　按强度符合要求的配合比试拌混凝土，其混凝土表观密度实测值为 $\rho_{c,t}$=2421kg/m³。

混凝土表观密度计算值为

$$\rho_{c,c}=m_{cb}+m_{sb}+m_{gb}+m_{Wb}=[170+298+683+1268]kg/m^3=2419kg/m^3$$

校正系数

$$\delta = \frac{\rho_{c,t}}{\rho_{c,c}} = 2421 / 2419 = 1.0008$$

（3）计算实验室配合比　由于混凝土表观密度实测值与混凝土表观密度计算值之差不到 1%，故不必修正。

10. 确定施工配合比

根据实测砂石含水率换算成施工配合比。

$$m_c = m_{cb} = 298kg$$
$$m_s = m_{sb}(1+a\%) = [683×(1+3\%)]kg = 703kg$$
$$m_g = m_{gb}(1+b\%) = [1268×(1+1\%)]]kg = 1281kg$$
$$m_W = m_{Wb}-a\%m_{sb}-b\%m_{gb} = [170-683×3\%-1268×1\%]kg = 137kg$$

任务十　了解其他品种混凝土

现代土木工程对混凝土性能的要求越来越趋向于专项性，要求混凝土不仅应具有基本的性能，同时还可以具有直接针对工程性质的特种性能，由此便在普通水泥混凝土的基础上，发展出了各种具有不同性能特点的混凝土。

一、高强混凝土与高性能混凝土

1. 高强混凝土

（1）概念　高强混凝土（High Strength Concrete，HSC）是指强度等级为 C60 及其以上的混凝土，C100 以上称为超高强混凝土。

（2）特性　高强混凝土具有强度高、空隙率低、抗渗性好、耐久性好等优点，在建筑工程特别是高层建筑中被广泛采用。高强混凝土能适应现代工程的需要，可获得明显的工程效益和经济效益。采用高强混凝土，不仅可以减少结构断面尺寸、减轻结构自重、降低材料费用，还能满足特种工程的要求，在高层超高层建筑、建筑结构、大跨度大型桥梁结构、道路以及受有侵蚀介质作用的车库、贮罐物中及某些特种结构中得到广泛应用。但是，与普通混凝土相比，高强混凝土的耐火性能较差，特别是火灾中的抗爆裂性能较差。由于强度太高带来的脆性问题尚未从根本上解决，因此，目前在使用高强混凝土方面仍有一定限制。

高强混凝土的组成材料除主要包括的水泥、砂、石外，还有化学外加剂、矿物掺合料和水或同时外加粉煤灰、F 矿粉、矿渣、硅粉等混合料，这些组成材料经常规工艺生产而获得高强度的混凝土。

特别提示

由于高强混凝土要掺入超细矿物掺合料，因此配合比设计中的重要参数采用水胶比（即用水量与胶凝材料总量的比值）。

各国对高强混凝土与普通混凝土的划分不尽相同，高强混凝土或普通混凝土是与本国当前的混凝土技术水平相对而言的。长期以来，我国现场施工现浇混凝土的强度等级大量低于C30，预制混凝土构件普遍低于C40；同时混凝土结构设计规范的计算公式大部分是根据较低强度的混凝土构件的试验数据得出的，有的明显不适合于强度较高或更高等级的混凝土；另外从混凝土的制作技术来看，C50及更高等级的混凝土在施工时需要严格的质量管理制度和较高的施工技术水平。因此，从我国目前的设计施工技术水平出发，划分强度等级达到或超过C60的混凝土为高强混凝土；相对而言，将强度等级不高于C25的混凝土为低强混凝土，C30～C45之间的混凝土为中强混凝土。

（3）施工与养护　高强混凝土从原料到搅拌、浇筑、养护等，要求有严格的施工程序，如不得使用自落式搅拌机，严禁在拌合物出机时加水，外加剂宜采用后掺法，采用"二次投料法"搅拌工艺等。目前，高强混凝土多数以商品混凝土的形式供应，在现场采用泵送的施工方法。由于高强混凝土用水量较少，保湿养护对混凝土的强度发展、避免过多地产生裂缝、获得良好的质量具有重要影响，因而应在浇注完毕后，立即覆盖养护或立即喷洒或涂刷养护剂以保持混凝土表面湿润，养护日期不得少于7d。

2. 高性能混凝土

（1）概念　高性能混凝土（High Performance Concrete，HPC）是一种新型高技术混凝土，是在大幅度提高普通混凝土性能的基础上采用现代混凝土技术制作的混凝土。它以耐久性作为设计的主要指标。

（2）特性　高性能混凝土是具备所要求的性能和匀质性的混凝土，其所要求的性能包括：易于浇注和压实而不离析、高长期力学性能、高早期强度、高韧性、体积稳定、在严酷环境下使用寿命长久。针对不同用途要求，对下列性能重点予以保证：耐久性、工作性、适用性、强度、体积稳定性和经济性。高性能混凝土具有一定的强度和高抗渗能力，但不一定具有高强度，中、低强度也可；与普通混凝土相比，高性能混凝土具有独特的性能，即高工作性、高耐久性和高体积稳定性。

特别提示

高性能混凝土不一定是高强度混凝土，高性能混凝土的技术性能要求比高强混凝土更多、更广泛。

京沪高速铁路是我国第一条具有自主知识产权的高速铁路，设计时速350km。该工程主要混凝土结构使用年限按不低于100年设计，同时对混凝土结构的耐久性提出了很高的要求，大掺量矿物掺合料高性能混凝土在京沪高铁中的大量应用也取得了良好的效果。

二、轻混凝土

轻混凝土是其体积密度小于 2000kg/m³ 混凝土的统称。它是用轻的粗、细骨料和水泥，必要时加入化学外加剂的矿物掺合料配制成的混凝土。

轻混凝土按其孔隙结构分为轻骨料混凝土（即多孔骨料轻混凝土）、多孔混凝土（主要包括加气混凝土和泡沫混凝土等）和大孔混凝土（即无砂混凝土或少砂混凝土）。与普通混凝土相比，其特点是质轻、热工性能良好、力学性能良好、耐火、抗渗、抗冻、易于加工等。因此，在高层建筑、大跨度建筑、有保温要求的建筑装饰与装修工程中具有明显优势。

1. 轻骨料混凝土

轻骨料混凝土以轻粗骨料、细骨料、水泥和水配制而成。与普通混凝土比较，其表观密度较低、强度差别不大，具有较高的比强度。

（1）分类　轻骨料混凝土按其来源可分为工业废料轻骨料混凝土（如粉煤灰陶粒、煤矸石、膨胀矿渣珠、煤渣等）、天然轻骨料混凝土（如浮石、火山渣等）以及人造轻骨料混凝土（如页岩陶粒、黏土陶粒、膨胀珍珠岩等）；按其颗粒形状可分为圆球型混凝土、普通型混凝土和碎石型混凝土；按所用骨料不同可分为全轻混凝土（粗细骨料均为轻骨料，堆积密度小于 1000kg/m³）和砂轻混凝土（细骨料全部或部分为普通砂）；按用途可分为保温轻骨料混凝土、结构保温轻骨料混凝土、结构轻骨料混凝土 3 大类。

轻骨料混凝土用途及其对强度等级和密度等级的要求见表 4-28。

表 4-28　轻骨料混凝土用途及其对强度等级和密度等级的要求

类别名称	混凝土强度等级的合理范围	混凝土密度等级的合理范围	用途
保温轻骨料混凝土	LC5.0	≤ 800	主要用于保温的围护结构或热工构筑物
结构保温轻骨料混凝土	LC5.0 ～ LC15	800 ～ 1400	主要用于既承重又保温的围护结构
结构轻骨料混凝土	LC15 ～ LC60	1400 ～ 1900	主要用于承重构件或构筑物

（2）技术性能

1）抗压强度。轻骨料混凝土的强度等级用 LC 表示。轻骨料混凝土的强度等级与普通混凝土相对应，《轻骨料混凝土技术规程（附条文说明）》（JGJ 51—2002）按其立方体抗压强度标准值划分为 13 个强度等级：LC5.0、LC7.5、LC10、LC15、LC20、LC25、LC30、LC35、LC40、LC45、LC50、LC55、LC60。强度等级达到 LC30 及以上者称为高强轻骨料混凝土。

2）体积密度。轻骨料混凝土按其干体积密度划分为 14 个密度等级，即由 600 ～ 1900 每增加 100kg/m³ 为一个等级，每一个等级有其一定的变化范围。某一密度等级轻骨料混凝土的密度标准值，可取该密度等级于表观密度变化范围的上限值，见表 4-29。

表 4-29　轻骨料混凝土的密度等级

密度等级	干表观密度变化范围 /(kg/m³)	密度等级	干表观密度变化范围 /(kg/m³)
600	560～650	1300	1260～1350
700	660～750	1400	1360～1450
800	760～850	1500	1460～1550
900	860～950	1600	1560～1650
1000	960～4050	1700	1660～1750
1100	1060～1150	1800	1760～1850
1200	1160～1250	1900	1860～1950

3）其他性能。轻骨料的弹性模量较小，一般为同强度等级普通混凝土的 50%～70%；轻骨料混凝土具有良好的保温性能，当含水率增大时，导热系数也随之增大；轻骨料的收缩和徐变比普通混凝土相应大 30%～60%，热膨胀系数比普通混凝土小约 20%，导热系数降低 25%～75%，耐火性与抗冻性有不同程度的改善。

（3）轻骨料混凝土的应用　轻骨料混凝土主要适用于高层和多层建筑、软土地基、大跨度结构、抗震结构、耐火等级要求高的建筑、要求节能的建筑和旧建筑的加层等。

≈≈≈≈≈≈≈≈≈≈≈≈≈≈≈≈≈≈≈≈≈≈≈≈≈≈≈≈≈≈≈≈≈≈≈

知识拓展

自 20 世纪 50 年代中期，美国采用轻骨料混凝土取代普通混凝土，修建了休斯敦贝壳广场大厦，并取得了显著的技术经济效益，各国在轻骨料混凝土研究上投入了大量资金。目前我国轻骨料混凝土应用的工程实例也有很多，如建于 2000 年的珠海国际会议中心 20 层以上部位全都采用 LC40 轻骨料混凝土；铁道部大桥局桥梁科技研究所将 LC40 粉煤灰陶粒高强混凝土成功应用于金山公路跨度为 22m 的箱形预应力桥梁，使桥梁的自重降低了 20% 以上。

≈≈≈≈≈≈≈≈≈≈≈≈≈≈≈≈≈≈≈≈≈≈≈≈≈≈≈≈≈≈≈≈≈≈≈

2. 大孔混凝土

大孔混凝土是以粗骨料、水泥和水配制而成的一种轻质混凝土，又称为无砂混凝土。在这种混凝土中，水泥浆包裹粗骨料颗粒的表面，将粗骨料粘在一起，但水泥浆并不填满粗骨料颗粒之间的空隙，因而形成大孔结构的混凝土。

大孔混凝土按其所用骨料品种可分为普通大孔混凝土和轻骨料大孔混凝土。前者用天然碎石、卵石或重矿渣配制而成。为了提高大孔混凝土的强度，有时也加入少量细骨料（砂），这种混凝土又称为少砂混凝土。

普通大孔混凝土体积密度为 1500～1950kg/m³，抗压强度为 3.5～10MPa。轻骨料大孔混凝土的体积密度为 500～1500kg/m³，抗压强度为 1.5～7.5MPa。大孔混凝土热导率小，保温性能好，吸湿性小，收缩一般比普通混凝土小 30%～50%，抗冻性可达 15～25 次冻融循环。由于大孔混凝土不用砂或少用砂，故水泥用量较低，1m³ 混凝土的水泥用量仅为 150～200kg，成本较低。

大孔混凝土可用于制作墙体用的小型空心砌块和各种板材，也可用于现浇墙体。普通大孔混凝土还可制成给水管道、滤水板等，广泛用于市政工程。

3. 多孔混凝土

多孔混凝土是一种不用粗骨料，且内部均匀分布着大量微小气孔的轻质混凝土。多孔混凝土孔隙率可达 85%，体积密度为 300 ~ 1000kg/m³，热导率为 0.081 ~ 0.17W/（m·K），且具有结构及保温功能，容易切割，易于施工。多孔混凝土可制成砌块、墙板、屋面板及保温制品，广泛用于工业与民用建筑及保温工程中。

根据气孔产生的方法不同，多孔混凝土可分为加气混凝土和泡沫混凝土。蒸压加气混凝土砌块适用于承重和非承重的内墙和外墙。加气混凝土条板用于工业与民用建筑中，可做承重和保温合一的屋面板和墙板，条板均配有钢筋，钢筋必须预先经防锈处理。另外，还可用加气混凝土和普通混凝土预制成复合墙板，用作外墙板。加气混凝土还可做成各种保温制品，如管道保温壳等。

特别提示

蒸压加气混凝土的吸水率高，且强度较低，所以其所用砌筑砂浆及抹面砂浆与砌筑砖墙时不同，需专门配制。

三、防水混凝土

防水混凝土是通过各种方法提高混凝土抗渗性能，其抗渗等级等于或大于 P6 级的混凝土，又称为抗渗混凝土。混凝土抗渗等级的选择是根据其最大作用水头（即处在自由水面下的垂直深度）与建筑物最小壁厚的比值来确定的，见表 4-30。

表 4-30 防水混凝土抗渗等级选择

最大作用水头与建筑物最小壁厚的比值	< 10	10 ~ 20	> 20
混凝土设计抗渗等级	P6	P8	P10 ~ P20

注：混凝土试配要求的抗渗水压值应比设计等级值高 0.2MPa。

防水混凝土根据采取的防渗措施不同，分为三类：普通防水混凝土、外加剂防水混凝土和膨胀水泥防水混凝土。

1. 普通防水混凝土

普通防水混凝土通过调整配合比来提高混凝土自身的密实度，从而提高混凝土的抗渗性。普通防水混凝土在配合比设计时，对其所用的原材料要求除应与普通混凝土相同外，还应符合以下规定：1m³ 混凝土中的水泥和矿物掺和总量不宜小于 320kg；砂率宜为 35% ~ 45%；抗渗混凝土最大水胶比见表 4-31。

表 4-31 抗渗混凝土最大水胶比

抗渗等级	最大水胶比	
	C20 ~ C30 混凝土	C30 以上混凝土
P6	0.60	0.55
P8 ~ P12	0.55	0.50
P12 以上	0.55	0.45

普通防水混凝土的抗渗等级一般可达 P6 ～ P12，施工简单，性能稳定，但施工质量要求比普通混凝土严格，适用于地上、地下要求防水抗渗的工程。

2. 外加剂防水混凝土

外加剂防水混凝土是利用外加剂的功能，使混凝土显著提高密实性或改变孔结构，从而达到抗渗的目的。常用的外加剂有引气剂（松香热聚物、松香皂和氯化钙复合剂）、密实剂（氢氧化铁、氢氧化铝）、防水剂（氯化铁）等。

3. 膨胀水泥防水混凝土

膨胀水泥防水混凝土采用膨胀水泥配制而成，由于这种水泥在水化过程中能形成大量的钙矾石，会产生一定的体积膨胀，在有约束的条件下能改善混凝土的孔结构，使毛细孔径减小，总孔隙率降低，从而使混凝土密实度提高，抗渗性能提高。但这种防水混凝土使用温度不应超过 80℃，否则将导致抗渗性能下降。

四、流态混凝土

在预拌的坍落度为 50 ～ 100mm 的基体混凝土中，在浇筑之前掺入适量的硫化剂，经过 1 ～ 5min 的搅拌，使混凝土的坍落度迅速增大至 200 ～ 220mm，拌合物甚至能像水一样地流动，这种混凝土称为"流态混凝土"。流态混凝土的特点包括以下几方面：

1）混凝土拌合物坍落度增幅大，但不会离析、泌水等，有利于泵送。

2）水胶比小，不需要多用水泥，且宜制得高强、耐久、不透水的优质混凝土。

3）改善混凝土施工性能，可显著减少混凝土浇注、振捣所耗动力，降低工程造价。

4）大大改善混凝土施工条件，减少劳动量，提高工效，减小施工噪声。

5）因其单位用水量少，硫化及硫化剂对水泥的分散效果随时间延长而降低，因此流态混凝土拌合物的坍落度经时损失快。

流态混凝土近年来开始在大型工程中使用，主要适用于高层建筑、大型工业与公共建筑的基础、楼板、墙板以及地下工程等，尤其使用于工程中配筋密列、混凝土浇注振捣困难的部位，以及导管法浇注混凝土。

五、环保型混凝土

环保型混凝土是指能减少给自然环境造成负荷，同时又能与自然生态系统协调共生，为人类构筑更加舒适环境的混凝土。由于传统混凝土存在诸多对环境不利的缺点、不符合可持续发展的要求。因此，环保型混凝土便应运而生，其品种也在不断出新。环保型混凝土有两大类：一类是减轻环境负荷的混凝土；另一类是生态型混凝土。

1）减轻环境负荷的混凝土是指在混凝土生产、使用直到解体全过程中，能够减轻给地球环境造成负担的混凝土。有关这类混凝土的开发与研究，在中国已有几十年的历史，从利用高炉矿渣、粉煤灰等工业废料作为水泥的混合材料、混凝土的掺合料，到开发利用高流态、自密实、高性能混凝土，均属于减轻环境负荷的混凝土。

2）生态型混凝土是指能适应动植物生长，对调节生态平衡、美化环境景观、实现人类与自然的协调具有积极作用的混凝土。有关这类混凝土的研究和开发还刚起步，它的目标是：混凝土不仅仅作为土木工程材料为人类构筑所需要的结构物或建筑物，而且它应与自然融合，对自然环境和生态平衡具有积极的保护作用。其主要品种有透水、排水型混凝土，生物适应型混凝土，绿化植被混凝土和景观混凝土等。

~~~~~~

知识拓展——绿化混凝土

绿化混凝土是指能够适应植物生长、可进行植被作业的混凝土及其制品，具有保护环境、改善生态条件、基本保持原有防护作用的 3 大功能。绿化混凝土可再造自然水环境、维护水生态链、增加护砌材料表面透水透气性、减少城市热岛效应，还能减少水泥用量，对生态平衡起到积极作用。其典型代表是混凝土草坪砖，这种地砖采用火山岩骨料制作，不仅含有草种生长所需的养分，其间还有足够的孔隙，既能保证草根在混凝土生长中有充分的延展空间，也可避免草根的生长导致混凝土地砖的破裂，铺上这种地砖，只需浇水并定期添加营养液，就能保持绿草如茵。与一般草坪相比，混凝土草坪最大的优点就是耐压，它可以承受 $500 \sim 2000 \mathrm{kN/m^2}$ 的重压，由于其草根深扎于混凝土缝隙中而受到保护，所以不怕人踩、不怕车轧，用于铺设大型室外停车场或其他公共聚会场所，既可绿化又可停车，一举两得，可有效缓解当前城市绿化与城市用地紧张之间的矛盾。

~~~~~~

六、自密实混凝土

自密实混凝土是指具有高流动性、均匀性和稳定性，浇筑时无须外力振捣，能够在自重作用下流动并充满模板空间的混凝土，即使存在致密钢筋也能完全填充模板，同时获得很好的均质性，并且不需要附加振动的混凝土。

自密实混凝土被称为"近几十年中混凝土建筑技术最具革命性的发展"，因为自密实混凝土拥有众多优点。

1）保证混凝土良好地密实。

2）提高生产效率。由于不需要振捣，混凝土浇筑需要的时间大幅度缩短，工人劳动强度大幅度降低，需要工人数量减少。

3）改善工作环境和安全性。没有振捣噪声，避免工人长时间手持振动器导致的"手臂振动综合症"。

4）改善混凝土的表面质量。不会出现表面气泡或蜂窝麻面，不需要进行表面修补；能够逼真呈现模板表面的纹理或造型。

5）增加了结构设计的自由度。不需要振捣，可以浇注成形状复杂、薄壁和密集配筋的结构。以前，这类结构往往因为混凝土浇筑施工的困难而限制采用。

6）避免了振捣对模板产生的磨损。

7）减少混凝土对搅拌机的磨损。

8）可能降低工程整体造价。从提高施工速度、环境对噪声限制、减少人工和保证质量等诸多方面降低成本。

自密实混凝土的"自密实"特性的测试，已经形成了系列标准的试验方法，见表 4-32。

表 4-32　自密实混凝土拌合物的自密实性能及要求

自密实性能	性能指标	性能等级	技术要求
填充性	坍落扩展度 /mm	SF1	$550 \sim 655$
		SF2	$660 \sim 755$
		SF3	$760 \sim 850$
	扩展时间 T_{500}/s	VS1	$\geqslant 2$
		VS2	< 2
间隙通过性	坍落扩展度与 J 环扩展度差值 /mm	PA1	$25 < PA1 \leqslant 50$
		PA2	$0 \leqslant PA2 \leqslant 25$
抗离析性	离析率（%）	SR1	$\leqslant 20$
		SR2	$\leqslant 15$
	粗骨料振动离析率（%）	fm	$\leqslant 10$

注：当抗离析性结果有争议时，以离析率筛析法试验结果为准。

项目五　建筑砂浆

📚 知识目标

1. 熟悉砌筑砂浆和抹面砂浆的基本性质、技术要求。
2. 掌握建筑砂浆检测的方法、步骤。
3. 了解砌筑砂浆配合比设计方法。
4. 了解干混砂浆、特种砂浆的特点及应用。

📚 能力目标

1. 能够抽取建筑砂浆检测的试样。
2. 能够对建筑砂浆常规检测项目进行检测。

砂浆在建筑工程中是用量大、用途广泛的土木工程材料之一，它是由胶凝材料、细骨料、掺合料和水配制而成的。砂浆在土木结构工程中不直接承受荷载，而是传递荷载，它可以将块体、散粒的材料黏结为整体，修建各种建筑物，如桥涵、堤坝和房屋的墙体等；或薄层涂抹在表面上，在装饰工程中，梁、柱、地面、墙面等在进行表面装饰之前要用砂浆找平抹面，来满足功能的需要，并保护结构的内部。在采用各种石材、面砖等贴面时，一般也用砂浆作黏结和镶缝。

任务一　了解建筑砂浆

砂浆按所用的胶凝材料可分为水泥砂浆、水泥混合砂浆、石灰砂浆、石膏砂浆和聚合物砂浆等。

砂浆按用途分为砌筑砂浆、抹面砂浆（图 5-1）和特种砂浆。

图 5-1　加气混凝土专用抹面砂浆

一、砌筑砂浆

砌筑砂浆在砌体中的作用主要是将砖石按一定的砌筑方法黏结成整体，砂浆硬固后，各层砖石可以通过砂浆均匀地传布压力，使砌体受力均匀；砂浆填满砌体的间隙，可防止透风，对房屋起保暖、隔热的作用。因此砌筑砂浆有一定的强度要求，新拌砂浆应具有良好的和易性。

1. 水泥

用来配制砂浆的水泥与混凝土用水泥品种相同，可根据砌筑部位、环境条件等选择适宜的水泥品种。在配置砂浆时，水泥宜采用通用硅酸盐水泥或砌筑水泥，且应符合现行国家标准《通用硅酸盐水泥》（GB 175—2007）和《砌筑水泥》（GB/T 3183—2003）的规定。水泥强度等级应根据砂浆品种及强度等级的要求进行选择。M15 及以下强度等级的砌筑砂浆宜选用 32.5 级的通用硅酸盐水泥或砌筑水泥；M15 以上强度等级的砌筑砂浆宜选用 42.5 级通用硅酸盐水泥。如果水泥强度等级过高，可适当掺入掺加料。不同品种的水泥，不得混合使用。

在普通硅酸盐水泥熟料中掺入规定的混合材料和适量石膏，磨细后生产出的砌筑水泥专门用于拌制砌筑砂浆。由于砌筑水泥中熟料的含量很少，一般为 15%～25%（质量分数），所以砌筑水泥的强度较低，通常分为 12.5、22.5 和 32.5 这 3 个强度等级。

2. 掺合料

在拌制砂浆的时候，为了提高砂浆的流动性和保水性，常加入石灰、石膏、粉煤灰和黏土，配制成混合砂浆，达到提高质量、降低成本的目的。为了保证砂浆的质量，经常将生石灰先熟化成石灰膏，然后用孔径不大于 3mm×3mm 的网过滤，且熟化时间不得少于 7d；若用磨细生石灰粉制成，其熟化时间不得少于 2d。沉淀池中储存的石灰膏，应采取防止干燥、冻结和污染的措施。严禁使用脱水硬化的石灰膏。制成的膏类物质稠度一般为（120±5）mm，现场施工，当石灰膏稠度与试配时不一致时，应乘以换算系数（表 5-1）进行换算。

表 5-1　石灰膏不同稠度时的换算系数

石灰膏稠度 /mm	120	110	100	90	80	70	60	50	40	30
换算系数	1.00	0.99	0.97	0.95	0.93	0.92	0.90	0.88	0.87	0.86

注：消石灰粉不得直接使用于砂浆中。

3. 聚合物

在许多特殊的场合可采用聚合物作为砂浆的胶凝材料。由于聚合物为链型或体型高分子化合物且黏性好，在砂浆中呈膜状大面积分布，可提高砂浆的黏结性、韧性和抗冲击性，同时也有利于提高砂浆的抗渗、抗碳化等耐久性能。常用的聚合物有聚乙酸乙烯酯、甲基纤维素醚、聚乙烯醇、聚酯树脂、环氧树脂等。但聚合物有可能会使砂浆抗压强度下降，需慎重选用。

4. 细骨料

配制砂浆的细骨料最常用的是天然砂，砂宜选用中砂，并应符合现行行业标准《普通混凝土用砂、石质量及检验方法标准》（JGJ 52—2006）的规定，且应全部通过 4.75mm 的筛孔。由于砂浆层较薄，砂的最大粒径应有所限制，理论上不应超过砂浆层厚度的 1/5 ～ 1/4，砂的粗细程度对砂浆的水泥用量、和易性、强度及收缩等影响很大。也可以采用细炉渣等作为细骨料，但应该选用燃烧完全、未燃煤粉和其他有害杂质含量较小的炉渣，否则将影响砂浆的质量。

5. 用水要求

拌制砂浆用水与混凝土拌和用水的要求相同。《混凝土结构工程施工质量验收规范》（GB 50204—2015）中规定：混凝土拌制及养护用水应符合现行行业标准《混凝土用水标准》（JGJ 63—2006）的规定。采用饮用水作为混凝土用水时，可不作检验；采用中水、搅拌站清洗水、施工现场循环水等其他水源时，应对其成分进行检验。

6. 外加剂

为改善新拌及硬化后砂浆的各种性能或赋予砂浆某些特殊性能，常在砂浆中掺入适量外加剂。例如为改善砂浆和易性，提高砂浆的抗裂性、抗冻性及保温性，可掺入微沫剂、减水剂等外加剂；为增强砂浆的防水性和抗渗性，可掺入防水剂等；为增强砂浆的保温隔热性能，除选用轻质细骨料外，还可掺入引气剂提高砂浆的孔隙率。

外加剂应符合国家现行有关标准的规定，引气型外加剂还应有完整的型式检验报告。采用保水增稠材料时，应在使用前进行试验验证，并应有完整的型式检验报告。

二、抹面砂浆

凡涂抹在基底材料的表面，兼有保护基层和增加美观作用的砂浆，可统称为抹面砂浆。

1. 抹面砂浆技术要求

与砌筑砂浆相比，抹面砂浆的特点和技术要求如下：

1）抹面砂浆层不承受荷载。

2）抹面砂浆应具有良好的和易性，容易抹成均匀平整的薄层，便于施工。

3）抹面层与基底层要有足够的黏结强度，使其在施工中或长期自重和环境作用下不脱落、不开裂。

4）抹面层多为薄层，并分层涂抹，面层要求平整、光洁、细致、美观。

5）多用于干燥环境，大面积暴露在空气中。

抹面砂浆的组成材料与砌筑砂浆基本上是相同的。但为了防止砂浆层的收缩开裂，有时需要加入一些纤维材料，或者为了使其具有某些特殊功能需要选用特殊骨料或掺合料。与砌筑砂浆不同，抹面砂浆的主要技术性质指标不是抗压强度，而是和易性以及与基底材料的黏结强度。

2. 普通抹面砂浆

普通抹面砂浆对建筑物和墙体能起到保护作用。它可以抵抗风、雨、雪等自然环境对建筑物的侵蚀，并提高建筑物的耐久性，同时经过抹面的建筑物表面或墙面又可以达到平整、光洁、美观的效果。

常用的普通抹面砂浆有水泥砂浆、石灰砂浆、水泥混合砂浆、麻刀石灰砂浆（简称麻刀灰)、纸筋石灰砂浆（简称纸筋灰）等。

普通抹面砂浆通常分为两层或三层进行施工。底层抹灰的作用是使砂浆与基底能牢固地黏结，因此要求底层砂浆具有良好的和易性、保水性和较好的黏结强度；中层抹灰主要是找平，有时可省略；上层抹灰是为了获得平整、光洁的表面效果。

各层抹灰面的作用和要求不同，因此每层所选用的砂浆也不一样。同时不同的基底材料和工程部位，对砂浆技术性能要求也不同，这也是选择砂浆种类的主要依据。

一般砖石砌体用的水泥砂浆的体积配合比为 $1:1 \sim 1:6$，石灰水泥混合砂浆为 $1:0.5:4.5 \sim 1:1:6.0$。普通抹面砂浆的配合比可根据使用部位及基底材料的特性确定。

≈≈≈

知识拓展

水泥砂浆宜用于潮湿或强度要求较高的部位；混合砂浆多用于室内底层或中层或面层抹灰；石灰砂浆、麻刀灰、纸筋灰多用于室内中层或面层抹灰。水泥砂浆不得涂抹在石灰砂浆层上。普通抹面砂浆的组成材料及配合比，可根据使用部位及基底材料的特性确定，一般情况下参考有关资料和手册选用。

≈≈≈

3. 装饰砂浆

装饰砂浆是指用作建筑物饰面的砂浆。它除了具有抹面砂浆的功能外，还兼有装饰的效果。装饰砂浆可分两类，即灰浆类和石渣类。

（1）装饰砂浆的组成材料

1）胶凝材料。胶凝材料可采用石膏、石灰、白水泥、彩色水泥、高分子胶凝材料、硅酸盐系列水泥。

2）骨料。骨料可采用石英砂、普通砂、彩釉砂、着色砂、大理石或花岗石加工而成的石渣等。

3）着色剂。着色剂应选用有较好耐候性的矿物颜料。常用的着色剂有氧化铁红、氧化铁黄、氧化铁棕、氧化铁黑、氧化铁紫、铬黄、铬绿、甲苯胺红、群青、钴蓝、锰黑、炭黑等。

（2）灰浆类装饰砂浆　灰浆类装饰砂浆是用各种着色剂使水泥砂浆着色，或对水泥砂浆表面形态进行艺术处理，获得一定色彩、线条、纹理质感的表面装饰砂浆。常用的灰浆类装饰砂浆有以下几种：

1）拉毛灰。拉毛灰是用铁抹子或木抹子，将罩面灰轻压后顺势用力拉去，形成很强的凹凸质感的装饰性砂浆面层。拉毛灰不仅具有装饰作用，还具有吸声作用，一般用于外墙及影剧院等公共建筑的室内墙壁和顶棚的饰面。

2）甩毛灰。甩毛灰是用竹丝刷等工具将罩面灰浆甩在墙面上，形成大小不一而又有规律的云状毛面装饰性砂浆。

3）假面砖。假面砖是在掺有着色剂的水泥砂浆抹面的墙面上，用特制的铁钩和靠尺，按设计要求的尺寸进行分格处理，形成表面平整、纹理清晰的装饰效果，多用于外墙装饰。

4）喷涂。喷涂是用挤压式砂浆泵或喷斗，将掺有聚合物的少量砂浆喷涂在墙面基层或底面上，形成装饰性面层，为了提高墙面的耐久性和减少污染，再在表面上喷一层甲基硅醇钠或甲基硅树脂疏水剂。喷涂一般用于外墙装饰。

5）弹涂。弹涂是将掺有 108 胶水的各种水泥砂浆，用电动弹力器，分次弹涂到墙面上，形成 1～3mm 圆状的带色斑点，最后刷一道树脂面层，起到防护作用。弹涂可用于内外墙饰面。

6）拉条。拉条是在面层砂浆抹好后，用一凹凸状的轴辊在砂浆表面由上而下滚压出条纹。拉条饰面立体感强，适用于会场、大厅等内墙装饰。

（3）石渣类装饰砂浆

1）水刷石。水刷石是将水泥和石渣按适当的比例加水拌和配制成石渣浆，在建筑物表面的面层抹灰后，待水泥浆初凝后，用毛刷刷洗，或用喷枪以一定的压力水冲洗，冲掉石渣表面的水泥浆，使石渣露出来，达到饰面的效果。一般用于外墙饰面。

2）干粘石。干粘石是将石渣、彩色石子等粘在水泥或 108 胶水的砂浆黏结层上，再拍平压实而成。施工时，可采用手工甩粘或机械甩喷，施工时注意石子一定要黏结牢固，不掉渣，不露浆，石渣的 2/3 应压入砂浆内。干粘石一般用于外墙饰面。

3）水磨石。水磨石是由水泥、白色大理石石渣或彩色石渣、着色剂按适当的比例加水配制，经搅拌、浇筑、养护，待其硬化后，在其表面打磨，洒草酸冲洗，干燥后上蜡而成。水磨石可现场制作，也可预制。水磨石一般用于地面、窗台、墙裙等。

4）斩假石。斩假石又称为剁斧石，以水泥、石渣按适当的比例加水拌制而成。砂浆进行面层抹灰，待其硬化到一定的强度时，用斧子或凿子等工具在面层上剁斩出纹理。斩假石一般用于室外柱面、栏杆、踏步等的装饰。

☑ 三、特种砂浆

1. 隔热砂浆

隔热砂浆是采用水泥等胶凝材料以及膨胀珍珠岩、膨胀蛭石、陶粒砂等轻质多孔骨料，按照一定比例配制的砂浆。隔热砂浆具有质量轻、保温隔热性能好，导热系数低 [0.07～0.10W/（m·K）] 等特点，主要用于屋面、墙体绝热层和热水、空调管道的绝热层。常用的隔热砂浆有：水泥膨胀珍珠岩砂浆、水泥膨胀蛭石砂浆、水泥石灰膨胀蛭石砂浆等。

2. 吸声砂浆

吸声砂浆一般采用轻质多孔骨料拌制而成，由于其骨料内部孔隙率大，因此吸声性能也十分优良。轻骨料配成的保温砂浆一般也具有吸声性。如果在吸声砂浆内掺入玻璃纤维、矿物棉等松软的材料能获得更好的吸声效果。吸声砂浆用于室内墙面和顶棚的抹灰。

3. 耐腐蚀砂浆

（1）水玻璃类耐酸砂浆　水玻璃类耐酸砂浆一般采用水玻璃作为胶凝材料拌制而成，常常掺入氟硅酸纳作为促硬剂。耐酸砂浆主要作为衬砌材料、耐酸地面或内壁防护层等。

（2）耐碱砂浆　使用 42.5 级以上的普通硅酸盐水泥（水泥熟料中铝酸三钙质量分数应

小于9%），细骨料可采用耐碱、密实的石灰岩类（石灰岩、白云岩、大理岩等）、火成岩类（辉绿岩、花岗岩等）制成的砂和粉料，也可采用石英质的普通砂。耐碱砂浆可耐一定温度和浓度下的氢氧化钠和铝酸钠溶液的腐蚀以及任何浓度的氨水、碳酸钠、碱性气体和粉尘等的腐蚀。

（3）硫黄砂浆　硫黄砂浆是以硫黄为胶结料，加入填料、增韧剂，经加热熬制而成的砂浆。采用石英粉、辉绿岩粉、安山岩粉作为耐酸粉料和细骨料。硫黄砂浆具有良好的耐腐蚀性能，几乎能耐大部分有机酸、无机酸、中性和酸性盐的腐蚀，对乳酸也有很强的耐蚀能力。

（4）防辐射砂浆　采用重水泥（钡水泥、锶水泥）或重质骨料（黄铁矿、重晶石、硼砂等）拌制而成，可配制具有防X射线的砂浆。配制砂浆时加入硼砂、硼酸可制成具有防中子辐射能力的砂浆。此类砂浆可防止各类辐射，主要用于射线防护工程。

（5）聚合物砂浆　聚合物砂浆是在水泥砂浆中加入有机聚合物乳液配制而成的，具有黏结力强、干缩率小、脆性低、耐蚀性好等特性，用于修补和防护工程。常用的聚合物乳液有氯丁胶乳液、丁苯橡胶乳液、丙烯酸树脂乳液等。

任务二　熟悉建筑砂浆的技术要求

砂浆在凝结硬化前称为砂浆拌合物，硬化后称为硬化砂浆，通常简称为砂浆。建筑砂浆的主要技术性质包括新拌砂浆的和易性，硬化后砂浆的强度、黏结性和收缩性等。

砂浆拌合物的基本性能主要有和易性和凝结时间等，和易性包括流动性、保水性（稳定性）两个方面；硬化砂浆的基本性能主要有抗压强度、黏结强度等。

对于硬化后的砂浆则要求具有所需要的强度、与底面的黏结及较小的变形。

一、砂浆拌合物的基本性能

1. 流动性

砂浆拌合物在自重或外力作用下流动的性能称为流动性。

流动性用稠度来表示，根据《建筑砂浆基本性能试验方法标准》（JGJ/T 70—2009）的规定，可采用稠度试验的方法来测定。将砂浆拌合物按规定方法装入砂浆稠度仪的盛浆容器，如图5-2所示，用一个质量为300g的试锥自由沉入砂浆拌合物中，从刻度盘上读出其下沉深度，即为砂浆的稠度值，单位为毫米。

稠度是砂浆拌合物的一个重要性能指标，必须满足设计或施工的要求。

工程中对砂浆稠度选择的依据是砌体类型和施工气候条件，砌筑砂浆可参考表5-2选用［《砌筑砂浆配合比设计规程》（JGJ/T 98—2010）］。

图5-2　砂浆稠度仪

表 5-2　砌筑砂浆的稠度

砌体种类	砂浆稠度 /mm
烧结普通砖砌体、粉煤灰砖砌体	70～90
混凝土砖砌体、普通混凝土小型空心砌块砌体、灰砂砖砌体	50～70
烧结多孔砖砌体、烧结空心砖砌体、轻骨料混凝土小型空心砌块砌体、蒸压加气混凝土砌块砌体	60～80
石砌体	30～50

注：一般而言，抹面砂浆、多孔吸水的砌体材料、干燥气候和手工操作的砂浆，流动性应大些；而砌筑砂浆、密实的砌体材料、寒冷气候和机械施工的砂浆，流动性应小些。

影响砂浆拌合物流动性的因素有：砂浆的用水量、胶凝材料的种类和用量、骨料的粒形和级配、外加剂的性质和掺量、拌和的均匀程度等。

砂浆中用水量越大，砂浆拌合物的流动性就越大，稠度也就越大，但稠度过大时，会导致稳定性变差；需水量大的水泥拌制的砂浆拌合物，在用水量相同的情况下，流动性相对较小；细骨料的细度模数对流动性的影响比较明显，细度模数越小，在用水量相同的情况下，流动性就越小，或者说为保持相同的流动性，所需的用水量就越大；砂浆外加剂主要用于改善砂浆的稳定性、抗渗性、抗冻性等性能，对砂浆的流动性有很敏感的影响，所以要严格控制外加剂的掺量。

2. 保水性（稳定性）

砂浆拌合物在运输、停放和使用过程中，阻止水分与固体颗粒之间、细浆体与骨料之间相互分离，保持水分的能力称为砂浆的保水性（稳定性）。加入适量的外加剂，能明显改善砂浆的保水性（稳定性）和流动性。

根据《建筑砂浆基本性能试验方法标准》（JGJ/T 70—2009）的规定，保水性（稳定性）可用分层度试验或保水性试验来衡量。

（1）分层度试验　将测定了稠度的砂浆拌合物按规定的方法装入直径 150mm、高 300mm 的分层度筒，如图 5-3 所示，静置 30min 后，取分层度筒下部 100mm 的砂浆再次测定稠度，前后测得的稠度之差即为该砂浆的分层度。

图 5-3　砂浆分层度筒

分层度过大，表示砂浆易产生分层、离析，不利于施工及水泥硬化，砌筑砂浆分层度不应大于 30mm；分层度过小，容易发生干缩裂缝，故通常砂浆分层度也不宜小于 10mm。

分层度也是砂浆拌合物的一个重要性能指标，砂浆的分层度以 10 ～ 20mm 为宜。

（2）保水性试验　按规定的方法将砂浆拌合物装入内径 100mm、高 25mm 的圆形试模中，用 15 片中速定性滤纸覆盖在砂浆表面保持 2min，砂浆中部分水分被滤纸吸收，砂浆中剩余的水分占原有水分的质量百分比即为保水率。

保水性试验适宜于测定大部分预拌砂浆的保水性能。《砌筑砂浆配合比设计规程》（JGJ/T 98—2010）中对保水率的要求见表 5-3。

表 5-3　砌筑砂浆的保水率

砂浆种类	保水率（%）
水泥砂浆	≥ 80
水泥混合砂浆	≥ 84
预拌砌筑砂浆	≥ 88

3. 凝结时间

凝结时间是指砂浆拌合物从加水搅拌开始到失去流动性为止所经历的时间。砂浆拌合物的凝结硬化是一个比较长的过程，根据《建筑砂浆基本性能试验方法标准》（JGJ/T 70—2009）的规定，砂浆拌合物凝结时间采用贯入阻力法确定，当贯入阻力值达到 0.5MPa 时所需的时间为砂浆拌合物的凝结时间。

凝结时间采用砂浆凝结时间测定仪测定。将砂浆拌合物按规定方法装入盛浆容器，按规定的时间间隔，用截面面积为 30mm^2 的贯入试针，垂直压入砂浆内部 25mm 深，同时记录时间及试针的静压力。贯入阻力为试针静压力除以试针截面面积。用作图法或内插法求出贯入阻力值达到 0.5MPa 的所需时间 T_0（min），此时的 T_0 值即为砂浆的凝结时间测定值。

工程中，当气温比较高，或工作面比较大的时候，往往希望砂浆拌合物的凝结时间不能过短，可以有足够的时间来施工。特别是由专业工厂生产的湿拌砂浆，由于增加了运输环节，对凝结时间提出了更高的要求。砂浆拌合物的凝结时间可以通过掺加外加剂来调节。

4. 抗冻性

有抗冻性要求的砌体工程，砌筑砂浆应进行冻融试验。《砌筑砂浆配合比设计规程》（JGJ/T 98—2010）规定砌筑砂浆的抗冻性应符合表 5-4 的要求，且当设计对抗冻性有明确要求时，应同时符合设计规定。

表 5-4　砌筑砂浆的抗冻性

使用条件	抗冻指标	质量损失（%）	强度损失（%）
夏热冬暖地区	F15		
夏热冬冷地区	F25	≤ 5	≤ 25
寒冷地区	F35		
严寒地区	F50		

二、硬化砂浆的基本性能

1. 抗压强度和强度等级

砌筑砂浆的强度通常是指立方体抗压强度值，即砂浆强度等级采用 1 组 3 个边长为 70.7mm 的立方体试件，在温度为（20±2）℃，相对湿度为 90% 以上的标准条件养护至 28d 龄期，进行抗压强度试验。得到 3 个立方体试件抗压破坏荷载测定值后，按下式计算立方体试件抗压强度：

$$f_{m,cu} = K \frac{N_u}{A} \qquad (5\text{-}1)$$

式中 $f_{m,cu}$ ——砂浆立方体试件抗压强度（MPa），应精确至 0.1MPa；

　　N_u ——试件破坏荷载（N）；

　　A ——试件承压面积（mm²）；

　　K ——换算系数，取 1.35。

立方体抗压强度试验的结果应按下列要求确定：

1）应以三个试件测值的算术平均值作为该组试件的砂浆立方体抗压强度平均值（$\bar{f}$），精确至 0.1MPa。

2）当三个测值的最大值或最小值中有一个与中间值的差值超过中间值的 15% 时，应把最大值及最小值一并舍去，取中间值作为该组试件的抗压强度值。

3）当两个测值与中间值的差值均超过中间值的 15% 时，该组试验结果应为无效。

根据《砌筑砂浆配合比设计规程》（JGJ/T 98—2010）的规定，水泥砂浆及预拌砌筑砂浆的强度等级可分为 M5、M7.5、M10、M15、M20、M25、M30 等 7 个等级。水泥混合砂浆的强度等级可分为 M5、M7.5、M10、M15 等 4 个等级。

砂浆的强度等级一般根据工程类别、砌体部位、所处环境等来选择。

2. 黏结强度

在砌体结构中，墙体是靠砂浆黏结成一个坚固整体并传递荷载的，因此要求砂浆与基材之间应有一定的黏结强度。两者黏结得越牢，则整个砌体的整体性、强度、耐久性及抗震性等越好。抗压强度直观地反映了砂浆的强度性能，是砂浆划分等级的指标，同时也间接反映了砂浆的黏结强度。一般砂浆抗压强度越高，则其与基材的黏结强度越高。砂浆黏结强度还与基层的表面状态、清洁程度、湿润状况、施工养护等条件以及砂浆的胶凝材料种类有很大关系，加入聚合物可使砂浆的黏结性大为提高。对于砌体来说，黏结强度更具有实际意义。

根据《建筑砂浆基本性能试验方法标准》（JGJ/T 70—2009）的规定，采用拉伸黏结强度试验测定砂浆的黏结强度。在经过规定保养时间并磨光表面的水泥砂浆基底上，用待测砂浆成形长宽各为 40mm、高 6mm 的试件，每组成形 10 个试件，养护至 13d 时，在待测砂浆表面用强力胶粘上专用拉伸夹具，再养护 24h，用拉力试验机测定试件的破坏荷载，拉伸黏结强度应按下式计算：

$$f_{at} = \frac{F}{A_z} \qquad (5\text{-}2)$$

式中　f_{at}——砂浆拉伸黏结强度（MPa）；

　　　F——试件破坏时的荷载（N）；

　　　A_z——黏结面积（mm²）。

拉伸黏结强度试验结果应按下列要求确定：

1）应以 10 个试件测值的算术平均值作为拉伸黏结强度的试验结果。

2）当单个试件的强度值与平均值之差大于 20% 时，应逐次舍弃偏差最大的试验值，直至各试验值与平均值之差不超过 20%。当 10 个试件中有效数据不少于 6 个时，取有效数据的平均值为试验结果，结果精确至 0.01MPa；当 10 个试件中有效数据不足 6 个时，此组试验结果视为无效，并应重新制备试件进行试验。

知识拓展

砂浆的强度不仅取决于水泥的性质、配合比、施工质量等，还与基底材料的吸水性有关。

在不吸水的基底材料上（如致密石材、混凝土砖和砌块），影响砂浆强度的因素与混凝土基本相同，砂浆强度与水泥强度和灰水比成正比关系。

在吸水基底材料上（如烧结黏土砖及其他多孔材料），因砂浆具有一定的保水性，基底吸水后，砂浆中保留水分的多少取决于砂浆本身的保水性，而与水灰比关系不大。因此砂浆强度主要决定于水泥强度及水泥用量。

3. 砂浆的变形

砂浆在承受荷载或在温度条件变化时容易变形，变形过大会降低砌体的整体性，引起沉降和裂缝。在拌制砂浆时，如果混合料掺量太多或用轻骨料，会引起砂浆的较大收缩变形。有时为了减小收缩，可以在砂浆中加入适量的膨胀剂。

4. 砂浆的耐久性

修建水工建筑物和道路建筑物的砂浆，经常与水接触并处于外部环境中，故应考虑砂浆的抗渗、抗侵蚀、抗冻性。砂浆的耐久性的影响因素和混凝土的基本相同。

根据《砌筑砂浆配合比设计规程》（JGJ/T 98—2010）规定，稠度、保水率和抗压强度这三项技术指标是砌筑砂浆的必检项目，三项都满足规程要求者，称为合格砂浆。

任务三　设计砌筑砂浆配合比

砌筑砂浆是将砖、石、砌块等粘结成为砌体的砂浆。砌筑砂浆主要起黏结、传递应力的作用，是砌体的重要组成部分。

一般情况下，可根据工程类别及砌体部位的设计要求，确定砌筑砂浆的强度等级，然后查阅有关手册和资料来选择配合比，但如果工程量较大、砌体部位较为重要或掺入外加剂等非常规材料时，为保证质量和降低造价，应进行配合比设计。经过计算、试配、调整，从而确定施工用的配合比。

目前常用的砌筑砂浆有水泥砂浆和水泥混合砂浆两大类。根据《砌筑砂浆配合比设计规程》（JGJ/T 98—2010）规定，用于砌筑吸水底面的砂浆配合比设计或选用步骤如下：

一、水泥混合砂浆配合比设计过程

需要模拟施工条件下所用的砂浆时，所用原材料的温度宜与施工现场保持一致。

1）确定试配强度。砂浆的试配强度可按下式确定：

$$f_{m,0} = f_2 + 0.645\sigma$$
$$f_{m,0} = kf_2$$

(5-3)

式中 $f_{m,0}$——砂浆的试配强度（MPa），应精确至 0.1MPa；

f_2——砂浆强度等级值（MPa），应精确至 0.1MPa；

k——系数，按表 5-5 取值。

表 5-5 砂浆强度标准差 σ 及 k 值

强度等级 施工水平	强度标准差 σ/MPa							k
	M5	M7.5	M10	M15	M20	M25	M30	
优良	1.00	1.50	2.00	3.00	4.00	5.00	6.00	1.15
一般	1.25	1.88	2.50	3.75	5.00	6.25	7.50	1.20
较差	1.50	2.25	3.00	4.50	6.00	7.50	9.00	1.25

2）砌筑砂浆现场强度标准差确定。

当有统计资料时，应按下式计算：

$$\sigma = \sqrt{\frac{\sum_{i=1}^{n} f_{m,i}^2 - nu_{f_m}^2}{n-1}}$$

(5-4)

式中 σ——标准差；

$f_{m,i}$——统计周期内同一品种砂浆第 i 组试件的强度（MPa）；

u_{f_m}——统计周期内同一品种砂浆 n 组试件强度的平均值（MPa）；

n——统计周期内同一品种砂浆试件的组数，$n \geq 25$。

当不具有近期统计资料时，砂浆现场强度标准差 σ 按表 5-5 取用。

3）每立方米砂浆中水泥用量可按下式确定

$$Q_c = \frac{1000(f_{m,0} - B)}{Af_{ce}}$$

(5-5)

式中 Q_c——每立方米砂浆中的水泥用量（kg），精确至 1（kg）；

$f_{m,0}$——砂浆的试配强度（MPa），精确至 0.1MPa；

f_{ce}——水泥的实测强度（MPa），精确至 0.1MPa；

A、B——砂浆的特征系数，其中 A=3.03，B=-15.09。

在无法取得水泥的实测强度 f_{ce} 时，可按下式计算

$$f_{ce} = \gamma_c f_{ce,k}$$

(5-6)

式中 $f_{ce,k}$——水泥强度等级对应的强度值（MPa）；

γ_c——水泥强度等级值的富余系数，该值应按实际统计资料确定，无统计资料时取 =1.0。

当计算出水泥砂浆中的水泥用量不足 200kg/m³ 时，应按 200kg/m³ 采用。

4）水泥混合砂浆的掺合料用量应按下式计算

$$Q_D = Q_A - Q_c \qquad (5-7)$$

式中　Q_D——每立方米砂浆中掺加料用量（kg），精确至 1kg，石灰膏使用时的稠度为（120±5）mm；

　　　　Q_c——每立方米砂浆中水泥用量（kg），精确至 1kg；

　　　　Q_A——每立方米砂浆中水泥和掺加料的总量（kg），精确至 1kg，可为 350kg。

5）确定砂子用量。每立方米砂浆中砂子用量 Q_S（kg），应以干燥状态（含水率小于 0.5%）的堆积密度作为计算值，即 1m³ 的砂浆含有 1m³ 堆积体积的砂。

6）确定用水量。每立方米砂浆中用水量 Q_W（kg），可根据砂浆稠度要求选用 210～310kg。

二、水泥砂浆配合比选用

水泥砂浆材料用量见表 5-6。

表 5-6　水泥砂浆材料用量　　　　　　　　　　　（单位：kg/m³）

强度等级	水泥用量	砂子用量	水用量
M5	200～230	砂的堆积密度值	270～330
M7.5	230～260		
M10	260～290		
M15	290～330		
M20	340～400		
M25	360～410		
M30	430～480		

注：1. M15 及 M15 以下强度等级水泥砂浆，水泥强度等级为 32.5 级；M15 以上强度等级水泥砂浆，水泥强度等级为 42.5 级。

　　2. 当采用细砂或粗砂时，用水量分别取上限或下限。

　　3. 稠度小于 70mm 时，用水量可小于下限。

　　4. 施工现场气候炎热或干燥季节，可酌量增加用水量。

　　5. 试配强度应按本规程式（5-3）计算。

三、配合比的试配、调整与确定

砂浆试配时应采用工程中实际使用的材料，搅拌采用机械搅拌，搅拌时间自投料结束后算起，水泥砂浆和水泥混合砂浆不得小于 120s，掺用粉煤灰和外加剂的砂浆不得小于 180s。按计算或查表选用的配合比进行试拌，测定其拌合物的稠度和分层度，若不能满足要求，则应调整用水量和掺合料用量，直至符合要求为止。此时的配合比为砂浆基准配合比。

为了使测定的砂浆强度能在设计要求范围内，试配时至少采用 3 个不同的配合比，其中一个为基准配合比，另外两个配合比的水泥用量按基准配合比分别增加及减少 10%，在保证稠度和分层度合格的条件下，可将用水量或掺合料用量作相应调整。用《建筑砂浆基本性能试验方法标准》（JGJ/T 70—2009）规定的成型试件测定砂浆强度。在实验室制备砂浆拌合物时，所用材料应提前 24h 运入室内；拌和时实验室的温度应保持在（20±5）℃；试验所用原材料应与现场使用材料一致，原料砂应通过公称粒径 5mm 筛；实验室拌制砂浆时，材料用量应以质量计；称量精度：水泥、外加剂、掺合料等为 ±0.5%，砂为 ±1%；在实验室搅拌砂浆时应采用机械搅拌，搅拌机应符合《试验用砂浆搅拌机》（JG/T 3033—1996）的规定。

选定符合试配强度要求并且水泥用量最少的配合比作为砂浆配合比。砂浆配合比以各种材料用量的比例形式表示，水泥：掺合料：砂：水 $=Q_c : Q_D : Q_S : Q_w$。

四、砂浆配合比计算实例

设计实例：要求设计用于砌筑砖墙的 M7.5 等级，稠度 70 ～ 100mm 的水泥石灰砂浆配合比。设计资料如下：32.5 级普通硅酸盐水泥；石灰膏稠度 120mm；中砂，堆积密度为 1450kg/m³，含水率为 2%；施工管理水平一般。设计步骤如下：

1）计算试配强度。

$$f_{m,0} = k f_2 = 1.2 \times 7.5 \text{MPa} = 9 \text{MPa}$$

2）计算水泥用量 Q_c。

$$A = 3.03 \quad B = -15.09 \quad f_{ce} = \gamma_c f_{ce,k} = 1.0 \times 32.5 \text{MPa} = 32.5 \text{MPa}$$

$$Q_c = \frac{1000(f_{m,0} - B)}{A f_{ce}} = \frac{1000 \times (9 + 15.09)}{3.03 \times 32.5} \text{kg/m}^3 = 245 \text{kg/m}^3$$

3）计算石灰膏用量 Q_D。

$Q_A = 350 \text{kg/m}^3$（按水泥和掺合料总量规定选取）

$$Q_D = Q_A - Q_c = 350 \text{kg/m}^3 - 245 \text{kg/m}^3 = 105 \text{kg/m}^3$$

4）根据砂子堆积密度和含水率，计算砂用量。

$$Q_S = 1450 \text{kg/m}^3 \times (1 + 2\%) = 1479 \text{kg/m}^3$$

5）选择用水量。

$$Q_w = 300 \text{kg/m}^3$$

6）砂浆试配时各材料的用量比例。

水泥：石灰膏：砂：水 =245：105：1479：300

或水泥：石灰膏：砂：水 =1：0.42：6.04：1.22

案例

2002 年 11 月初，某小区陆续受到业主投诉，多部门接到业主电话称该小区外墙出现大面积裂纹，同时室内地面也有不少裂缝，如图 5-4 所示。是什么原因引起的这些问题？是否为安全隐患？会不会影响今后正常生活呢？

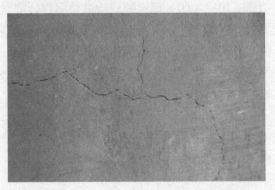

图 5-4　砂浆调配不准确产生的墙面裂缝

根据勘察，裂缝产生的根本原因不在主体结构墙体上，而是出现在水泥砂浆抹灰这个工序上。具体的原因有如下几方面：

1）抹灰前有两道工序未做或未做到位：原主体结构墙面未清理干净，抹灰未甩毛（即未用掺 108 胶水的素水泥浆甩到墙面）。这导致抹灰层空鼓（即抹灰层未能与主体结构墙体粘好）而出现裂缝。

2）水泥砂浆配合比不准确：配合比过高、过低均会导致抹灰裂缝。配合比不准确会使水泥砂浆施工初期水泥与水发生化学反应，而硬化时出现内部应力不均。

3）抹灰后，天气炎热、干燥，未洒水养护水泥砂浆层。

4）承建商、监理工程师、开发商的相关管理人员均未认真履行"工序检查"就允许下道工序"刷涂料"施工。

任务四　了解干混砂浆

一、概念

干混砂浆又称为干粉料、干混料或干粉砂浆。它是由胶凝材料、细骨料、外加剂（或掺合料）等固体材料组成，是由专业厂家生产的砂浆半成品，使用前在施工现场搅拌时加入水拌和，因此也称为预拌砂浆。

干混砂浆按性能可分为普通干混砂浆和特种干混砂浆。普通干混砂浆又分为砌筑工程用干混砌筑砂浆（DM——干拌砌筑砂浆）和抹灰工程用干混砂浆（DPI——干拌内墙抹灰砂浆；DPE——干拌外墙抹灰砂浆；DS——干拌地面砂浆）。特种干混砂浆又可分为：DTA——干拌瓷砖黏结砂浆；DEA——干拌聚苯板黏结砂浆；DBI——干拌外保温抹面砂浆。

☑ 二、普通干混砂浆

普通干混砂浆的特点表现为以下几方面：

1. 黏结能力和保水性好

干混砌筑砂浆具有优异的黏结能力和保水性，使砂浆在施工中凝结得更为密实，在干燥砌块基面都能保证砂浆的有效凝结。

2. 干缩率低

干混砂浆具有干缩率低的特性，能够最大限度地保证墙体尺寸的稳定性；胶凝后具有刚中带韧的特性，能提高建筑物的安全性能。

3. 强度高、抗渗性能好

抹灰工程用的干混抹灰砂浆能承受一系列外部作用；有足够的抗水冲击能力；可用在浴室和其他潮湿的房间抹灰工程中；减少抹灰层数，提高工效。

4. 和易性好

干混抹灰砂浆具有良好的和易性，使施工好的基面光滑平整、均匀；具有良好的抗流挂性能，对抹灰工具有低黏性、易施工性；具有更好的抗裂、抗渗性能。

☑ 三、特种干混砂浆

特种干混砂浆是指对性能有特殊要求的专用建筑、装饰类干混砂浆，如瓷砖黏结砂浆、聚苯板（EPS）黏结砂浆、外保温抹面砂浆等。

1. 瓷砖黏结砂浆

瓷砖黏结砂浆可节约材料用量，实现薄层黏结，黏结力强，减少分层和剥落，避免空鼓、开裂；操作简单方便，使施工质量和效率得到大幅提高。

2. 聚苯板（EPS）黏结砂浆

聚苯板（EPS）黏结砂浆对基底和聚苯乙烯板有良好的黏结力；有足够的变形能力（柔性）和良好的抗冲击性；自重轻，对墙体要求低，能直接在混凝土和砖墙上使用；环保无毒，节约大量能源；有极佳的黏结力和表面强度；低收缩、不开裂、不起壳、长期的耐候性与稳定性；加水即用，避免了现场搅拌砂浆的随意性；质量稳定，有良好的施工性能；耐碱、耐水、抗冻融、快干、早强、施工效率高。

3. 外保温抹面砂浆

外保温抹面砂浆是指聚苯乙烯颗粒添加纤维素、胶粉、纤维等添加剂，具有保温隔热性能的砂浆产品。加水即用，施工方便。其物理力学性能稳定，收缩率低，不易出现收缩开裂或龟裂，可在潮湿基面上施工；干燥硬化快，施工周期短；环保，隔热效果好；密度小，自重轻，有利于结构设计。

≈≈≈

知识拓展——干混砂浆

干混砂浆是在传统搅拌砂浆的基础上发展起来的,起源于19世纪的奥地利,直到20世纪50年代以后,欧洲的干混砂浆才得到系统研究和迅速发展应用,主要特点是节约劳动力、能提高工程质量以及利于环境保护。到60年代,欧洲各国政府出台了建筑施工环境行业投资优惠等方面的导向性政策来推动建筑砂浆的发展,随后建筑干混砂浆很快风靡西方发达国家。

我国建筑砂浆完整经历了石灰砂浆、水泥砂浆、混合砂浆到干拌砂浆的发展历程,从20世纪80年代开始,北京、上海等地开始引进研究干混砂浆技术,直到90年代末期才开始出现具有一定规模的干混砂浆生产厂家。

≈≈≈

四、传统砂浆与干混砂浆的比较

图 5-5 所示为现代化干混砂浆工程流程示意图。

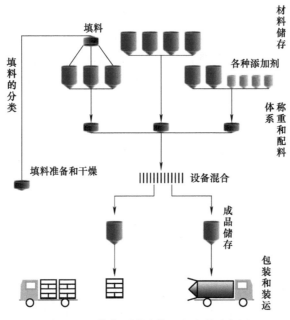

图 5-5　现代化干混砂浆工程流程示意图

图 5-6 所示为传统搅拌砂浆与现代干混砂浆的区别。

1. 传统砂浆的缺点和局限性

(1)很难满足文明施工和环保要求　首先,各种原材料(包括水泥、砂子、石灰膏等)的存放会对周围的环境造成影响。其次,在砂浆拌制过程中会形成较多的扬尘;再者,现场拌和砂浆的搅拌设备往往噪声超标。

(2)难以保证施工质量　首先,因现场拌和计量的不准确会造成砂浆质量的异常波动,无法准确添加微量的外加剂,不能准确控制加水量,搅拌的均匀度难以控制。其次,现场拌和砂浆施工性能差,因现拌砂浆无法或很少添加外加剂,和易性差,难以进行机械施工,操作费时费力，落灰多，浪费大，质量事故多。再次，现拌砂浆品种单一，无法满足各种新型建材对砂浆的不同要求。

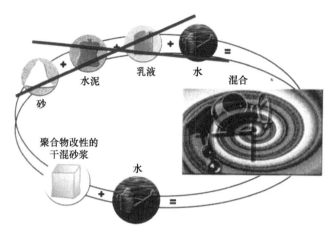

图 5-6　传统搅拌砂浆与现代干混砂浆的区别

2. 干混砂浆的优势

（1）生产质量有保证　干混砂浆由专业厂家生产，有固定的场所、成套的设备、精确的计量、完善的质量控制体系。

（2）施工性能与质量优越　干混砂浆根据产品种类及性能要求，特定设计配合比并添加多种外加剂进行改性，如常用的外加剂有纤维素醚、可再分散乳胶粉、触变润滑剂、消泡剂、引气剂、促凝剂、憎水剂等。改性的砂浆具有优异的施工性能和品质，良好的和易性；方便砌筑、抹灰和泵送，可提高施工效率。

（3）产品种类齐全、满足各种不同工程要求　据不完全统计，干混砂浆已有保温、抗渗、灌浆、修补、装饰类等多个品种。

（4）高质环保、具有明显的社会效益　干混砂浆现场施工扬尘少、施工速度快、工人劳动强度低，整体社会效益明显。

项目六　墙体材料

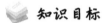 **知识目标**

1. 了解砌墙砖、砌块、板材的基本性质与应用。
2. 掌握砌墙砖及砌块的质量标准、技术要求与检测标准。
3. 熟悉砌墙砖及砌块检测的方法、步骤。

能力目标

1. 能够抽取砌墙砖及砌块检测的试样。
2. 能够对砌墙砖及砌块常规检测项目进行检测，精确读取检测数据。
3. 能够按规范要求对检测数据进行处理，并评定检测结果。

在一般房屋建筑中，墙体占整个建筑物自重的一半，起着承重、围护、隔断、防水、保温、隔声等作用。根据在房屋建筑中的作用不同，所选用的墙体材料也不同，总体可归为三类：砖、砌块、板材。其中砌块作为一种新型墙体材料，可以充分地利用地方资源和工业废渣，节省黏土资源和改善环境，具有生产简单、原料来源广、适应性强等特点，因此发展较快。

任务一　熟悉砌墙砖

砖是砌筑用的人造小型块材。外形多为直角六面体。砖按生产工艺可分为烧结砖和非烧结砖；按砖的规格、孔洞率、孔的尺寸大小和数量又可分为普通砖（实心砖，孔洞率小于15%）、多孔砖（孔洞率不小于15%，孔的尺寸小而数量多）和空心砖（孔洞率不小于35%，孔的尺寸大而数量少）。

一、烧结砖

1. 烧结普通砖

烧结普通砖是以黏土、页岩、煤矸石、粉煤灰为主要原料经焙烧而成的普通砖，是无孔洞或孔洞率小于15%的实心砖。

焙烧窑中为氧化气氛时，可烧得红砖；若焙烧窑中为还原气氛时，则所烧得的砖呈现青色，青砖较红砖耐碱，耐久性较好。

由于焙烧时窑内温度存在差异，因此焙烧后，除了正火砖（合格品）外，还常出现欠火砖和过火砖。欠火砖色浅，敲击声发哑，吸水率大、强度低、耐久性差。过火砖色深、敲击声清脆、吸水率低、强度较高，但易弯曲变形。欠火砖和过火砖均属于不合格产品。

（1）烧结普通砖的技术指标

1）尺寸规格。《烧结普通砖》（GB 5101—2003）规定：烧结普通砖的标准尺寸是 240mm×115mm×53mm，如图 6-1 所示。通常将 240mm×115mm 面称为大面，240mm×53mm 面称为条面，115mm×53mm 面称为顶面。4 块砖长、8 块砖宽、16 块砖厚，再加上砌筑灰缝（10mm），长度均为 1m，则 1m³ 砖砌体理论上需用砖 512 块。

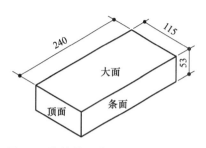

图 6-1　烧结普通砖的尺寸及平面名称

2）强度等级。烧结普通砖按抗压强度分为 MU30、MU25、MU20、MU15、MU10 五个等级。在评定强度等级时，若强度变异系数 $\delta \leqslant 0.21$ 时，采用平均值－标准值方法；若强度变异系数 $\delta > 0.21$ 时，则采用平均值－最小值方法。烧结普通砖的强度等级见表 6-1。

$$\delta = \frac{s}{\overline{f}} \tag{6-1}$$

$$s = \sqrt{\frac{1}{9}\sum_{i=1}^{10}\left(f_i - \overline{f}\right)^2} \tag{6-2}$$

$$f_k = \overline{f} - 1.8s \tag{6-3}$$

式中　δ——砖强度变异系数，精确至 0.01；

s——标准差（MPa），精确至 0.01MPa；

f_i——单块试样的抗压强度测定值（MPa），精确至 0.01MPa；

$\overline{f}$——10 块试样的抗压强度平均值（MPa），精确至 0.1MPa；

f_k——强度标准值，精确至 0.1MPa。

表 6-1　烧结普通砖的强度等级　　　　　　　　　　（单位：MPa）

强度等级	抗压强度平均值 $\overline{f} \geqslant$	变异系数 $\delta \leqslant 0.21$	变异系数 $\delta > 0.21$
		强度标准值 $f_k \geqslant$	单块最小抗压强度值 $f_{min} \geqslant$
MU30	30.0	22.0	25.0
MU25	25.0	18.0	22.0
MU20	20.0	14.0	16.0
MU15	15.0	10.0	12.0
MU10	10.0	6.5	7.5

3）产品等级。强度、抗风化性能和放射性物质合格的砖，根据尺寸偏差、外观质量、泛霜和石灰爆裂等指标，分为优等品（A）、一等品（B）、合格品（C）这 3 个等级。烧结普通砖的质量等级见表 6-2。

表 6-2 烧结普通砖的质量等级　　　　　　　　　　　（单位：mm）

项目			优等品		一等品		合格品	
			样本平均偏差	样本极差≤	样本平均偏差	样本极差≤	样本平均偏差	样本极差≤
尺寸偏差	公称尺寸	240	±2.0	6	±2.5	7	±3.0	8
		115	±1.5	5	±2.0	6	±2.5	7
		53	±1.5	4	±1.6	5	±2.0	6
外观质量	两条面高度差≤		2		3		4	
	弯曲≤		2		3		4	
	杂质凸出高度≤		2		3		4	
	缺棱掉角的3个破坏尺寸,不得同时大于		5		20		30	
	裂纹长度≤	大面上宽度方向及其延伸至条面的长度	30		60		80	
		大面上宽度方向及其延伸至顶面的长度或条顶面上水平裂纹的长度	50		80		100	
		完整面①不得少于	两条面和两顶面		一条面和一顶面		—	
		颜色	基本一致		—		—	
泛霜			无泛霜		不允许出现中等泛霜		不允许出现严重泛霜	
石灰爆裂			不允许出现最大破坏尺寸大于2mm的爆裂区域		① 最大破坏尺寸大于2mm且小于等于10mm的爆裂区域,每组砖样不得多于15处 ② 不允许出现最大破坏尺寸大于10mm的爆裂区域		① 最大破坏尺寸大于2mm且小于等于15mm的爆裂区域,每组砖样不得多于15处,其中大于10mm的不得多于7处 ② 不允许出现最大破坏尺寸大于15mm的爆裂区域	

注：为装饰而施加的色差、凹凸纹、拉毛、压花等不算缺陷。

① 凡有下列缺陷之一者，不得称为完整面：

缺损在条面或顶面上造成的破坏面尺寸同时大于10mm×10mm。

条面或顶面上裂纹宽度大于1mm，其长度超过30mm。

压陷、粘底、焦花在条面或顶面上的凹陷或凸出超过2mm，区域尺寸同时大于10mm×10mm。

抗风化性能是指在干湿变化、温度变化、冻融变化等物理因素作用下，材料不被破坏并长期保持原有性质的能力。我国按风化指数分为严重风化区（风化指数≥12700）和非严重风化区（风化指数<12700）。风化区用风化指数进行划分。风化指数＝日气温从正温降

至负温或负温升至正温的每年平均天数×每年从霜冻之日起至消失霜冻之日止这一期间降雨总量（mm）的平均值。

泛霜（又称为起霜、盐析、盐霜）是指黏土原料中的可溶性盐类（如硫酸盐等）在砖或砌块表面的析出现象，一般呈白色粉末、絮团或絮片状。

石灰爆裂是指烧结砖的砂质黏土原料中夹杂着石灰石，焙烧时被烧成生石灰块，在使用过程中吸水消化成熟石灰，体积膨胀，导致砖块裂缝，严重时甚至使砖砌体强度降低，直至破坏。烧结普通砖的质量缺陷如图 6-2 所示。

 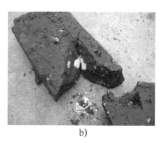

a)   b)

图 6-2　烧结普通砖的质量缺陷

a) 泛霜的墙面　b) 石灰爆裂导致砖碎裂

4）产品标记。产品标记按产品名称、品种、强度等级和标准编号的顺序编写。如烧结普通砖，强度等级 MU15，一等品的黏土砖，其标记为：烧结普通砖 N MU15 B GB 5101。

（2）烧结普通砖的应用　烧结普通砖是传统墙体材料，主要用于砌筑建筑物的内墙、外墙、柱、烟囱和窑炉。烧结普通砖价格低廉，具有一定的强度、隔热、隔声性能及较好的耐久性。它的缺点是制砖取土、大量毁坏农田、烧砖能耗高、砖自重大、成品尺寸小、施工效率低、抗震性能差等。

在应用时，由于砖砌体的强度不仅取决于砖的强度，而且受砂浆性质的影响。砖的吸水率大，在砌筑中吸收砂浆中的水分，如果砂浆保持水分的能力差，就不能正常硬化，导致砌体强度下降。为此，在砌筑砂浆时除了要合理配制砂浆外，还要使砖润湿。黏土砖应在砌筑前 1～2d 浇水湿润，以浸入砖内深度 1cm 为宜。

随着墙体材料改革的发展，烧结普通砖的应用范围越来越小，当今，我国正大力推广墙体材料改革，以空心砖、工业废渣砖及砌块、轻质板材来代替实心黏土砖，减轻建筑物自重、节约能源、改善环境。"禁实"工作推动了新型墙体材料的迅速发展，促进了住宅建设现代化水平的提高。

2. 烧结多孔砖

《烧结多孔砖和多孔砌块》（GB 13544—2011）规定：砖为直角六面体，按主要原料砖分为黏土砖（N）、页岩砖（Y）、煤矸石砖（M）、粉煤灰砖（F）、淤泥砖（U）和固体废弃物砖（G）。

（1）烧结多孔砖的技术指标

1）尺寸规格。烧结多孔砖的外形一般为直角六面体，在与砂浆的接合面上应设有增加结合力的粉刷槽（设在条面或顶面上深度不小于 2mm 的沟或类似结构）和砌筑砂浆槽（设在条面或顶面上深度大于 15mm 的凹槽）。规格尺寸为：290mm、240mm、190mm、180mm、140mm、115mm、90mm，如图 6-3 所示。

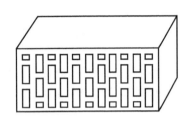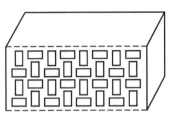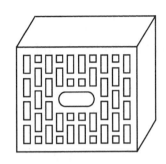

图 6-3　烧结多孔砖规格

2）强度等级。烧结多孔砖根据抗压强度分为 MU30、MU25、MU20、MU15、MU10 五个等级，用抗压强度平均值和强度标准值评定，强度等级见表 6-3。

$$s = \sqrt{\frac{1}{9}\sum_{i=1}^{10}\left(f_i - \overline{f}\right)^2} \tag{6-4}$$

$$f_k = \overline{f} - 1.8s \tag{6-5}$$

式中　s——10 块试样的抗压强度标准差（MPa），精确至 0.01MPa；

　　　f_i——单块试样的抗压强度测定值（MPa），精确至 0.01MPa；

　　　$\overline{f}$——10 块试样的抗压强度平均值（MPa），精确至 0.1MPa；

　　　f_k——强度标准值（MPa），精确至 0.1MPa。

表 6-3　烧结多孔砖的强度等级　　　　　　　　　　（单位：MPa）

强度等级	抗压强度平均值 $\overline{f} \geqslant$	强度标准值 $f_k \geqslant$
MU30	30.0	22.0
MU25	25.0	18.0
MU20	20.0	14.0
MU15	15.0	10.0
MU10	10.0	6.5

注：多孔砖砌体砌筑时砂浆进入多孔砖孔洞，产生"销键"作用，比实心砖提高抗剪能力 10% 以上，也提高了砌体整体性。

3）密度等级。烧结多孔砖的密度等级分为 1000、1100、1200、1300 四个等级，见表 6-4。

表 6-4　烧结多孔砖的密度等级　　　　　　　　　　（单位：kg/m³）

密度等级	3 块砖体积密度平均值	密度等级	3 块砖体积密度平均值
1000	900 ～ 1000	1200	1100 ～ 1200
1100	1000 ～ 1100	1300	1200 ～ 1300

4）外观质量。烧结多孔砖的外观质量见表 6-5。

表 6-5 烧结多孔砖的外观质量 （单位：mm）

项目		指标
完整面，不得少于		一条面和一顶面
缺棱掉角的 3 个破坏尺寸，不得同时大于		30
裂纹长度≤	大面（有孔面）上深入孔壁 15mm 以上宽度方向及其延伸到条面的长度	80
	大面（有孔面）上深入孔壁 15mm 以上宽度方向及其延伸到顶面的长度	100
	条顶面上的水平裂纹	100
杂质在砖面上造成的凸出高度≤		5

注：凡有下列缺陷之一者，不得称为完整面：
缺损在条面或顶面上造成的破坏面尺寸同时大于 20mm×30mm。
条面或顶面上裂纹宽度大于 1mm，其长度超过 70mm。
压陷、粘底、焦花在条面或顶面上的凹陷或凸出超过 2mm，区域最大投影尺寸同时大于 20mm×30mm。

5）尺寸偏差。烧结多孔砖的尺寸偏差见表 6-6。

表 6-6 烧结多孔砖的尺寸偏差 （单位：mm）

尺寸	样本平均偏差	样本极差≤
200～300	±2.5	8.0
100～200	±2.0	7.0
＜100	±1.5	6.0

6）孔洞排列。烧结多孔砖的孔形孔结构及孔洞率见表 6-7。

表 6-7 烧结多孔砖的孔形孔结构及孔洞率

孔型	孔洞尺寸		最小外壁厚 / mm	最小肋厚 / mm	孔洞率（%）	孔洞排列
	孔宽度尺寸 b/mm	孔长度尺寸 L/mm				
矩形条孔或矩形孔	≤13	≤40	≥12	≥5	≥28	1. 所有孔宽应相等，孔采用单向或双向交错排列 2. 孔洞排列上下、左右应对称，分布均匀，手抓孔的长度方向尺寸必须平行于砖的条面

注：1. 矩形孔的孔长 L、孔宽 b 满足式 $L \geqslant 3b$ 时，为矩形条孔。
2. 孔四个角应做成过渡圆角，不得做成直尖角。
3. 如设有砌筑砂浆槽，则砌筑砂浆槽不计算在孔洞率内。
4. 规格大的砖应设置手抓孔，手抓孔尺寸为 (30～40)mm×(75～85)mm。

7）产品标记。产品标记按产品名称、品种、规格、强度等级、密度等级和标准编号顺序编写。如规格尺寸 290mm×140mm×90mm、强度等级 MU25、密度 1200 级的黏土烧结多孔砖，其标记为：烧结多孔砖 N 290×140×90 MU25 1200（GB 13544—2011）。

（2）烧结多孔砖的应用 烧结多孔砖可以代替烧结黏土砖，用于承重墙体，尤其在小城镇建设中用量非常大。在应用中，强度等级不低于 MU10，最好在 MU15 以上；孔洞率不小于 25%，最好在 28% 以上；孔洞排布最好为矩形条孔错位排列，而不采用圆孔，以提高产品热工性能指标。优等品可用于墙体装饰和清水墙砌筑，一等品和合格品可用于混水墙，中等泛霜的砖不得用于潮湿部位。

特别提示

砌筑烧结普通砖、烧结多孔砖时，砖应提前 1 ~ 2d 适度润湿，严禁采用干砖或处于吸水饱和状态的砖。

3. 烧结空心砖

烧结空心砖是以黏土、页岩、煤矸石、粉煤灰等为原料，经焙烧制成的空洞率≥ 35% 而且孔洞数量少、尺寸大的烧结砖，用于非承重墙和填充墙。各类烧结空心砖如图 6-4 所示。

图 6-4 典型烧结空心砖

a）烧结煤矸石多孔砖（右）与空心砖（左） b）烧结粉煤灰空心砖

（1）烧结空心砖的技术指标

1）尺寸规格。《烧结空心砖和空心砌块》（GB/T 13545—2014）规定：砖的外形为直角六面体，其长、宽、高应符合下列要求：

① 长度规格尺寸：390mm、290mm、240mm、190mm、180（175）mm、140mm。

② 宽度规格尺寸：190mm、180（175）mm、140mm、115mm。

③ 高度规格尺寸：180（175）mm、140mm、115mm、90mm。

烧结空心砖和空心砌块基本构造如图 6-5 所示。

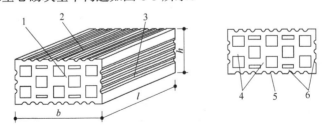

图 6-5 烧结空心砖和空心砌块

1—顶面 2—大面 3—条面 4—肋 5—凹槽面 6—壁 l—长 b—宽 h—高

2）强度等级。烧结空心砖的抗压强度分为 MU10.0、MU7.5、MU5.0、MU3.5 四个级别，见表 6-8。

表 6-8　烧结空心砖的强度等级

强度等级	抗压强度平均值 $\bar{f}$ / MPa，≥	变异系数 $\delta \leq 0.21$ 强度标准值 f_k /MPa，≥	变异系数 $\delta > 0.21$ 单块最小抗压强度 f_{min} /MPa，>	密度等级范围 / (kg/m³)
MU10.0	10.0	7.0	8.0	≤ 1100
MU7.5	7.5	5.0	5.8	
MU5.0	5.0	3.5	4.0	
MU3.5	3.5	2.5	2.8	

3）密度等级。烧结空心砖的密度等级分为 800、900、1000、1100 四个级别，见表 6-9。

表 6-9　烧结空心砖的密度等级　　　　　　　（单位：kg/m³）

密度等级	5 块砖体积密度平均值	密度等级	5 块砖体积密度平均值
800	≤ 800	1000	901 ～ 1000
900	801 ～ 900	1100	1001 ～ 1100

4）外观质量。烧结空心砖的外观质量见表 6-10。

表 6-10　烧结空心砖的外观质量　　　　　　（单位：mm）

项目		指标
弯曲≤		4
缺棱掉角的 3 个破坏尺寸，不得同时大于		30
垂直度差≤		4
未贯穿裂纹长度≤	大面上宽度方向及其延伸至条面的长度	100
	大面上宽度方向或条面上水平方向的长度	120
贯穿裂纹长度≤	大面上宽度方向及其延伸至条面的长度	40
	壁、肋沿长度方向、宽度方向及水平方向的长度	40
壁、肋内残缺长度≤		40
完整面，不少于		一条面或一大面

注：凡有下列缺陷之一者，不得称为完整面：
　1.缺损在大面、条面上造成的破坏面尺寸同时大于 20mm×30mm。
　2.大面、条面上裂纹宽度大于 1mm，其长度超过 70mm。
　3.压陷、黏底、焦花在条面或顶面上的凹陷或凸出超过 2mm，区域尺寸同时大于 20mm×30mm。

5）尺寸偏差。烧结空心砖的尺寸偏差见表 6-11。

表 6-11　烧结空心砖的尺寸偏差　　　　　　（单位：mm）

尺寸	样本平均偏差	样本极差≤
> 300	±3.0	7.0
200 ～ 300	±2.5	6.0
100 ～ 200	±2.0	5.0
< 100	±1.7	4.0

6）孔洞排列。孔洞一般位于砖的顶面或条面，单孔尺寸较大但数量较少，孔洞率高；孔洞方向与砖主要受力方向相垂直。孔洞对砖受力影响较大，因而烧结空心砖强度相对较低。

7）产品标记。产品标记按产品名称、类别、规格、密度等级、强度等级和标准编号顺序编写。如规格尺寸 290mm×190mm×90mm、密度等级 800、强度等级 MU7.5 的页岩空心砖，其标记为：烧结空心砖 Y(290×190×90)　800　MU7.5（GB 13545—2014）。

（2）应用

烧结空心砖主要用作非承重墙，如多层建筑内隔墙或框架结构的填充墙等。使用空心砖强度等级不低于 MU3.5，最好在 MU5 以上，孔洞率应大于 45%，以横孔方向砌筑。

二、非烧结砖

不经焙烧而制成的砖均为非烧结砖。非烧结砖是以胶凝材料、骨料、水为原料，必要时加入掺合料及外加剂，经过搅拌、成形，在常温或高温湿热条件下养护制成的砖。非烧结砖主要包括两类：一类是以水泥为主要胶凝材料制成的砖，称为混凝土砖；另一类是以石灰和硅质材料（砂子、粉煤灰、煤矸石、炉渣和页岩等）为主，经过湿热养护制成的砖，称为蒸养（压）砖。

1. 混凝土实心砖

以水泥、骨料为原料，根据需要加入掺合料、外加剂等，经加水搅拌、成形、养护制成的砖为混凝土实心砖。

砖主规格尺寸为：240mm×115mm×53mm。按混凝土自身的体积密度分为 A 级、B 级和 C 级三个密度等级。密度等级见表 6-12。

表 6-12　密度等级　　　　　　　　　（单位：kg/m³）

密度等级	3 块平均值
A 级	≥ 2100
B 级	1681 ~ 2099
C 级	≤ 1680

砖的抗压强度分为 MU40、MU35、MU30、MU25、MU20、MU15 六个等级。强度等级应符合表 6-13 的规定。

表 6-13　抗压强度　　　　　　　　　（单位：MPa）

强度等级	抗压强度	
	平均值≥	单块最小值≥
MU40	40.0	35.0
MU35	35.0	30.0
MU30	30.0	26.0
MU25	25.0	21.0
MU20	20.0	16.0
MU15	15.0	12.0

密度等级为 B 级和 C 级的砖，其强度等级应不小于 MU15；密度等级为 A 级的砖，其强度等级应不小于 MU20。

2. 承重混凝土多孔砖

承重混凝土多孔砖是一种新型墙体材料，以水泥、砂、石等为主要骨料，加水搅拌、压制成形、养护制成的一种用于承重结构的多排孔混凝土砖，代号 LPB。其制作工艺简单，施工方便。用混凝土多孔砖代替实心黏土砖、烧结多孔砖，可以不占耕地，节省黏土资源，且不用焙烧设备，节省能耗。

《承重混凝土多孔砖》（GB 25779—2010）规定：承重混凝土多孔砖的外形为直角六面体，产品的主要规格尺寸为：长度 360mm、290mm、240mm、190mm、140mm；宽度 240mm、190mm、115mm、90mm；高度 115mm、90mm。最小外壁厚不应小于 18mm，最小肋厚不应小于 15mm，典型规格如图 6-6 所示。为了减轻墙体自重及增加保温隔热功能，其孔洞率应不小于 25% 且不大于 35%。承重混凝土多孔砖按抗压强度分为 MU15、MU20、MU25 三个等级。

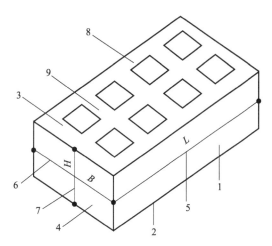

图 6-6　混凝土多孔砖

1—条面　2—坐浆面（外壁、肋厚度较小的面）　3—铺浆面（外壁、肋厚度较大的面）
4—顶面　5—长度　6—宽度　7—高度　8—外壁　9—肋

承重混凝土多孔砖原料来源容易、生产工艺简单、成本低、保温隔热性能好、强度较高，且有较好的耐久性，多用于工业与民用建筑等承重结构。

3. 蒸压粉煤灰砖

蒸压粉煤灰砖是以粉煤灰、石灰为主要原料，掺加适量石膏和骨料，经坯料制备、压制成形、常压或高压蒸汽养护而成的砖。

按建材行业标准《蒸压粉煤灰砖》（JC/T 239—2014）规定，根据砖的抗压强度和抗折强度，分为 MU30、MU25、MU20、MU15、MU10 五个强度等级。根据砖的产品代号（AFB）、规格尺寸、强度等级、标准编号的顺序进行标记。规格尺寸为 240mm×115mm×53mm，强度等级为 MU15 的砖标记为：AFB　240mm×115mm×53mm　MU15　JC/T 239。蒸压粉煤灰砖的强度指标和抗冻性指标见表 6-14、表 6-15。

表 6-14　蒸压粉煤灰砖强度指标

强度等级	抗压强度 /MPa		抗折强度 /MPa	
	平均值≥	单块最小值≥	平均值≥	单块最小值≥
MU30	30.0	24.0	4.8	3.8
MU25	25.0	20.0	4.5	3.6
MU20	20.0	16.0	4.0	3.2
MU15	15.0	12.0	3.7	3.0
MU10	10.0	8.0	2.5	2.0

表 6-15　蒸压粉煤灰砖抗冻性指标

使用条件	抗冻指标	质量损失（%）	强度损失（%）
夏热冬暖地区	D15		
夏热冬冷地区	D25	≤ 5	≤ 25
寒冷地区	D35		
严寒地区	D50		

　　蒸压粉煤灰砖可用于工业与民用建筑墙体和基础，使用于基础或易受冻融和干湿交替作用的建筑部位，必须使用一等品或优等品。不得长期用于受热（200℃以上），受急冷、急热和有酸性介质侵蚀的建筑部位。

4. 蒸压灰砂砖

　　灰砂砖是由磨细生石灰或消石灰粉、天然砂和水按一定配合比，经搅拌混合、陈伏、加压成形，再经蒸压（一般为温度为 175～203℃、压力为 0.8～1.6MPa 的饱和蒸汽）养护而成的，代号为 LSB，如图 6-7 所示。

图 6-7　蒸压灰砂砖

　　国家标准《蒸压灰砂砖》（GB 11945—1999）规定，按砖的尺寸偏差、外观质量、强度及抗冻性，分为优等品、一等品、合格品。按浸水 24h 后的抗压强度和抗折强度，分为 MU25、MU20、MU15、MU10 四个等级。MU25、MU20、MU15 的砖可用于基础及其他建筑；MU10 的砖仅可用于防潮层以上建筑。蒸压灰砂砖强度指标和抗冻指标见表 6-16。

表 6-16　蒸压灰砂砖强度指标和抗冻指标

强度等级	强度指标				抗冻性指标	
	抗压强度 /MPa		抗折强度 /MPa		冻后抗压强度平均值 /MPa，≥	单块砖干质量损失（%），<
	平均值≥	单块值≥	平均值≥	单块值≥		
MU25	25.0	20.0	5.0	4.0	20.0	
MU20	20.0	16.0	4.0	3.2	16.0	2.0
MU15	15.0	12.0	3.3	2.6	12.0	
MU10	10.0	8.0	2.5	2.0	8.0	

灰砂砖应避免用于长期受热高于200℃、受急冷急热交替作用或有酸性介质侵蚀的建筑部位，以及不能用于有水流冲刷的地方。

5. 炉渣砖

炉渣砖是以煤燃烧后的残渣为主要原料，配以一定数量的石灰和少量石膏，经加水搅拌混合、压制成形、蒸养或蒸压养护而制成的实心砖。

《炉渣砖》（JC/T 525—2007）规定：炉渣砖的公称尺寸同普通黏土砖为240mm×115mm×53mm，按抗压强度分为MU25、MU20、MU15三个等级。炉渣砖可用于一般工业与民用建筑的墙体和基础。炉渣砖的生产消耗大量工业废渣，属于环保型墙材。

任务二 了解砌块

砌块是砌筑用的人造块材，外形多为直角六面体，也有各种异形的。砌块系列中，主规格的长度、宽度和厚度有一项或一项以上分别大于365mm、240mm或115mm。

砌块按其规格大小分为大砌块（主规格的高度大于980mm）、中砌块（主规格的高度为380～980mm）、小砌块（主规格的高度为115～380mm）。

砌块按有无孔洞及空心率的大小可分为实心砌块（无孔洞或空心率小于25%）和空心砌块（空心率不小于25%）。

砌块按主要原料分为水泥混凝土砌块、粉煤灰硅酸盐混凝土砌块和石膏砌块等。

☑ 一、混凝土小型空心砌块

混凝土小型空心砌块是由水泥、粗细骨料加水搅拌，经装模、振动（或加压振动或冲压）成形，并经养护而成的，如图6-8所示。其粗细骨料可用普通碎石或卵石、砂子，也可用轻骨料及轻砂。

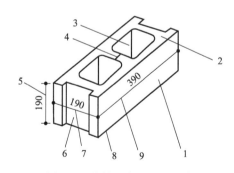

图 6-8 混凝土小型空心砌块

1—条面 2—坐浆面（肋厚较小的面） 3—壁 4—肋 5—高度
6—顶面 7—宽度 8—铺浆肋（肋厚较大的面） 9—长度

混凝土小型空心砌块按其尺寸偏差、外观质量，分为优等品（A）、一等品（B）和合格品（C），按其强度等级分为MU3.5、MU5.0、MU7.5、MU10.0、MU15.0和MU20.0。其尺寸允许偏差和外观质量标准见表6-17和表6-18。

混凝土小型空心砌块主规格尺寸为390mm×190mm×190mm，其他规格尺寸可由供需双方协商。最小外壁厚度应不小于30mm，最小肋厚应不小于25mm；空心率应不小于25%。

表 6-17　尺寸允许偏差 （单位：mm）

项目名称	优等品（A）	一等品（B）	合格品（C）
长度	±2	±3	±3
宽度	±2	±3	±3
高度	±2	±3	±3~4

表 6-18　外观质量

项目名称		优等品（A）	一等品（B）	合格品（C）
弯曲（mm）不大于		2	2	3
缺棱掉角	个数（个）不多于	0	2	2
	三个方向投影尺寸的最小值（mm）不大于	0	20	30
裂纹延伸的投影尺寸累计（mm）不大于		0	20	20

混凝土小型空心砌块强度等级见表 6-19。

表 6-19　强度等级 （单位：MPa）

强度等级	砌块抗压强度	
	平均值不小于	单块最小值不小于
MU3.5	3.5	2.8
MU5.0	5.0	4.0
MU7.5	7.5	6.0
MU10.0	10.0	8.0
MU15.0	15.0	12.0
MU20.0	20.0	16.0

混凝土小型空心砌块建筑体系比较灵活，砌筑方便，主要适用于各种公用或民用住宅建筑以及工业厂房、仓库和农村建筑的内外墙体。这种砌块在砌筑时一般不宜浇水，但在气候特别干燥炎热时，可在砌筑前稍喷水湿润。为防止或避免小砌块因失水而产生的收缩导致墙体开裂，应特别注意：小砌块采用自然养护时，必须养护 28d 后方可上墙；出厂时小砌块的相对含水率必须严格控制；在施工现场堆放时，必须采用防雨措施；砌筑前，不允许浇水预湿；为防止墙体开裂，应根据建筑的情况设置伸缩缝，在必要的部位增加构造钢筋。

砌筑时尽量采用主规格砌块，并应先清除砌块表面污物和砌块孔洞的底部边毛。采用反砌（即砌块底面朝上），砌块之间应对孔错缝砌筑。

☑️ 二、蒸压加气混凝土砌块

蒸压加气混凝土砌块是以钙质材料和硅质材料以及加气剂、少量调节剂，经配料、搅拌、浇筑成形、切割和蒸压养护而成的多孔轻质块体材料。原料中的钙质和硅质材料可分别采用石灰、水泥、矿渣、粉煤灰和砂等。其表观密度小，一般为黏土砖的 1/3，作为墙体材料，可减轻建筑物自重 2/5 ~ 1/2；导热系数为 0.14 ~ 0.28W/（m·K），用作墙体可降低建筑物的采暖、制冷等使用能耗。

蒸压加气混凝土砌块按外观质量、尺寸偏差、体积密度、抗压强度和抗冻性分为优等品（A）和合格品（B）两个产品等级；按强度分为 A1.0、A2.0、A2.5、A3.5、A5.0、A7.5、A10 七个级别；按体积密度分为 B03、B04、B05、B06 、B07、B08 六个级别。

蒸压加气混凝土砌块的规格尺寸见表 6-20。

表 6-20　蒸压加气混凝土砌块的规格尺寸　　（单位：mm）

长度 L	宽度 B	高度 H
600	100 120 125	200 240 250 300
	150 180 200	
	240 250 300	

注：如需要其他规格，可由供需双方协商解决。

蒸压加气混凝土砌块的尺寸允许偏差和外观质量见表 6-21。

表 6-21　蒸压加气混凝土砌块的尺寸允许偏差和外观质量

项目				指标	
				优等品（A）	合格品（B）
尺寸允许偏差 /mm		长度	L	±3	±4
		宽度	B	±1	±2
		高度	H	±1	±2
缺棱掉角	最小尺寸不得大于（mm）			0	30
	最大尺寸不得大于（mm）			0	70
	大于以上尺寸的缺棱掉角个数，不得多于（个）			0	2
裂纹长度	贯穿于一棱二面的裂纹长度不得大于裂纹所在的面的裂纹方向尺寸总和			0	1/3
	任一面上的裂纹长度不得大于裂纹方向尺寸的			0	1/2
	大于以上尺寸的裂纹条数，不得多于（条）			0	2
爆裂、粘模和损坏深度不得大于（mm）				10	30
平面弯曲				不允许	
表面疏松、层裂				不允许	
表面油污				不允许	

蒸压加气混凝土砌块的立方体抗压强度、体积密度和强度级别分别见表 6-22、表 6-23 和表 6-24。

表 6-22　蒸压加气混凝土砌块的立方体抗压强度　　（单位：MPa）

强度级别	立方体抗压强度	
	平均值不小于	单组最小值不小于
A1.0	1.0	0.8
A2.0	2.0	1.6
A2.5	2.5	2.0

（续）

强度级别	立方体抗压强度	
	平均值不小于	单组最小值不小于
A3.5	3.5	2.8
A5.0	5.0	4.0
A7.5	7.5	6.0
A10.0	10.0	8.0

表 6-23　蒸压加气混凝土砌块的体积密度　　　　（单位：kg/m³）

体积密度级别		B03	B04	B05	B06	B07	B08
体积密度	优等品（A）≤	300	400	500	600	700	800
	合格品（B）≤	325	425	525	625	725	825

表 6-24　蒸压加气混凝土砌块的强度级别

干密度级别		B03	B04	B05	B06	B07	B08
强度级别	优等品（A）	A1.0	A2.0	A3.5	A5.0	A7.5	A10.0
	合格品（B）			A2.5	A3.5	A5.0	A7.5

　　蒸压加气混凝土砌块常用品种有加气粉煤灰砌块、蒸压矿渣砂加气混凝土砌块，具有轻质、保温隔热、隔声、耐火、可加工性能好等特点，适用于低层建筑的承重墙、多层建筑和高层建筑的隔离墙、填充墙及工业建筑物的维护墙体和绝热墙体。建筑的基础，处于浸水、高湿和化学侵蚀环境，承重制品表面温度高于 80℃ 的部位，均不得采用加气混凝土砌块。加气混凝土外墙面，应做饰面防护措施。

　　蒸压加气混凝土砌块应存放 5d 以上方可出厂。加气混凝土砌块本身强度较低，搬运和堆放过程要尽量减少损坏。砌块储存堆放应做到场地平整，同品种、同规格、同等级做好标记，整齐稳妥，宜有防雨措施。产品运输时，宜成垛绑扎或有其他包装。绝热用产品必须捆扎加塑料薄膜封包。运输装卸宜用专用机具，严禁抛掷、倾倒翻卸。

三、粉煤灰砌块

　　粉煤灰砌块是以粉煤灰、石灰、石膏和骨料等为原料，经加水搅拌、振动成形、蒸汽养护而制成的密实砌块。

　　粉煤灰砌块的主规格外形尺寸为 880mm×380mm×240mm 及 880mm×430mm×240mm。砌块按其立方体试件的抗压强度分为 10 级和 13 级两个强度等级；砌块按其外观质量、尺寸偏差和干缩性能分为一等品（B）和合格品（C）两个产品等级。

　　粉煤灰砌块可用于一般工业和民用建筑的墙体和基础，但不宜用于有酸性介质侵蚀的建筑部位，也不宜用于经常处于高温下的建筑物。常温施工时，砌块应提前浇水湿润；冬季施工不得浇水湿润。

四、轻集料混凝土小型空心砌块

　　轻集料混凝土小型空心砌块是以陶粒、膨胀珍珠岩、浮石、火山渣、煤渣、自燃煤矸石等各种轻粗、细集料和水泥按一定比例配制,经搅拌、成形、养护而成的空心率大于或等于 25%、表观密度小于 1400kg/m³ 的轻质混凝土小砌块,代号 LHB。轻集料混凝土小型空心砌块如图 6-9 所示。

《轻集料混凝土小型空心砌块》(GB/T 15229—2011)规定:砌块的主规格为 390mm×190mm×190mm,强度等级为 MU2.5、MU3.5、MU5.0、MU7.5 和 MU10.0 五个等级,密度等级为 700、800、900、1000、1100、1200、1300、1400 八个等级(实心砌块的密度等级不应大于 800)。与普通混凝土小型空心砌块相比,这种砌块质量更轻、保温隔热性能更佳、抗冻性更好,主

图 6-9 轻集料混凝土小型空心砌块

要用于非承重结构的围护和框架结构的填充墙,也可用于既承重又保温或专门保温的墙体。

五、烧结多孔砌块

烧结多孔砌块经焙烧而成,孔洞率 ≥ 33%,孔的尺寸小而数量多,主要用于建筑物承重部位。

《烧结多孔砖和多孔砌块》(GB 13544—2011)规定:烧结多孔砌块按主要原料分为黏土砌块(N)、页岩砌块(Y)、煤矸石砌块(M)、粉煤灰砌块(F)、淤泥砌块(U)和固体废弃物砌块(G)。砌块为直角六面体,在与砂浆的接合面上应设有增加结合力的粉刷槽(设在条面或顶面上深度不小于 2mm 的沟或类似结构)和砌筑砂浆槽(设在条面或顶面上深度大于 15mm 的凹槽)。规格尺寸为:490mm、440mm、390mm、340mm、290mm、240mm、190mm、180mm、140mm、115mm、90mm,如图 6-10 所示。强度等级分为 MU30、MU25、MU20、MU15、MU10 五个等级。密度等级分为 900、1000、1100、1200 四个等级。

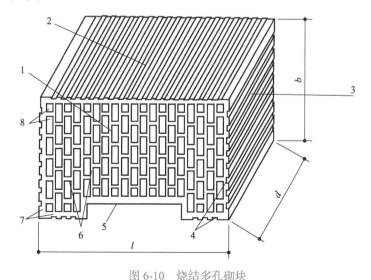

图 6-10 烧结多孔砌块

1—大面(坐浆面) 2—条面 3—顶面 4—粉刷沟槽

5—砂浆槽 6—肋 7—外壁 8—孔洞 l—长度 b—宽度 d—高度

六、石膏砌块

石膏砌块以建筑石膏为主要原料而生产。石膏砌块墙体能有效减轻建筑物自重，降低基础造价，提高抗震能力，并增加建筑的有效使用面积，因此石膏砌块是理想的轻质节能新型墙体材料。石膏砌块有实心、空心和夹芯砌块三种，如图6-11所示。其中空心石膏砌块体积密度小，绝热性能较好，应用较多。采用聚苯乙烯泡沫塑料为芯层可制成夹芯石膏砌块。石膏砌块轻质、绝热吸声、不燃、可锯可钉、生产工艺简单、成本低，多做非承重内隔墙，即可用作一般的分室隔墙，也可采取复合结构，用于隔声要求较高的隔墙。

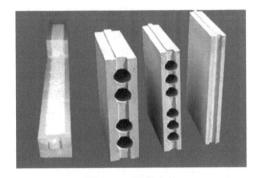

图 6-11　石膏砌块

任务三　了解墙用板材

随着建筑结构体系的改革和大开间多功能框架结构的发展，轻质复合墙用板材也随之兴起。墙用板材具有轻质、高强、多功能、节能降耗、施工操作方便、使用面积大、开间布置灵活等特点，所以，轻质墙用板材具有广阔的发展前景。

我国目前可用于墙体的板材品种很多，它们各具特色，有承重用的预制混凝土大板、质量较轻的石膏板和加气硅酸盐板、各种植物纤维板及轻质多功能复合板材等。下面仅介绍几种有代表性的板材。

一、水泥类墙用板材

水泥类墙用板材具有较好的力学性能，耐久性较好，生产技术成熟，产品质量可靠，适用于承重墙、外墙和复合墙体的外层面。其缺点是表观密度大，抗拉强度低（大板在起吊过程中易受损）。生产中可采用空心化板材以减轻自重和改善隔声、隔热性能，也可掺加纤维材料制成纤维增强薄型板材，还可在水泥类墙用板材上制作成具有装饰效果的表面层（如花纹条装饰、露骨料装饰、着色装饰等）。

常用的水泥类墙用板材有 GRC 轻质多孔墙板、预应力混凝土空心板、蒸压加气混凝土条板、纤维增强水泥平板（TK 板）、水泥木丝板及水泥刨花板。下面只介绍前三个：

1. 预应力混凝土空心板

预应力混凝土空心板是以高强度的预应力钢绞线用先张法制成的。可根据需要增设保温层、防水层、外饰面层等。《预应力混凝土空心板》(GB/T 14040—2007)规定，规格尺寸：高度宜为 120mm、180mm、240mm、300mm、360mm，宽度宜为 900mm、1200mm，长度不宜大于高度的 40 倍，混凝土强度等级不应低于 C30，若用轻骨料混凝土浇筑，轻骨料混凝土强度等级不应低于 LC30。预应力混凝土空心板可用于承重或非承重的内外墙板、楼面板、屋面板、阳台板、雨篷等，如图 6-12 所示。

图 6-12 预应力混凝土空心板

特别提示

注意区分预应力混凝土空心板和预应力混凝土屋面板。

2. 玻璃纤维增强水泥(GRC)轻质多孔墙板

GRC 轻质多孔墙板是用抗碱玻璃纤维做增强材料，以水泥砂浆为胶结材料，经成形、养护而成的一种复合材料，GRC 是 "Glass Fiber Reinforced Cement (玻璃纤维增强水泥)"的缩写。GRC 轻质多孔墙板具有质量轻、强度高、隔热、隔声、不燃、加工方便、价格适中、施工简便等优点，可用于一般建筑物的内隔墙和复合墙体的外墙面，如图 6-13 所示。

3. 蒸压加气混凝土条板

蒸压加气混凝土条板是以水泥、石灰和硅质材料为基本原料，以铝粉为发气剂，配以钢筋网片，经过配料、搅拌、成形和蒸压养护等工艺制成的轻质板材。蒸压加气混凝土条板具有密度小，保温性能好，良好的防火及抗震性能，可钉、可锯、容易

图 6-13 GRC 轻质多孔墙板

加工等特点，主要用于工业与民用建筑的外墙和内隔墙。由于蒸压加气混凝土条板中含有大量微小的非连通气孔，孔隙率达 70% ~ 80%，因而具有自重轻、绝热性好、隔声吸声等优点，施工时不需吊装，人工即可安装，施工速度快，该板还具有较好的耐火性和一定的承载能力，被广泛应用于工业与民用建筑的各种非承重隔墙。

二、石膏类墙板

石膏类墙板主要有纸面石膏板、石膏空心条板及纤维石膏板三类。

1. 纸面石膏板

纸面石膏板是以建筑石膏为主要原料，并掺入某些纤维和外加剂所组成的芯材，和与芯材牢固地结合在一起的护面纸组成建筑板材，如图 6-14 所示。纸面石膏板主要包括普通纸面石膏板、耐水纸面石膏板、耐火纸面石膏板、耐水耐火纸面石膏板。

图 6-14　纸面石膏板

纸面石膏板具有轻质、高强、绝热、防火、防水、吸声、可加工、施工方便等特点。普通纸面石膏板适用于建筑物的围护墙、内隔墙和吊顶。在厨房、厕所以及空气相对湿度大于 70% 的潮湿环境使用时，必须采用相应防潮措施。耐火纸面石膏板主要用于对防火要求较高的建筑工程，如档案室、楼梯间、易燃厂房和库房的墙面和顶棚。耐水纸面石膏板主要用于相对湿度大于 75% 的浴室、厕所、盥洗室等潮湿环境下的吊顶和隔墙。

2. 石膏空心条板

石膏空心条板是以建筑石膏为主要材料，掺加适量水泥或粉煤灰，同时加入少量增强纤维（如玻璃纤维、纸筋等），也可以加入适量的膨胀珍珠岩及其他掺加料，经料浆拌和、浇注成形、抽芯、干燥等工序制成的轻质板材。其主要品种包括石膏珍珠岩空心条板、石膏粉煤灰硅酸盐空心条板和石膏空心条板。

石膏空心条板形状与混凝土空心楼板类似，规格尺寸一般为（2400～3000）mm×600mm×（60～120）mm、7孔或9孔的条形板材。石膏空心条板可作建筑内隔墙，除有与石膏砌块相同的优点外，其单位面积内的质量更轻、施工效率更高。

3. 纤维石膏板

纤维石膏板是以建筑石膏为主要原料，加入适量有机或无机纤维和外加剂，经打浆、铺浆脱水、成形、干燥而成的一种板材。石膏硬化体脆性较大，且强度不高。加入纤维材料可使板材的韧性增加，强度提高。纤维石膏板中加入的纤维较多，一般在 10% 左右，常用纤维类型多为纸纤维、木纤维、甘纤维、草纤维、玻璃纤维等。纤维石膏板具有质轻、高强、隔声、阻燃、韧性好、抗冲击力强、抗裂防震性能好等特点，可锯、钉、刨、粘，施工简便，主要用于非承重内隔墙、顶棚、内墙贴面等。

三、复合墙体板材

用单一材料制成的板材，常因材料本身不能满足墙体的多功能要求，而使其应用受到限制。如质量较轻和隔热隔声效果较好的石膏板、加气混凝土板、稻草板等，因其耐水性差或强度较低，通常只能用于非承重的内隔墙。而水泥混凝土类板材虽然强度较高，耐久性较好，但其自重大，隔声保温性能较差。为克服上述缺点，现代建筑常用两种或两种以上不同材料组合成多功能的复合墙体以减轻墙体自重，并取得了良好的效果。

复合墙体板材主要由承受（或传递）外力的结构层（多为普通混凝土或金属板）、保温层（矿棉、泡沫塑料、加气混凝土等）及面层（各类具有可装饰性的轻质薄板）组成，其优点是承重材料和轻质保温材料的功能都得到合理利用。

常用的复合墙体板材有玻璃纤维增强水泥（GRC）外墙内保温板、外墙外保温板及轻型夹芯板等。

1. 钢丝网夹芯复合板材

钢丝网夹芯复合板材是将聚苯乙烯泡沫塑料、岩棉、玻璃棉等轻质芯材夹在中间，两片钢丝网之间用"之"字形钢丝相互连接，形成稳定的三维网架结构，然后用水泥砂浆在两侧抹面，或进行其他饰面装饰。

钢丝网夹芯复合板材商品名称众多，包括泰柏板、钢丝网架夹芯板、GY 板等，但其基本结构相近，如图 6-15 所示。

钢丝网夹芯复合板材自重轻，约为 3.9 ～ 4.0kg/m²，其热阻约为 240mm 厚普通砖墙的两倍，具有良好的保温隔热性，另外还具有隔声性好、防火性、抗湿、抗冻性能好、抗震能力强、耐久性好等特点，板材运输方便、损耗极低，施工方便，与砖墙相比，可有效提高建筑使用面积，可用作墙板、屋面板和各种保温板。

2. 金属面夹芯板

金属面夹芯板是以阻燃型聚苯乙烯泡沫塑料、聚氨酯泡沫塑料或岩棉、矿渣棉为芯材，两侧粘上彩色压形（或平面）镀锌板材复合形成的，如图 6-16 所示。外露的彩色钢板表面一般涂以高级彩色塑料涂层，使其具有良好的抗腐性和耐气候性。

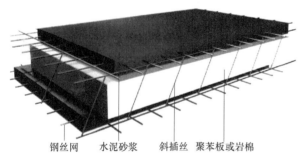

图 6-15　钢丝网夹芯复合板材构造示意图　　　　图 6-16　金属面夹芯板

金属面夹芯板质量为 10 ～ 25kg/m²，质轻、高强、绝热性好，保温、隔热性好，防水性好，可加工性能好，且具有较好的抗弯、抗剪等力学性能，施工方便，安装灵活快捷，经久耐用，可多次拆装和重复使用，适用于各类墙体和屋面。

任务四　熟悉墙体材料的检测项目

一、烧结多孔砖抗压强度检测

烧结多孔砖抗压强度检测依据标准《砌墙砖试验方法》（GB/ T 2542—2012）。

1. 试样制备

1）采用一次成形制样。将试样锯成两个半截砖，两个半截砖用于叠合部分的长度不得小于100mm，如果不足100mm，应领取备用试样补足。试样数量为10块。

2）将已切割开的半截砖放入室温的净水中浸20～30min后取出，以断口相反方式装入制样模具中。用插板控制两个半砖间距不应大于5mm，砖大面与模具间距不应大于3mm，砖断面顶面与模具间垫以橡胶垫或其他密封材料，模具内表面涂油或脱模剂。

3）将装好试样的模具置于振台上，加入适量搅拌均匀的净浆材料，震动时间为0.5～1min，停止振动，静置至净浆材料达到初凝时间（约15～19min）后拆模。

4）试样置于不低于10℃的不通风室内养护4h。

2. 检测

1）测量每个试件连接面或受压面的长、宽尺寸各2个，分别取其平均值，精确至1mm。

2）将试件平放在加压板的中央，垂直于受压面加荷，加荷过程应均匀平稳，不得发生冲击或振动，加荷速度以2～6kN/s为宜。直至试件破坏为止，记录最大破坏荷载F。

3）计算每块试样的抗压强度。每块试样的抗压强度f_i按式（6-6）计算，精确至0.01MPa。

$$f_i = \frac{F}{L_i B_i} \tag{6-6}$$

式中　f_i——第i块试样的抗压强度（MPa）；

　　　F——最大破坏荷载（N）；

　　　L_i——第i块试样受压面（连接面）的长度（mm）；

　　　B_i——第i块试样受压面（连接面）的宽度（mm）。

4）计算10块试样强度的平均值、标准差、变异系数。抗压强度平均值$\overline{f}$、标准差S、变异系数δ分别按式（6-7）、式（6-8）、式（6-9）计算。

$$\overline{f} = \frac{1}{10} \sum_{i=1}^{10} f_i \tag{6-7}$$

$$S = \sqrt{\frac{1}{9} \sum_{i=1}^{10} \left(f_i - \overline{f} \right)^2} \tag{6-8}$$

$$\delta = \frac{S}{\overline{f}} \tag{6-9}$$

式中　f——10块试样的抗压强度平均值（MPa），精确至0.01MPa；

　　　S——10块试样的抗压强度标准差（MPa），精确至0.01MPa；

　　　δ——砖和砌块强度变异系数，精确至0.01。

5）结果评定。当变异系数$\delta \leqslant 0.21$时，按抗压强度平均值$\overline{f}$、强度标准值f_k评定砖的强度等级，精确至0.01MPa。

样本量$n=10$时的强度标准值按式（6-10）计算

$$f_k = \overline{f} - 1.8S \tag{6-10}$$

式中　f_k——强度标准值（MPa），精确至 0.1MPa。

当变异系数 $\delta > 0.21$ 时，按抗压强度平均值 $\overline{f}$、单块最小抗压强度值 $f_{\min}$ 评定砖的强度等级，精确至 0.1MPa。

二、混凝土小型砌块抗压强度检测

混凝土小型砌块抗压强度检测依据标准《混凝土砌块和砖试验方法》（GB/T 4111—2013）。

1. 试样制备

试样的高宽比 $H/B \geqslant 0.6$，砌块试件数量为 5 个。

1）在试样制备平台上先薄薄地涂一层机油或铺一层湿纸，将拌好的找平材料均匀摊铺在试件制备平台上，找平材料层的长度和宽度应略大于试件的长度和宽度。

2）选定试样的铺浆面作为承压面，把试样的承压面压入找平材料层，用直角靠尺来调控试样的垂直度。坐浆后的承压面至少与两个相邻侧面成 90° 垂直关系。找平材料层厚度应不大于 3mm。

3）当承压面的水泥砂浆找平材料终凝后 2h，或高强石膏找平材料终凝后 20min，将试样翻身，按上述方面进行另一面的坐浆。试样压入找平材料层后，除坐浆后的承浆面至少与两个相邻侧面成 90° 垂直关系外，需同时用水平仪控制上表面至水平。

4）为节省试件制作时间，可在试样承压面处理后立即在向上的一面铺设找平材料，压上事先涂油的玻璃平板，边压边观察砂浆层，将气泡全部排出，并用直角靠尺使坐浆后的承压面至少与两个相邻侧面成 90° 垂直关系，用水平尺将上承面调至水平。上、下两层找平材料层的厚度均不应大于 3mm。

2. 检测步骤

1）按尺寸测量方法测定每个试件的长度和宽度，分别求出各个方向的平均值，精确至 1mm。

2）将试件置于试验机承压板上，试件的轴线与试验机压板的压力中心重合，以 4～6kN/s 的速度加荷，直至试件破坏，记录最大荷载 F。若试验机压板不足以覆盖试验受压面时，可在试件的上下承压面加辅助钢制压板。辅助钢制压板的背面光洁度应与试验机原压板相同，其厚度至少为原压板边至辅助钢制压板最远角距离的 1/3。

3）数据处理与分析。单个试件抗压强度按式（6-11）计算，精确至 0.1MPa。

$$f_{ce} = \frac{F}{A} \tag{6-11}$$

式中　f_{ce}——试件的抗压强度（MPa）；

　　　F——破坏荷载（N）；

　　　A——受压面积（mm²）。

检测结果以五个试件抗压强度的算术平均值和单块最小值表示，精确至 0.1MPa。

项目七 建筑钢材

 知识目标

1. 熟悉建筑钢材的力学性能、工艺性能及质量标准。
2. 了解钢材的化学成分组成对建筑钢材性能的影响。
3. 掌握钢筋混凝土用钢和钢结构用钢的类型、表示方法、性能及应用。

 能力目标

1. 能够抽取建筑用钢的检测试样。
2. 能够对建筑用钢常规检测项目进行检测。

建筑用金属材料是构成土木工程物质基础的四大类材料（钢材、水泥混凝土、木材、塑料）之一，它广泛地应用于工业与民用建筑、道路桥梁、国防工程中。建筑钢材是指用于建筑工程结构中的钢结构和钢筋混凝土用钢，主要包括各种型钢、钢板、钢管和钢筋、钢丝、钢绞线等。

在钢铁流通行业，建筑钢材若无特殊说明，一般指建筑类钢材中使用量最大的线材及螺纹钢。建筑业主要采用黑色金属材料中的钢材，铸铁主要用作铸铁制品（如压力管等）。我国建筑用钢多数是采用平炉和氧气顶吹转炉冶炼的低碳钢（碳含量小于 0.25%）、中碳钢（碳含量为 0.25% ~ 0.30%）及低合金钢，并以沸腾钢或镇静钢工艺生产，其中沸腾钢因冲击、时效、冷脆性能较镇静钢差，使用时在某些结构中有所限制，如铁路桥梁、重级工作制吊车梁等。半镇静钢机械性能优于沸腾钢而接近镇静钢，其成品收得率却接近沸腾钢，在我国已被推广使用。

任务一 认识建筑钢材

建筑钢筋的使用会直接影响建筑工程的质量，2009 年 3 月上海闵行区一幢 13 层高在建楼房整体倾倒，如图 7-1 所示，引起了全社会各界的广泛关注，也引发了我国建筑钢材市场的强烈震动。钢筋作为影响工程实体质量，特别是工程地基基础和主体结构，在勘察、设计及施工、监理等阶段，其责任主体和施工图审查、质量检测等有关单位及项目经理、总监理工程师等执业人员必须执行国家法律、法规和工程建设强制性标准。

建筑钢材是建筑用黑色和有色金属材料以及它们与其他材料组成的复合材料的统称，如图 7-2 所示。现代建筑工程中大量使用的钢材主要有两大类：一类是钢筋混凝土用钢材，与混凝土共同构成受力构件；另一类则是钢结构用钢材，充分利用其轻质高强的优点，用于建造大跨度、大空间或超高层建筑。此外，还包括用作门窗和建筑五金等钢材。

图 7-1　上海楼房倒塌现场

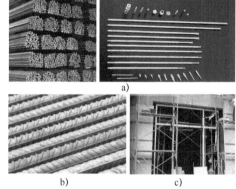

图 7-2　建筑钢材图例
a）建筑钢材　b）螺纹钢　c）建筑物中的建筑钢材

建筑钢材强度高、品质均匀，具有一定的弹性和塑性变形能力，能承受冲击振动荷载。钢材还具有很好的加工性能，可以铸造、锻压、焊接、铆接和切割，装配施工方便。建筑钢材广泛用于大跨度结构、多层及高层建筑、受动力荷载结构和重型工业厂房结构、钢筋混凝土之中，是最重要的建筑结构材料之一。但钢材也存在能耗大、成本高、容易生锈、维护费用大、耐火性差等缺点。

一、钢材的冶炼

钢和铁的主要成分都是铁和碳，含碳量大于 2.03% 的铁碳合金为生铁，小于 2.03% 的铁碳合金为钢，钢是由生铁冶炼而成的。生铁是由铁矿石、焦炭和少量石灰石等在高温作用下进行还原反应和其他化学反应，铁矿石中的氧化铁形成金属铁，然后再吸收碳而成生铁。生铁的主要成分是铁，但含有较多的碳及硫、磷、硅、锰等杂质，杂质使得生铁的性质硬而脆，塑性很差，抗拉强度很低，使用受到很大的限制。炼钢的目的就是通过冶炼将生铁中的含碳量降至 2.03% 以下，其他杂质含量降至一定的范围内，以显著改善其技术性能，提高质量。

钢的冶炼方法主要有氧气转炉法、电炉法和平炉法 3 种，不同的冶炼方法对钢材的质量有着不同的影响，见表 7-1。目前，氧气转炉法已成为现代炼钢的主要方法，而平炉法则已基本被淘汰。

表 7-1　炼钢方法的特点和应用

炉　种	原　料	特　点	生产钢种
氧气转炉	铁水、废钢	冶炼速度快，生产效率高，钢质较好	碳素钢、低合金钢
电炉	废钢	容积小，耗电大，控制严格，钢质好，成本较高	合金钢、优质碳素钢
平炉	生铁、废钢	容量大，冶炼时间长，钢质较好且稳定，成本较高	碳素钢、低合金钢

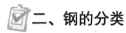

☑ 二、钢的分类

钢的分类方法很多，其基本分类方法见表7-2。

表7-2　钢的分类

分类方法	类	别	特　　性	应　　用
按化学成分分类	碳素钢	低碳钢	含碳量＜0.25%	在建筑工程中主要用的是低碳钢和中碳钢
		中碳钢	含碳量0.25%～0.30%	
		高碳钢	含碳量＞0.30%	
	合金钢	低合金钢	合金元素总含量＜5%	建筑上常用低合金钢
		中合金钢	合金元素总含量5%～10%	
		高合金钢	合金元素总含量＞10%	
按脱氧程度分类	沸腾钢		脱氧不完全，硫、磷等杂质偏析较严重，代号为"F"	但其生产成本低、产量高、可广泛用于一般的建筑工程
	镇静钢		脱氧完全，同时去硫，代号为"Z"	适用于承受冲击荷载、预应力混凝土等重要结构工程
	特殊镇静钢		比镇静钢脱氧程度还要充分彻底，代号为"TZ"	适用于特别重要的结构工程
按质量分类	普通钢		含硫量为0.055%～0.035%，含磷量为0.045%～0.085%	建筑中常用普通钢，有时也用优质钢
	优质钢		含硫量为0.03%～0.045%，含磷量为0.035%～0.045%	建筑中常用普通钢，有时也用优质钢
	高级优质钢		含硫量为0.02%～0.03%，含磷量为0.027～0.035%	
	特级优质钢		含硫量为0.025%，含磷量为0.015%	
按用途分类	结构钢		工程结构构件用钢、机械制造用钢	建筑上常用的是结构钢
	工具钢		主要用作各种量具、刀具及模具的钢	
	特殊钢		具有特殊物理、化学或机械性能的钢，如不锈钢、耐酸钢和耐热钢等	

注：1. 目前在建筑工程中常用的钢种是普通碳素结构钢中的低碳钢和低合金钢中的高强度结构钢。

2. 沸腾钢的产量已逐渐下降并被镇静钢所取代。

～～～～～～～～～～～～～～～～～～～～～～～～

知识拓展

1. 偏析

在铸锭冷却过程中，由于钢内某些元素在铁的液相中的溶解度大于固相，这些元素便向凝固较迟的钢锭中心集中，导致化学成分在钢锭中分布不均匀，这种现象称为化学偏析，其中以硫、磷偏析最为严重。偏析会严重降低钢材的质量。

2. 脱氧

在冶炼钢的过程中，由于氧化作用使部分铁被氧化成 FeO，使钢的质量降低，因而在炼钢后期精炼时，需在炉内或钢包中加入锰铁、硅铁或铝锭等脱氧剂进行脱氧，脱氧剂与 FeO 反应生成 MnO_2、SiO_2 或 Al_2O_3 等氧化物，它们成为钢渣而被除去。若脱氧不完全，钢水浇入锭模时，会有大量的 CO 气体从钢水中逸出，引起钢水呈沸腾状，产生沸腾钢。沸腾钢组织不够致密，成分不太均匀，硫、磷等杂质偏析较严重，故钢材的质量差。

任务二 掌握建筑钢材的基本性能

钢材的基本性能主要包括力学性能、工艺性能和化学性能等。只有了解建筑钢材的各种性能与质量标准，才能做到正确、经济、合理地选用钢材。

一、力学性能

1. 抗拉性能

拉伸是建筑钢材的主要受力形式，抗拉性能是表示钢材性能和选用钢材的重要技术指标。将低碳钢（软钢）制成一定规格的试件，放在材料试验机上进行拉伸性能检测，可以绘出应力－应变关系曲线，如图 7-3 所示。从图 7-3 可以看出，低碳钢从受拉至拉断，全过程可划分为四个阶段：弹性阶段（OA）、屈服阶段（AB）、强化阶段（BC）和颈缩阶段（CD）。

（1）弹性阶段（OA） 曲线中 O—A 段是一条直线，应力与应变成正比。若卸去外力，试件能恢复原来的形状，这种性质即为弹性，此阶段的变形为弹性变形，与 A 点对应的应力称为弹性极限。在弹性受力范围内，应力与应变的比值为常数 E，E 的单位为 MPa，例如 Q235 钢的 $E=0.21×10^3MPa$，25MnSi 钢的 $E=0.2×10^3MPa$。弹性模量反映钢材抵抗弹性变形的能力，是钢材在受力条件下计算结构变形的重要指标。

（2）屈服阶段（AB） 该阶段钢材在荷载的作用下，开始丧失对变形的抵抗能力，并产生明显的塑性变形。应力的增长滞后于应变的增长，当应力达 $B_上$ 点后（上屈服点），瞬时下降至 $B_下$ 点（下屈服点），变形迅速增加，而此时外力则大致在恒定的位置上波动，直到 B 点，这就是"屈服现象"，似乎钢材不能承受外力而屈服，所以 AB 段称为屈服阶段。与 $B_下$ 点（此点较稳定，易测定）对应的应力称为屈服点（屈服强度），用 R_{el} 表示。

当应力大于屈服点后，会出现较大的塑性变形，已不能满足使用要求，因此屈服强度是设计中钢材强度取值的依据，是工程结构计算中非常重要的一个参数。

中碳钢和高碳钢（硬钢）的应力－应变曲线不同于低碳钢，其屈服现象不明显，难以测定屈服点。因此，规定产生残余变形为原标距长度的 0.20% 时所对应的应力为中、高碳钢的屈服强度，也称为条件屈服点，用 $R_{p0.2}$ 表示，如图 7-4 所示。

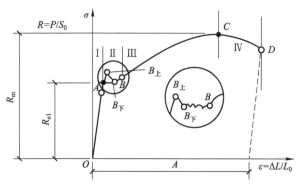

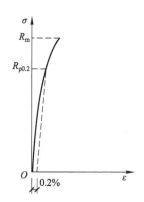

图 7-3　低碳钢受拉的应力 - 应变曲线　　　　图 7-4　中、高碳钢的应力 - 应变曲线

（3）强化阶段（*BC*）　当应力超过屈服点后，钢材抵抗外力的能力又重新提高，这是因为钢材内部组织中的晶格发生了畸变，阻止了晶格进一步滑移，钢材得到了强化，所以钢材抵抗塑性变形的能力又重新提高，故 *BC* 段称为强化阶段。对应于最高点 *C* 的应力值（R_m）称为极限抗拉强度，简称抗拉强度。显然，R_m 是钢材受拉时所能承受的最大应力值。

抗拉强度虽然不能直接作为钢结构设计的计算依据，但屈服强度和抗拉强度之比（即屈强比＝R_{el}/R_m）在工程上很有意义。屈强比能反映钢材的利用率和结构安全可靠程度，计算中屈强比取值越小，其结构的安全可靠程度越高，但屈强比过小，又说明钢材强度的利用率偏低，造成钢材浪费，因此，选择合理的屈强比才能使结构既安全又节省钢材，建筑结构钢合理的屈强比一般为 0.60 ～ 0.75。

（4）颈缩阶段（*CD*）　试件受力达到最高点 *C* 点后，其抵抗变形的能力明显降低，变形迅速发展，应力逐渐下降，试件被拉长，在有杂质或缺陷处，断面急剧缩小直到断裂，故 *CD* 段称为颈缩阶段。

建筑钢材应具有很好的塑性。钢材的塑性通常用断后伸长率和断面收缩率表示。将拉断后的试件拼合起来，测定出标距范围内的长度 L_u（mm），其与试件原标距 L_0（mm）之差称为塑性变形值，塑性变形值与 L_0 之比称为断后伸长率（*A*），如图 7-5 所示。试件断面处面积收缩量与原面积之比称为断面收缩率（*Z*）。伸长率（*A*）、断面收缩率（*Z*）可按下式计算。

$$A = \frac{L_u - L_0}{L_0} \times 100\% \tag{7-1}$$

$$Z = \frac{S_0 - S_u}{S_0} \times 100\% \tag{7-2}$$

断后伸长率是衡量钢材塑性的一个重要指标，*A* 越大说明钢材的塑性越好，而一定的塑性变形能力可保证应力重新分布，避免应力集中，从而使钢材用于结构的安全性越大。

塑性变形在试件标距内的分布是不均匀的，颈缩处的变形最大，离颈缩部位越远其变形越小，所以原标距与直径之比越小，则颈缩处伸长值在整个伸长值中的比例越大，计算出来的 *A* 值就大。*A* 和 *Z* 都是表示钢材塑性大小的指标。

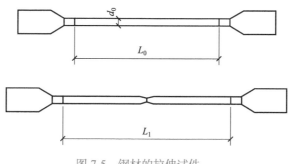

图 7-5 钢材的拉伸试件

特别提示

钢材在拉伸试验中得到的屈服点强度 R_{el}、抗拉强度 R_m、伸长率 A 是确定钢材牌号或等级的主要技术指标。

2. 冲击韧性

与抵抗冲击作用有关的钢材性能是韧性，韧性是钢材断裂时吸收机械能能力的量度。吸收较多能量才断裂的钢材是韧性好的钢材。在实际工作中，用冲击韧度衡量钢材抗脆断的性能，因为实际结构中脆性断裂并不发生在单向受拉的地方，而总是发生在有缺口高峰应力的地方，在缺口高峰应力的地方常呈三向受拉的应力状态。因此，最有代表性的是钢材的冲击吸收能量，它是以试件冲断时缺口处单位面积上所吸收能量来表示，其符号为 a_k。试验时将试件放置在固定支座上，然后以摆锤冲击试件刻槽的背面，使试件承受冲击弯曲而断裂，如图 7-6 所示。显然，a_k 值越大，钢材的冲击韧度越好。

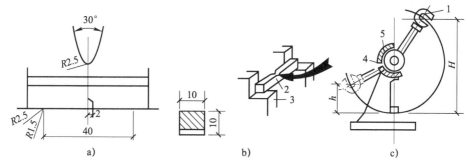

图 7-6 冲击韧度试验

a) 试件尺寸　b) 试验装置　c) 试验机

1—摆锤　2—试件　3—试验台　4—刻度盘　5—指针

影响钢材冲击韧性的主要因素如下：

1）钢的化学成分。当钢材内硫、磷的含量较高，同时又存在偏析、非金属夹杂物、脱氧不完全等因素时，钢材的冲击韧性就会降低。

2）钢的焊接质量。钢材焊接时形成的微裂纹也会降低钢材的冲击韧性。

3）温度。试验表明，常温下，随温度的下降，冲击韧性的降低较慢，但当温度降低到一定范围时，冲击韧性突然发生明显下降，钢材开始呈现脆性断裂，这种性质称为冷脆。

此时的温度（范围）称为脆性临界温度（范围）。脆性临界温度（范围）越低，钢材的冲击韧性越好。因此，在严寒地区选用钢材时，要对钢材的冷脆性进行评定。

4）时效。钢材随时间的延长表现出强度提高、塑性及冲击韧性降低的现象称为时效。

因时效作用，冲击韧性还将随时间的延长而下降。通常，完成时效的过程可达数十年，但钢材若经冷加工或在使用中经受振动和反复荷载的影响，时效可迅速发展。因时效导致钢材性能改变的程度称为时效敏感性。时效敏感性越大的钢材，经过时效后，冲击韧性的降低就越显著。为了保证安全，对于承受动荷载的重要结构，应当选用时效敏感性小的钢材。

总之，对于直接承受动荷载而且可能在负温下工作的重要结构，必须按照有关规范要求进行钢材的冲击韧性检验。

3. 耐疲劳性

受交变荷载反复作用，钢材在应力低于其屈服强度的情况下突然发生脆性断裂破坏的现象，称为疲劳破坏。钢材的疲劳破坏一般是由拉应力引起的，首先在局部开始形成细小断裂，随后由于微裂纹尖端的应力集中而使其逐渐扩大，直至突然发生瞬时疲劳断裂。疲劳破坏是在低应力状态下突然发生的，所以危害极大，往往造成灾难性的事故。

在一定条件下，钢材疲劳破坏的应力值随应力循环次数的增加而降低，如图7-7所示。钢材在无穷次交变荷载作用下而不致引起断裂的最大循环应力值，称为疲劳强度极限，实际测量时常以 $2×10^3$ 次应力循环为基准。钢材的疲劳强度与很多因素有关，如组织结构、表面状态、合金成分、夹杂物和应力集中几种情况。一般来说，钢材的抗拉强度高，其疲劳强度极限也高。

4. 硬度

钢材的硬度是指其表面抵抗硬物压入产生局部变形的能力。测定钢材硬度的方法有布氏法、洛氏法和维氏法等。建筑钢材常用布氏硬度表示，其代号为 HB。

布氏法的测定原理是利用直径为 $D(mm)$ 的淬火钢球，以荷载 $P(N)$ 将其压入试件表面，经规定的持续时间后卸去荷载，得直径为 $d(mm)$ 的压痕，以压痕表面积 $A(mm^2)$ 除荷载 P，即得布氏硬度（HB）值，此值无量纲。布氏硬度的测定，如图7-8所示。

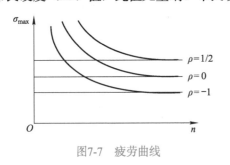

图7-7　疲劳曲线

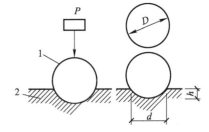

图7-8　布氏硬度的测定
1—淬火钢球　2—试件

知识拓展

材料的硬度是材料弹性、塑性、强度等性能的综合反映。试验证明，碳素钢的 HB 值与其抗拉强度 σ_b 之间存在较好的相关关系，当 HB<175 时，$R_m≈3.3HB$；当 HB>175 时，$R_m≈3.5HB$。根据这些关系，可以在钢结构原位上测出钢材的 HB 值来估算钢材的抗拉强度。

☑ 二、工艺性能

钢材在加工过程中所表现出来的性能称为钢材的工艺性能。良好的工艺性能，可使钢材顺利通过各种加工，并保证钢材制品的质量不受影响。冷弯、冷拉、冷拔及焊接性能均是建筑钢材的重要工艺性能。

1. 冷弯性能

钢材在常温下承受弯曲变形的能力称为冷弯性能。冷弯性能是通过检验钢材试件按规定的弯曲程度弯曲后，弯曲处外面及侧面有无裂纹、起层、鳞落和断裂等情况进行评定的，若弯曲后，如有上述一种现象出现，均可判定为冷弯性能不合格。其测试方法如图 7-9 所示，一般以试件弯曲的角度（α）和弯心直径与试件厚度（或直径）的比值（D/a）来表示。弯曲角度 α 越大，D/a 越小，弯曲后弯曲的外面及侧面没有裂纹、起层、鳞落和断裂的话，说明钢材试件的冷弯性能越好。

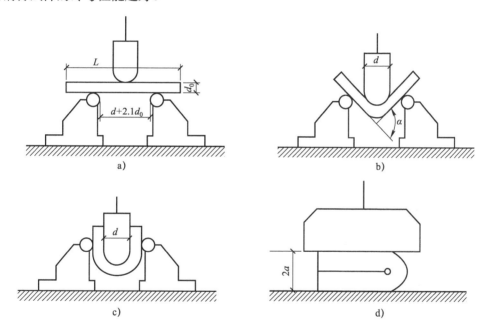

图 7-9　钢筋冷弯

a）试样安装　b）弯曲 90°　c）弯曲 180°　d）弯曲至两面重合

冷弯也是检验钢材塑性的一种方法，相对于伸长率而言，冷弯是对钢材塑性更严格的检验，它能揭示钢材内部是否存在组织不均匀、内应力和夹杂物等缺陷。冷弯性能检测不仅是评定钢材塑性、加工性能的技术指标，而且对焊接质量也是一种严格的检验，能揭示焊件在受弯表面是否存在未熔合、微裂纹及夹杂物等缺陷。对于重要结构和弯曲成形的钢材，冷弯性能必须合格。

2. 冷加工性能及时效

（1）冷加工强化　将钢材在常温下进行冷加工（如冷拉、冷拔或冷轧），使其产生塑性变形，从而提高屈服强度和硬度，降低塑性和韧性的过程，称为冷加工强化。

建筑工地或预制构件厂常利用该原理对热轧带肋钢筋或热轧光圆钢筋按一定方法进行

冷拉、冷拔或冷轧加工，以提高其屈服强度，节约钢材。

1）冷拉：以超过钢筋屈服强度的应力拉伸钢筋，使之伸长，然后缓慢卸去荷载，钢筋经冷拉后，可提高屈服强度，而其塑性变形能力有所降低，这种冷加工称为冷拉。冷拉一般采用控制冷拉率法，预应力混凝土用预应力钢筋则宜采用控制冷拉应力法。钢筋经冷拉后，其屈服强度可提高 20%～30%，节约钢材 10%～20%，但塑性、韧性会降低。

2）冷拔：将光圆钢筋通过硬质合金拔丝模孔强行拉拔，每次拉拔断面缩小应在 10%以下。钢筋在冷拔过程中，不仅受拉，同时还受到挤压作用，因而冷拔的作用比纯冷拉的作用强烈。经过一次或多次冷拔后的钢筋，表面光洁度高，屈服强度提高 40%～60%，但塑性和韧性大大降低，具有硬钢的性质。

3）冷轧：冷轧是将光圆钢筋在轧机上轧成断面形状的钢筋，可以提高其强度及与混凝土的黏结力。钢筋在冷轧时，纵向与横向同时产生变形，因而能较好地保持其塑性和内部结构的均匀性。建筑工程采用冷加工强化钢筋，具有明显的经济效益。冷加工强化钢筋的屈服点可提高 20%～60%，因此可适当减小钢筋混凝土结构设计截面或减少混凝土中配筋数量，从而达到节省钢材的目的。

（2）时效　钢材随时间的延长，强度、硬度进一步提高，而塑性、韧性下降的现象称为时效。

钢材的时效处理有两种：自然时效和人工时效。钢材经冷加工后，在常温下存放15～20d，其屈服强度、抗拉强度及硬度会进一步提高，而塑性、韧性继续降低，这种现象称为自然时效。钢材加热至 100～200℃，保持 2h 左右，其屈服强度、抗拉强度及硬度会进一步提高，而塑性及韧性继续降低，这种现象称为人工时效。由于时效过程中内应力的消减，故弹性模量可基本恢复到冷加工前的数值。钢材的时效是普遍而客观存在的一种现象，有些未经冷加工的钢材，长期存放后也会出现时效现象，冷加工只是加速了时效发展。一般冷加工和时效同时采用，进行冷拉时通过试验来确定冷拉控制参数和时效方式。通常，强度较低的钢筋宜采用自然时效，强度较高的钢筋则应采用人工时效。

因时效而导致钢材性能改变的程度称为时效敏感性，时效敏感性大的钢材，经时效后，其冲击韧性、塑性会降低，所以，对于承受振动、冲击荷载作用的重要钢结构，应选用时效敏感性小的钢材。

钢材经冷加工及时效处理后，其应力-应变关系变化的规律，可明显地在应力-应变图上反映出来，如图 7-10 所示。

图 7-10 中，OABCD 为未经冷拉和时效的试件的应力-应变曲线。当试件冷拉至超过屈服强度的任意一点 K 时，卸去荷载，此时由于试件已产生塑性变形，则曲线沿 KO′下降，KO′大致与 AO 平行。若立即再拉伸，则应力-应变曲线将成为 O′KCD（虚线）曲线，屈服强度由 B 点提高到 K 点。但如在 K点卸荷后进行时效处理，然后再拉伸，则应力-应变曲线将成为 O′K₁C₁D₁ 曲线，这表明

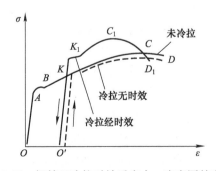

图 7-10　钢筋经冷拉时效后应力-应变图的变化

冷拉时效后，屈服强度、抗拉强度提高，但塑性、韧性却相应降低。

3. 焊接性

钢材是否适合用通常的方法与工艺进行焊接的性能称为钢的焊接性。在焊接过程中，高温和焊接后的急剧冷却作用，会使焊缝及附近的过热区发生晶体组织及结构的变化，产生局部变形、内应力和局部硬脆，降低了焊接质量。焊接性好的钢材，易于用一般的焊接方法和工艺施焊，焊接后焊口处不易形成裂纹、气孔、夹渣等缺陷及硬脆倾向，焊接后的钢材接头强度与母材相近。

采取焊前预热以及焊后热处理的方法，可使焊接性较差的钢材的焊接质量有所提高。施工中正确选用焊条及正确的操作均能防止夹入焊渣、气孔、裂纹等缺陷，提高其焊接质量。

钢筋焊接的方式主要有电阻点焊、闪光对焊、电弧焊、电渣压力焊、气压焊等几种，见表 7-3。钢筋焊接时，各种焊接方法的适用范围见表 7-3。

表 7-3 钢筋焊接方法的使用范围

焊接方法		接头形式	适用范围	
			钢筋牌号	钢筋直径 /mm
电阻点焊			HPB235	8～16
			HRB335	6～16
			HRB400	6～16
			CRB550	4～12
闪光对焊			HPB235	8～20
			HRB335	6～40
			HRB400	10～32
			CRB550	10～40
			Q235	6～25
电弧焊	帮条焊	双面焊	HPB235	10～20
			HRB335	10～40
			HRB400	10～40
			RRB400	10～25
		单面焊	HPB235	10～20
			HRB335	10～40
			HRB400	10～40
			RRB400	10～25
	搭接焊	双面焊	HPB235	10～20
			HRB335	10～40
			HRB400	10～40
			RRB400	10～25
		单面焊	HPB235	10～20
			HRB335	10～40
			HRB400	10～40
			RRB400	10～25

焊接方法	接头形式	适用范围	
		钢筋牌号	钢筋直径 /mm
电渣压力焊		HPB235	14 ～ 20
		HRB335	14 ～ 32
		HRB400	14 ～ 32
气压焊		HPB235	10 ～ 20
		HRB335	10 ～ 40
		HRB400	10 ～ 40

影响钢材焊接性的主要因素如下：

1）化学成分及其含量。钢的含碳量高，将增加焊接接头的硬脆性，含碳量小于 0.25％ 的碳素钢具有良好的焊接性。

2）合金元素。加入合金元素（如硅、锰、钒、钛等），也将增大焊接处的硬脆性，降低焊接性。

3）硫、磷等杂质含量。硫、磷等有害杂质含量越高，钢材的焊接性越差，特别是硫能使焊接产生热裂纹及硬脆性。

焊接结构用钢的选择应注意：应首选含碳量较低的氧气转炉或平炉镇静钢。对于高碳钢及合金钢，焊接时一般可采用焊前预热及焊后热处理等措施，可以在一定程度上改善焊接性。另外，正确地选用焊接方法和焊接材料（焊条），正确地操作，也是保证焊接质量的重要措施。

焊接特点：短时间内达到很高的温度，金属熔化的体积很小，金属传热快，故冷却也很快。因此，在焊件中常产生复杂的、不均匀的反应和变化，存在剧烈的膨胀和收缩。所以，易产生变形、内应力，甚至出现裂缝。

钢筋焊接要注意：冷拉钢筋的焊接应在冷拉之前进行；钢筋焊接之前，焊接部位应清除铁锈、熔渣、油污等，要尽量避免不同国家的进口钢筋之间或进口钢筋与国产钢筋之间的焊接。

4. 钢材的热处理

将钢材按一定规则加热、保温和冷却处理以改变其组织，得到所需性能的一种工艺过程，称为钢材的热处理。钢材热处理的方法有以下几种：

（1）退火　退火是将钢材加热到一定温度，保温后缓慢冷却（随炉冷却）的一种热处理工艺，有低温退火和完全退火之分。退火的目的是细化晶粒，改善组织，减少加工中产生的缺陷，减轻晶格畸变，消除内应力，防止变形、开裂。

（2）正火　正火是退火的一种特例。正火在空气中冷却，两者仅冷却速度不同。与退火相比，正火后钢材的硬度、强度较高，而塑性减小。

（3）淬火　淬火是将钢材加热到基本组织转变温度以上（一般为 900℃ 以上），保温使组织完全转变，即放入水或油等冷却介质中快速冷却，使之转变为不稳定组织的一种热处理操作。其目的是得到高强度、高硬度的组织。淬火会使钢材的塑性和韧性显著降低。

（4）回火　回火是将钢材加热到基本组织转变温度以下（150 ～ 650℃ 内选定），保温后在空气中冷却的一种热处理工艺，通常其和淬火是两道相连的热处理过程。其目的是促进不稳定组织转变为需要的组织，消除淬火产生的内应力，改善机械性能等。

特别提示

建筑工程所用钢材一般在生产厂家进行热处理并以热处理状态供应。在施工现场，有时需对焊接件进行热处理。

三、钢的化学成分对钢材性能的影响

钢材中除基本元素铁和碳外，常有硅、锰、硫、磷及氢、氧、氮等元素存在。这些元素来自炼钢原料、炉气及脱氧剂，在熔炼中无法除净。各种元素对钢的性能都有一定的影响，为了保证钢的质量，在国家标准中对各类钢的化学成分都做了严格的规定。

钢材的成分对性能有着重要的影响，这些成分可分为两类：一类是能改善优化钢材的性能，称为合金元素，主要有 Si、Mn、Ti、V、Nb 等；另一类是能劣化钢材的性能，属于钢材的杂质，主要有氧、硫、氮、磷等。化学元素对钢材性能的影响见表7-4。

表7-4 化学元素对钢材性能的影响

化学元素	强 度	硬 度	塑 性	韧 性	焊接性	其 他
碳 (C) < 1% ↑	↑	↑	↓	↓	↓	冷脆性↑
硅 (Si) > 1% ↑	—	—	↓	↓↓	↓	冷脆性↑
锰 (Mn) ↑	↑	↑	—	↑		脱氧、硫剂
钛 (Ti) ↑	↑	—	↓	↑		强脱氧剂
钒 (V) ↑	↑	—	—	—	—	时效↓
磷 (P) ↑	↑	↑	↓	↓	↓	偏析、冷脆↑↑
氮 (N) ↑	↑	—	↓	↓↓	↓	冷脆性↑
硫 (S) ↑	↓	—	—	—	↓	热脆性↑
氧 (O) ↑	↓	—	↓	↓	↓	热脆性↑

注：符号"↑"表示上升；"↓"表示下降。

案例——泰坦尼克号沉船事件

1912年4月14日晚，当时世界上最大的豪华客轮——英国皇家游船泰坦尼克号，在处女航第5天，于北大西洋撞上冰山，两小时四十分钟后沉没。泰坦尼克号在当时曾被称为是"永不沉没的船"或是"梦幻之船"，为什么经受不住这次撞击呢？

分析：原因一，钢材在低温下会变脆，在极低温度下经不起冲击和振动。钢材的韧性也是随温度的降低而降低的。在某一个温度范围内，钢材会由塑性破坏很快变为脆性破坏。在这一温度范围内，钢材对裂纹的存在很敏感，在受力不大的情况下，便会导致裂纹迅速扩展造成断裂事故。原因二，钢材中所含的化学成分也是导致事故的因素。因为冰山撞击了船体，导致船底的铆钉承受不了撞击因而毁坏，当初制造时也有考虑铆钉的材质使用较

脆弱，而在铆钉制造过程中加入了矿渣，但矿渣分布过密，使铆钉变得脆弱而无法承受撞击。泰坦尼克号折成三截后沉没。当时的炼钢技术并不十分成熟，炼出的钢铁在现代的标准根本不能造船。泰坦尼克号上所使用的钢板含有许多化学杂质硫化锌，加上长期浸泡在冰冷的海水中，使得钢板更加脆弱。

任务三　熟悉建筑钢材的质量标准

用于建筑工程中的钢材可分为钢筋混凝土结构用钢和钢结构用钢。其母材主要是碳素结构钢及低合金高强度结构钢。

☑ 一、建筑工程中的主要钢种

1. 普通碳素结构钢

普通碳素结构钢简称碳素结构钢。它包括一般结构钢和工程用热轧钢板、钢带、型钢等，现行国家标准《碳素结构钢》(GB/T 700—2006) 具体规定了它的牌号表示方法、技术要求、试验方法和检验规则等。

（1）牌号表示方法　《碳素结构钢》(GB/T 700—2006) 标准中规定，碳素结构钢的牌号按屈服点数值（MPa）分为 195、215、235、275 四种；按硫、磷杂质的含量由多到少分为 A、B、C、D 四个质量等级；按照脱氧程度不同分为特殊镇静钢（TZ）、镇静钢（Z）和沸腾钢（F）。钢的牌号由代表屈服点的字母 Q、屈服强度值、质量等级符号和脱氧方法符号四个部分按顺序组成。对于镇静钢和特殊镇静钢，在钢的牌号中（Z）或（TZ）可以省略。如 Q235AF，表示屈服强度为 235MPa 的 A 级沸腾钢；Q235C 表示屈服强度为 235MPa 的 C 级镇静钢。

（2）技术要求　碳素结构钢的技术要求包括化学成分、力学性能、冶炼方法、交货状态及表面质量五个方面，碳素结构钢的化学成分、力学性能、冷弯性能检测指标见表 7-5、表 7-6、表 7-7。

表 7-5　碳素结构钢的牌号、等级和化学成分

牌号	统一数字代号[①]	等级	厚度（或直径）/mm	脱氧方法	化学成分（质量分数）(%)，不大于				
					C	Si	Mn	P	S
Q195	U11952	—	—	F、Z	0.12	0.30	0.50	0.035	0.040
Q215	U12152	A	—	F、Z	0.15	0.35	1.20	0.045	0.050
	U12155	B							0.045
Q235	U12352	A	—	F、Z	0.22	0.35	1.40	0.045	0.050
	U12355	B			0.20[②]				0.045
	U12358	C		Z	0.17			0.040	0.040
	U12359	D		TZ				0.035	0.035

（续）

牌号	统一数字代号①	等级	厚度（或直径）/mm	脱氧方法	化学成分（质量分数）(%)，不大于				
					C	Si	Mn	P	S
Q275	U12752	A	—	F、Z	0.24			0.045	0.050
	U12755	B	≤ 40	Z	0.21	0.35	1.50	0.045	0.045
			> 40		0.22				
	U12758	C	—	Z	0.20			0.040	0.040
	U12759	D	—	TZ				0.035	0.035

① 表中为镇静钢、特殊镇静钢牌号的统一数字，沸腾钢牌号的统一数字代号为：Q195F—U11950；Q215AF—U12150，Q215BF—U12153；Q235AF—U12350，Q235BF—U12353；Q275AF—U12750。

② 经需方同意，Q235B 的碳含量可不大于 0.22%。

表 7-6 碳素结构钢的拉伸和冲击力学性能

牌号	等级	拉伸试验												冲击试验（V 形缺口）	
		屈服强度① R_{eH}/（N/mm²），不小于						抗拉强度② R_m（N/mm²）	断后伸长率（%），不小于					温度/℃	冲击吸收功（纵向）/J，不小于
		厚度（或直径）/mm							厚度（或直径）/mm						
		≤ 16	> 16 ~ 40	> 40 ~ 60	> 60 ~ 100	> 100 ~ 150	> 150 ~ 200		≤ 40	> 40 ~ 60	> 60 ~ 100	> 100 ~ 150	> 150 ~ 200		
Q195	—	195	185	—	—	—	—	315 ~ 430	33	—	—	—	—	—	—
Q215	A	215	205	195	185	175	165	335 ~ 450	31	30	29	27	26	—	—
	B													20	27
Q235	A	235	225	215	215	195	185	370 ~ 500	26	25	24	22	21	—	—
	B													20	27③
	C													0	
	D													-20	
Q275	A	275	265	255	245	225	215	410 ~ 540	22	21	20	18	17	—	—
	B													20	27
	C													0	
	D													-20	

① Q195 的屈服强度值仅供参考，不作交货条件。

② 厚度大于 100mm 的钢材，抗拉强度下限允许降低 20N/mm²。宽带钢（包括剪切钢板）抗拉强度上限不作交货条件。

③ 厚度小于 25mm 的 Q235B 级钢材，如供方能保证吸收功值合格，经需方同意，可不作检验。

表 7-7 碳素结构钢的冷弯性能指标

牌号	试样方向	冷弯试验 180°，$B=2a$①	
		钢材厚度（或直径）②/mm	
		≤ 60	> 60 ~ 100
		弯芯直径 d	
Q195	纵	0	—
	横	0.5a	

（续）

牌　号	试样方向	冷弯试验 180°，B=2a[①]	
		钢材厚度（或直径）[②]/mm	
		≤ 60	> 60 ~ 100
		弯芯直径 d	
Q215	纵	0.5a	1.5a
	横	a	2a
Q235	纵	a	2a
	横	1.5a	2.5a
Q275	纵	1.5a	2.5a
	横	2a	3a

① B 为试样宽度，a 为钢材厚度（或直径）。

② 钢材厚度（或直径）大于 100mm 时，弯曲试验由双方协商确定。

（3）普通碳素结构钢的性能和用途　碳素结构钢的牌号顺序随含碳量的增加逐渐增加，屈服强度和抗拉强度也不断增加，伸长率和冷弯性能则不断下降。碳素结构钢的质量等级取决于钢内有害元素硫（S）和磷（P）的含量，硫、磷含量越低，钢的质量越好，其焊接性和低温抗冲击性能越强。碳素结构钢常用于建筑工程，其性能和用途见表 7-8。

表 7-8　常用碳素钢的性能和用途

牌　号	性　　能	用　途
Q195	强度低，塑性、韧性、加工性能与焊接性能较好	主要用于轧制薄板和盘条等
Q215	强度高，塑性、韧性、加工性能与焊接性能较好	大量用于做管坯、螺栓等
Q235	强度适中，有良好的承载性，又具有较好的塑性和韧性，焊接性和可加工性也较好，是钢结构常用的牌号	一般用于只承受静荷载作用的钢结构 适用于承受动荷载焊接的普通钢结构 适用于承受动荷载焊接的重要钢结构 适用于低温环境使用的承受动荷载焊接的重要钢结构
Q275	强度高，塑性和韧性稍差，不易冷弯加工，焊接性较差，强度、硬度较高，耐磨性较好，但塑性、冲击韧度差	主要用于铆接或栓接结构，以及钢筋混凝土的配筋。不宜在建筑结构中使用，主要用于制造轴类、农具、耐磨零件和垫板等

2.优质碳素结构钢

按国家标准的规定，优质碳素结构钢根据锰含量的不同可分为普通锰含量钢（锰含量 < 0.8%）和较高锰含量钢（锰含量为 0.7% ~ 1.2%）两组。优质碳素结构钢的钢材一般以热轧状态供应，硫、磷等杂质含量比普通碳素钢少，其含量均不得超过 0.035%。其质量稳定，综合性能好，但成本较高。

优质碳素结构钢的牌号用两位数字表示，它表示钢中平均含碳量的万分数，如 45 号钢表示钢中平均含碳量为 0.45%。数字后若有"锰"字或"Mn"，则表示属于较高锰含量的钢，否则为普通锰含量钢，如 35Mn 表示平均含碳量为 0.35%，含锰量为 0.7% ~ 1.2%。若是沸腾钢或半镇静钢，还应在牌号后面加"沸"（或 F）或"半"（或 b）。

优质碳素钢的性能主要取决于含碳量。含碳量高，则强度高，但塑性和韧性降低。在建筑工程中，30～45号钢主要用于重要结构的钢铸件和高强度螺栓等，45号钢用于预应力混凝土锚具，35～80号钢用于生产预应力混凝土用的钢丝和钢绞线。

3.低合金高强度结构钢

在碳素结构钢的基础上，添加少量的一种或几种合金元素（合金元素总量＜5%）的结构用钢称为低合金高强度结构钢。低合金高强度结构钢具有强度高、塑性及韧性好、耐腐蚀等特点。尤其近年来研究采用的铌、钒、钛及稀土金属微合金化技术，不仅大大提高了钢材的强度，还明显改善了其物理性能，降低了成本。因此，它是综合性较为理想的建筑钢材，尤其在大跨度、承受动荷载和冲击荷载的结构中更适用。另外，与使用碳素钢相比，可节约钢材20%～30%，而成本也不是很高。

（1）牌号表示方法 《低合金高强度结构钢》（GB/T 1591—2008）规定，低合金高强度结构钢共有八个牌号：Q345、Q390、Q420、Q460、Q500、Q550、Q620、Q690。所加元素主要有：锰、硅、钒、钛、铌、铬、镍及稀土元素。低合金高强度结构钢的牌号由代表屈服强度的字母（Q）、屈服强度数值、质量等级符号（A、B、C、D、E）三部分按顺序组成。

例如，Q390C，表示屈服强度为390MPa、质量等级为C级的低合金高强度结构钢；Q345 A，表示屈服强度为345MPa、质量等级为A级的低合金高强度结构钢。

（2）技术标准与选用 《低合金高强度结构钢》（GB/T 1591—2008）规定了各牌号的低合金高强度结构钢的化学成分和力学性能、工艺性能见表7-9。

（3）性能及应用 低合金高强度结构钢与碳素钢相比具有以下突出的优点：强度高，可减轻自重，节约钢材；综合性能好，如抗冲击性、耐腐蚀性、耐低温性能好，使用寿命长；塑性、韧性和焊接性好，有利于加工和施工。低合金高强度结构钢由于具有以上优良的性能，主要用于轧制型钢、钢板、钢筋及钢管，在建筑工程中广泛应用于钢筋混凝土结构和钢结构，特别是重型、大跨度、大空间、高层结构和桥梁等。

～～～

拓展知识——"鸟巢"

我国奥运主场馆"鸟巢"受力最大的主支撑所用的400多t"国产顶级新钢种"Q460 E－Z35钢是我国科研人员经过三次技术攻关才研制出来的，它不仅在钢材厚度（达到了110mm）和使用范围方面是前所未有的，而且具有良好的抗震性、抗低温性、焊接性等特点。400多t我国自主创新的Q460 E－Z35钢材，骄傲地成为托起奥运主场馆"鸟巢"的钢筋铁骨，如图7-11所示。

图7-11 奥运场馆——鸟巢

～～～

表7-9　低合金高强度结构钢的力学性能

拉伸试验①②③

牌号	质量等级	以下公称厚度（直径、边长）下屈服强度 $R_{p0.2}$/MPa									以下公称厚度（直径、边长）抗拉强度 R_m/MPa							断后伸长率 A（%）公称厚度（直径、边长）					
		≤16 mm	16~40 mm	40~60 mm	60~80 mm	80~100 mm	100~150 mm	150~200 mm	200~250 mm	250~400 mm	≤40 mm	40~60 mm	60~80 mm	80~100 mm	100~150 mm	150~250 mm	250~400 mm	≤40 mm	40~60 mm	60~100 mm	100~150 mm	150~250 mm	250~400 mm
Q345	A	≥345	≥335	≥325	≥315	≥305	≥285	≥275	≥265	—	470~630	470~630	470~630	470~630	450~600	450~600	—	≥20	≥19	≥19	≥18	≥17	—
	B	≥345	≥335	≥325	≥315	≥305	≥285	≥275	≥265	—	470~630	470~630	470~630	470~630	450~600	450~600	—	≥20	≥19	≥19	≥18	≥17	—
	C	≥345	≥335	≥325	≥315	≥305	≥285	≥275	≥265	—	470~630	470~630	470~630	470~630	450~600	450~600	—	≥20	≥19	≥19	≥18	≥17	—
	D	≥345	≥335	≥325	≥315	≥305	≥285	≥275	≥265	≥265	470~630	470~630	470~630	470~630	450~600	450~600	450~600	≥21	≥20	≥20	≥19	≥18	≥17
	E	≥345	≥335	≥325	≥315	≥305	≥285	≥275	≥265	≥265	470~630	470~630	470~630	470~630	450~600	450~600	450~600	≥21	≥20	≥20	≥19	≥18	≥17
Q390	A	≥390	≥370	≥350	≥330	≥310	—	—	—	—	490~650	490~650	490~650	490~650	470~620	—	—	≥20	≥19	≥19	≥18	—	—
	B	≥390	≥370	≥350	≥330	≥310	—	—	—	—	490~650	490~650	490~650	490~650	470~620	—	—	≥20	≥19	≥19	≥18	—	—
	C	≥390	≥370	≥350	≥330	≥310	—	—	—	—	490~650	490~650	490~650	490~650	470~620	—	—	≥20	≥19	≥19	≥18	—	—
	D	≥390	≥370	≥350	≥330	≥310	—	—	—	—	490~650	490~650	490~650	490~650	470~620	—	—	≥20	≥19	≥19	≥18	—	—
	E	≥390	≥370	≥350	≥330	≥310	—	—	—	—	490~650	490~650	490~650	490~650	470~620	—	—	≥20	≥19	≥19	≥18	—	—
Q420	A	≥420	≥400	≥380	≥360	≥340	—	—	—	—	520~680	520~680	520~680	520~680	500~650	—	—	≥19	≥18	≥18	≥18	—	—
	B	≥420	≥400	≥380	≥360	≥340	—	—	—	—	520~680	520~680	520~680	520~680	500~650	—	—	≥19	≥18	≥18	≥18	—	—
	C	≥420	≥400	≥380	≥360	≥340	—	—	—	—	520~680	520~680	520~680	520~680	500~650	—	—	≥19	≥18	≥18	≥18	—	—
	D	≥420	≥400	≥380	≥360	≥340	—	—	—	—	520~680	520~680	520~680	520~680	500~650	—	—	≥19	≥18	≥18	≥18	—	—
	E	≥420	≥400	≥380	≥360	≥340	—	—	—	—	520~680	520~680	520~680	520~680	500~650	—	—	≥19	≥18	≥18	≥18	—	—

牌号	质量等级	上屈服强度 R_{eH} /MPa（≥）						抗拉强度 R_m /MPa							断后伸长率 A /%（≥）			
Q460	C	≥460	≥440	≥420	≥400	≥400	≥380	550~720	550~720	550~720	550~720	550~720	530~700	—	≥17	≥16	≥16	≥16
	D																	
	E																	
Q500	C	≥500	≥480	≥470	≥450	≥440	—	610~770	600~760	590~750	590~750	540~730	—	—	≥17	≥17	≥17	≥17
	D																	
	E																	
Q550	C	≥550	≥530	≥520	≥500	≥490	—	670~830	620~810	600~790	600~790	590~780	—	—	≥16	≥16	≥16	≥16
	D																	
	E																	
Q620	C	≥620	≥600	≥590	≥570	—	—	710~880	690~880	670~860	—	—	—	—	≥15	≥15	≥15	—
	D																	
	E																	
Q690	C	≥690	≥670	≥660	≥640	—	—	770~940	750~920	730~900	—	—	—	—	≥14	≥14	≥14	—
	D																	
	E																	

① 当屈服不明显时，可测量 $R_{p0.2}$ 代替下屈服强度。

② 宽度不小于600mm的扁平材，拉伸试验取横向试样；宽度小于600mm的扁平材、型材及棒材取纵向试样，断后伸长率最小值相应提高1%（绝对值）。

③ 厚度>250～400mm的数值适用于扁平材。

二、钢结构用钢

国内外工程实践证明,钢结构抗震性能好,宜用作承受振动和冲击的结构。目前,钢结构从重型到轻型,从大型、大跨度、大面积到小型、细小结构,从永久特种结构到临时、一般建筑,呈现两头双向发展的趋势。

钢结构构件一般应直接选用各种型钢。钢构件之间的连接方式有铆接、螺栓连接或焊接。所用母材主要是碳素结构钢及低合金高强度结构钢。

1. 热轧型钢

钢结构常用的热轧型钢有工字钢、槽钢、等边角钢、不等边角钢、H型钢、T型钢等。型钢由于截面形式合理,材料在截面上分布对受力最为有利,且构件间连接方便,因而是钢结构采用的主要钢材。常用热轧型钢的截面形式及部位名称如图7-12所示。

(1)热轧普通工字钢 工字钢是截面为工字形、腿部内侧有1:3斜度的长条钢材。工字钢广泛应用于各种建筑结构和桥梁中,主要用于承受横向弯曲(腹板平面内受弯)的杆件,但不宜单独用作轴心受压构件或双向弯曲的构件。

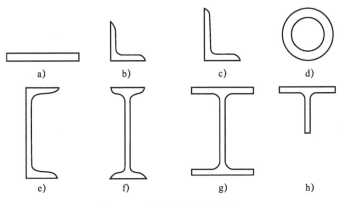

图 7-12 热轧型钢截面形式

a) 钢板 b) 等边角钢 c) 不等边角钢 d) 钢管 e) 槽钢 f) 工字钢 g) 宽翼缘工字钢 h) T字钢

(2)热轧H型钢和T型钢 H型钢由工字钢发展而来,优化了截面的分布。H型钢截面形状经济合理,力学性能好,常用于要求承载力大、截面稳定性好的大型建筑(如高层建筑)。T型钢是由H型钢对半剖分而成的。

(3)热轧普通槽钢 槽钢是截面为凹槽形、腿部内侧有1:10斜度的长条钢材。规格以"腰高度(mm)×腿宽度(mm)×腰厚度(mm)"或"腰高度号(cm)"表示。槽钢的规格范围为5号~40号。槽钢可用作承受轴向力的杆件、承受横向弯曲的梁以及联系杆件,主要用于建筑钢结构、车辆制造等。

(4)热轧角钢 热轧角钢由两个互相垂直的肢组成,若两肢长度相等,称为等边角钢,若不等则为不等边角钢。角钢的代号为L,其规格用代号和"长肢宽度(mm)×短肢宽度(mm)×肢厚度(mm)"表示。角钢的规格有L20×20×3~L200×200×24,L25×13×3~L200×125×18等。

2. 冷弯薄壁型钢

冷弯薄壁型钢用2~6mm的钢板经冷弯或模压而制成,有角钢、槽钢等开口薄壁型钢和方形、矩形等空心薄壁型钢，如图 7-13 所示。冷弯薄壁型钢的表示方法与热轧型钢相同。冷弯薄壁型钢主要用于轻型钢结构。

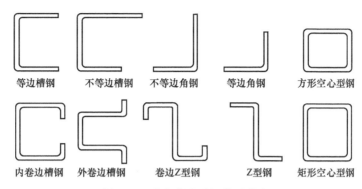

| 等边槽钢 | 不等边槽钢 | 不等边角钢 | 等边角钢 | 方形空心型钢 |
| 内卷边槽钢 | 外卷边槽钢 | 卷边Z型钢 | Z型钢 | 矩形空心型钢 |

图 7-13　冷弯薄壁型钢截面形式

3. 棒材、钢管和板材

（1）棒材　常用的棒材有六角钢、八角钢、扁钢、圆钢和方钢。建筑钢结构的螺栓常以热轧六角钢和八角钢为坯材。扁钢在建筑上用作房架构件、扶梯、桥梁和栅栏等。

（2）钢管　钢管在相同截面面积下刚度较大，因而是中心受压杆的理想截面；流线形的表面使其承受风压小，用于高耸结构十分有利。在建筑结构中钢管多用于制作桁架、桅杆等构件，也可用于制作钢管混凝土。钢管混凝土是钢管中浇筑混凝土而形成的构件，它可使构件的承载力大大提高，且具有良好的塑性和韧性，经济效果显著。钢管混凝土可用于高层建筑、塔柱、构架柱、厂房柱等。

钢管按生产工艺不同，有无缝钢管和焊接钢管两大类。焊接钢管由优质或普通碳素钢钢板卷焊而成；无缝钢管是以优质碳素钢和低合金高强度结构钢为原材料，采用热轧冷拔联合工艺生产而成。无缝钢管具有良好的力学性能和工艺性能，主要用于压力管道。焊接钢管成本低，易加工，但抗压性能较差，适用于各种结构、输送管道等。焊缝形式有直纹焊缝和螺纹焊缝。

（3）板材　钢板材包括钢板、花纹钢板、建筑用压型钢板和彩色涂层钢板等。钢板按轧制方式不同有热轧钢板和冷轧钢板两种，在建筑工程中多采用热轧钢板。钢板规格表示方法为：宽度（mm）×厚度（mm）×长度（mm）。通常将厚度大于 4mm 的钢板称为厚板，厚度小于或等于 4mm 的钢板称为薄板。厚板主要用于结构，薄板主要用于屋面板、楼板、墙板等。在钢结构中，单块钢板不能独立工作，必须用几块板组合成工字形、箱形等结构来承受荷载。

三、混凝土结构用钢

钢筋混凝土结构用的钢筋和钢丝，主要由碳素结构钢和低合金结构钢轧制而成。一般把直径为 3 ～ 5mm 的称为钢丝，直径为 6 ～ 12mm 的称为钢筋，直径大于 12mm 的称为粗钢筋。其主要品种有热轧钢筋、冷拉钢筋、冷轧带肋钢筋、热处理钢筋、预应力混凝土用钢丝和钢绞线。

1. 热轧钢筋

用加热钢坯轧成的条形成品钢筋，称为热轧钢筋，是建筑工程中用量最大的钢材品种之一，主要用于钢筋混凝土和预应力混凝土结构的配筋。混凝土用热轧钢筋要求有较高的强度，有一定的塑性和韧性，焊接性好。

热轧钢筋按其轧制外形分为热轧光圆钢筋和热轧带肋钢筋。

（1）热轧光圆钢筋 热轧光圆钢筋是经热轧成形，横截面通常为圆形，表面光滑的成品钢筋。《钢筋混凝土用钢 第1部分：热轧光圆钢筋》（GB/T 1499.1—2017）规定，热轧光圆钢筋公称直径范围为6～22mm，推荐钢筋直径为6mm、8mm、10mm、12mm、16mm、20mm。热轧光圆钢筋按屈服强度特征值分为235、300级，钢筋牌号的构成和含义见表7-10。

表7-10 热轧光圆钢筋牌号的构成和含义

产品名称	牌 号	牌号组成	英文字母含义	光圆钢筋的截面形状（d 为钢筋直径）
热轧光圆钢筋	HPB235	由 HPB+屈服强度特征值构成	HPB——热轧光圆钢筋（Hot rolled Plain Bars）	
	HPB300			

热轧光圆钢筋化学成分（熔炼分析）、力学性能及工艺性能见表7-11。

表7-11 热轧光圆钢筋的化学成分、力学性能及工艺性能

牌号	化学成分（质量分数）(%)，≥					R_{el}/MPa	R_m/MPa	A（%）	A_{gt}（%）	冷弯实验180°，d——弯芯直径，a——钢筋公称直径
	C	Si	Mn	P	S	≥				
HPB235	0.22	0.30	0.65	0.045	0.050	235	370	25.0	10.0	d=a
HPB300	0.25	0.55	1.50			300	420			

（2）热轧带肋钢筋 根据《钢筋混凝土用钢 第2部分：热轧带肋钢筋》（GB/T 1499.2—2018）规定，热轧钢筋分普通热轧钢筋和热轧后带有控制冷却并自回火处理带肋钢筋，按屈服强度特征值分为335、400、500级。钢筋的牌号构成及含义见表7-12。热轧带肋钢筋化学成分见表7-13。钢筋混凝土用热轧带肋钢筋的力学性能见表7-14。按表7-15规定的弯芯直径弯曲180°后，钢筋受弯曲部位表面不得产生裂纹。

表7-12 热轧带肋钢筋牌号的构成及含义

类 别	牌 号	牌号构成	英文字母含义
普通热轧钢筋	HRB335	由 HRB+屈服强度特征值构成	HRB——热轧带肋钢筋的英文（Hot rolled Ribbed Bars）的缩写
	HRB400		
	HRB500		
细晶粒热轧钢筋	HRBF335	由 HRBF+屈服强度特征值构成	HRBF——在热轧带肋钢筋的英文缩写后加"细"的英文（Fine）首位字母
	HRBF400		
	HRBF500		

表 7-13　热轧带肋钢筋化学成分

牌号	化学成分（质量分数）(%)，≤					
	C	Si	Mn	P	S	C_{eq}
HRB335 HRBF335	0.25	0.80	1.60	0.045	0.045	0.52
HRB400 HRBF400						0.54
HRB500 HRBF500						0.55

表 7-14　钢筋混凝土用热轧带肋钢筋的力学性能

牌号	R_{el}/MPa	R_m/MPa	A（%）	A_{gt}（%）
HRB335 HRBF335	≥ 335	≥ 455	≥ 17	≥ 7.5
HRB400 HRBF400	≥ 400	≥ 540	≥ 16	
HRB500 HRBF500	≥ 500	≥ 630	≥ 15	

注：R_{el} 是钢筋的屈服强度特征值；R_m 是钢筋的抗拉强度特征值；A 是钢筋的伸长率；A_{gt} 是钢筋在最大力下的总伸长率。

表 7-15　钢筋混凝土用热轧带肋钢筋的工艺性能　　　　（单位：mm）

牌　号	公称直径 d	弯芯直径
HRB335 HRBF335	3 ～ 25	3d
	28 ～ 40	4d
	> 40 ～ 50	5d
HRB400 HRBF400	6 ～ 25	4d
	28 ～ 40	5d
	> 40 ～ 50	6d
HRB500 HRBF500	6 ～ 25	6d
	28 ～ 40	7d
	> 40 ～ 50	8d

　　按照《钢筋混凝土用钢　第 2 部分：热轧带肋钢筋》（GB/T 1499.2—2018）规定，热轧带肋钢筋在进行交货检验时的检验项目包括：尺寸、外形、质量及允许偏差检验；表面质量检验；拉伸性能检验；冷弯性能检验；反复弯曲性能检验；化学成分检验；供需双方经协议，也可进行疲劳试验。

　　热轧带肋钢筋在进行进场检验时的常规检验项目主要包括以上前四项的检验内容。

　　热轧带肋抗震钢筋（标记符号为在热轧带肋牌号后加 E，如 HRB400 E）力学指标除满足表 7-14 规定外，还应满足：实测抗拉强度与实测屈服强度之比应不小于 1.25；实测屈服强度与表 7-14 规定的屈服强度特征值之比不大于 1.3；钢筋最大力下总伸长率不小于 9%。

特别提示

　　根据《钢筋混凝土用钢　第 2 部分：热轧带钢筋》(GB 1499.2—2007)规定，钢筋的标志就是热轧带肋钢筋在生产时轧制的标志符号。钢筋牌号以阿拉伯数字加英文字母表示，如 HRB335、HRB400、HRB500 分别以 3、4、5 表示，RRB335、RRB400、RRB500 分别以 C3、C4、C5 表示。厂名以汉语拼音字头表示，直径毫米数以阿拉伯数字表示。牌号 HRB335 E，HRB400 E 的抗震钢筋，应另在包装及质量证明书上明示。

2. 冷轧带肋钢筋

　　冷轧带肋钢筋是用热轧盘条经冷轧后，在其表面带有延长度方向均匀分布的三面或两面横肋的钢筋。冷轧带肋钢筋的牌号由 CRB 和钢筋的抗拉强度最小值构成。冷扎带肋钢筋分为 CRB550、CRB650、CRB800、CRB600H、CRB680H、CRB800H 六个牌号。CRB550、CRB600H 为普通钢筋混凝土用钢筋，CRB650、CRB800、CRB800H 为预应力混凝土用钢筋，CRB680H 既可作为普通钢筋混凝土用钢筋，又可作为预应力混凝土用钢筋。CRB550、CRB600H、CRB680H 钢筋的公称直径范围为 4 ~ 12mm。CRB350 及以上牌号钢筋的公称直径为 4mm、5mm、3mm。冷拉带肋钢筋力学、工艺性能见表 7-16。当进行弯曲试验时，受弯曲部位表面不得产生裂纹。反复弯曲试验的弯曲半径见表 7-17。

表 7-16　冷拉带肋钢筋力学、工艺性能

牌号	$R_{p0.2}$/MPa，≥	R_m/MPa，≥	伸长率（%），≥		弯曲试验 180°	反复弯曲次数	应力松弛 初始应力相当于公称抗拉强度的 70%
			A	A_{100m}			1000h 松弛率 /%，≤
CRB550	500	550	11.0	—	$D=3d$	—	—
CRB600H	540	600	14.0	—	$D=3d$	—	—
CRB680H	600	680	14.0	—	$D=3d$	4	5
CRB650	585	650	—	4.0		3	8
CRB800	720	800	—	4.0		3	8
CRB800H	720	800	—	4.0		4	5

　　注：表中 D 为弯芯直径，d 为钢筋公称直径。

表 7-17　反复弯曲试验的弯曲半径　　　　　　　　（单位：mm）

钢筋公称直径	4	5	3
弯曲半径	10	15	15

　　注：1. 钢筋的屈强比 $R_m/R_{p0.2}$ 比值应不小于 1.03，经供需双方协议可用 $A_{gt} ≥ 2.0\%$ 代替 A。
　　　　2. 供方在保证 1000h 松弛率合格基础上，允许使用推算法确定 1000h 松弛。

　　冷轧带肋钢筋与冷拔低碳钢丝相比，冷轧带肋钢筋具有强度高、塑性好、质量稳定、与混凝土黏结牢固等优点，是一种新型的建筑用钢材。CRB550 为普通钢筋混凝土用钢筋，其他牌号为预应力混凝土用钢筋。

3. 预应力混凝土用热处理钢筋

用热轧带肋钢筋经淬火和回火调制处理后的钢筋称为预应力混凝土用热处理钢筋。通常有直径为 6mm、8.2mm、10mm 三种规格，其条件屈服强度不小于 1325MPa，抗拉强度不小于 1470MPa，伸长率 δ_{10} 不小于 6%，1000h 应力松弛率不大于 3.5%，按外形分为纵肋和无纵肋两种，但都有横肋。钢筋热处理后卷成盘，使用时开盘钢筋自行伸直，按要求的长度切断。不能用电焊切断，也不能焊接，以免引起强度下降或脆断。

热处理钢筋特点：锚固性好、应力松弛率低、施工方便、质量稳定、节约钢材等。热处理钢筋已开始应用于普通预应力钢筋混凝土工程，例如预应力钢筋混凝土轨枕。

4. 冷拔低碳钢丝

冷拔低碳钢丝是指采用 6.5mm 及 8mm 的碳素结构钢盘条，在常温下经冷拔而制成的 3mm、4mm、5mm 的圆截面的钢丝。它用于小型预应力构件焊接或绑扎骨架、网片或箍筋。

5. 钢丝与钢绞线

预应力钢丝和钢绞线特点：强度高、柔韧性较好，质量稳定，施工简便等，使用时可根据要求的长度切断。它主要适用于大荷载、大跨度、曲线配筋的预应力钢筋混凝土结构。

（1）预应力混凝土用钢丝 《预应力混凝土用钢丝》（GB/T 5223—2014）规定，预应力混凝土用钢丝按加工状态分为冷拉钢丝（代号为 WCD）和消除应力钢丝（代号为 WLR） 两类。预应力混凝土用钢丝按外形分为光圆钢丝（代号为 P）、螺旋肋钢丝（代号为 H）和刻痕钢丝（代号为 D） 三种。

《预应力混凝土用钢丝》（GB/T 5223—2014）规定产品标记应按如下顺序排列：预应力钢丝，公称直径，抗拉强度等级，加工状态代号，外形代号，标准号。

例如，直径为 4.00mm，抗拉强度为 1670MPa 的冷拉光圆钢丝，标记为：预应力钢丝 4.00-1670-WCD-P-GB/T 5223—2014；直径为 7.00mm，抗拉强度为 1570MPa 低松弛的螺旋肋钢丝，标记为：预应力钢丝 7.00-1570-WLR-H-GB/T 5223—2014。

预应力混凝土用钢丝特点：质量稳定、安全可靠、强度高、无接头、施工方便等，主要用于大跨度的屋架、薄腹架、吊车梁或桥梁等大型预应力混凝土构件，也可用于轨枕、压力管道等预应力混凝土构件。

（2）预应力混凝土用钢绞线 《预应力混凝土用钢绞线》（GB/T 5224—2014）规定，用于预应力混凝土的钢绞线按其结构分为 8 类。其代号为：1×2 用两根钢丝捻制的钢绞线；1×3 用三根钢丝捻制的钢绞线；1×3I 用三根刻痕钢丝捻制的钢绞线；1×7 用七根钢丝捻制的标准型钢绞线；（1×7）C 用七根钢丝捻制又经模拔的钢绞线，1×7I 用六根刻痕钢丝和一根光圆中心钢丝捻制的钢绞线；1×19S 用十九根钢丝捻制的 1+9+9 西鲁式钢绞线；1×19W 用十九根钢丝捻制的 1+6+6/6 瓦林吞式钢绞线。

产品标记应按如下顺序排列：预应力钢绞线，结构代号，公称直径，强度级别，标准号。

例如，公称直径为 15.20mm，强度级别为 1860MPa 的七根钢丝捻制的标准型钢绞线，其标记为：预应力钢绞线 1×7-15.20-1860-GB/T 5224—2014。公称直径为 8.74mm，强度级别为 1670MPa 的三根刻痕钢丝捻制的钢绞线，其标记为：预应力钢绞线 1×3I-8.74-1670-GB/T 5224—2014。公称直径为 12.70mm，强度级别为 1860MPa 的七根钢丝捻制又经模拔的钢绞线，其标记为：预应力钢绞线 （1×7）C-12.70-1860-GB/T 5224—2014。

钢绞线表面不得有油、润滑脂等物质（除非需方有特殊要求）。钢绞线允许有轻微的浮锈，但不能有看得见的锈蚀麻坑。钢绞线表面允许存在回火颜色。

钢绞线应按《钢及钢产品交货一般技术要求》（GB/T 17505—2016）的规定进行检验。产品的尺寸、外形、质量及允许偏差、力学性能等均应满足《预应力混凝土用钢绞线》（GB/T 5224—2014）的规定。

任务四　了解钢材的选用、储存与防护

一、钢材的选用原则

1. 荷载性质

对于经常承受动力和振动荷载的结构，容易产生应力集中，从而引起疲劳破坏，需要选用材质高的钢材。

2. 使用温度

对于经常处于低温状态的结构，钢材容易发生冷脆断裂，特别是焊接结构，冷脆倾向更加显著，因而要求钢材具有良好的塑形和低温冲击韧性。

3. 连接方式

焊接结构当温度变化和受力性质改变时，易导致焊缝附近的母材金属出现冷、热裂纹，促进结构早期破坏，所以，焊接结构对钢材的化学成分和机械性能要求更应严格。

4. 钢材厚度

钢材力学性能一般随厚度增大而降低，钢材经多次轧制后，钢内部结晶组织更为紧密，强度更高，质量更好。故一般结构的钢材厚度不宜超过 40mm。

5. 结构重要性

选择钢材要考虑结构使用的重要性，如大跨度和重要的建筑物，需相应选择质量更好的钢材。

二、建筑钢材的验收与储运

1. 验收

钢材的验收按批次检查验收。钢材验收的主要内容如下：

1）钢材的数量和品种是否与订货单符合。

2）钢材表面质量的检验。钢材表面不允许有结疤、裂纹、折叠和分层、油污等缺陷。

3）钢材的质量保证书是否与钢材上打印的记号相符合。每批钢材必须具备生产厂家提供的材质证明书，写明钢材的炉号、钢号、化学成分和机械性能等，根据国家技术标准核对钢材的各项指标。

4）根据国家标准按批次抽取试样检测钢材的力学性能。同一级别、种类，同一规格、批号、批次不大于 30t 为一检验批（不足 30t 也为一检验批），取样方法应符合国家标准规定。

2. 运输

钢材在运输中要求不同钢号、炉号、规格的钢材分别装卸，以免混乱。装卸中钢材不许摔掷，以免破坏。在运输过程中，其一端不能悬空及伸出车身的外边。另外，装车时要注意荷重限制，不许超过规定，并须注意装载负荷的均衡。

3. 堆放

钢材的堆放要减少钢材的变形和锈蚀，节约用地，且便于提取钢材。

1）钢材应按不同的钢号、炉号、规格、长度等分别堆放。

2）堆放在有顶棚的仓库时，可直接堆放在草坪上（下垫楞木），对小钢材也可放在架子上，堆与堆之间应留出走道；堆放时每隔 5～6 层放置楞木。其间距以不引起钢材明显的弯曲变形为宜。楞木要上下对齐，并在同一垂直平面内。

3）露天堆放时，应加上简易的篷盖，或选择较高的堆放场地，四周有排水沟。堆放时尽量使钢材截面的背面向上或向外，以免积雪、积水。

4）为增加堆放钢材的稳定性，可使钢材互相勾连，或采用其他措施。标牌应标明钢材的规格、钢号、数量和材质验收证明书号，并在钢材端部根据其钢号涂以不同颜色的油漆。

5）钢材的标牌应定期检查。选用钢材时，要按顺序寻找，不准乱翻。

6）完整的钢材与已有锈蚀的钢材应分别堆放。凡是已经锈蚀的钢材，应捡出另放，并进行适当的处理。

☑ 三、建筑钢材的锈蚀与防护

1. 钢材锈蚀的机理

钢材的锈蚀是指钢材表面与周围介质发生作用而引起破坏的现象。根据钢材与环境介质作用的机理，锈蚀可分为化学锈蚀和电化学锈蚀。

（1）化学锈蚀　化学锈蚀是指钢材与周围介质（如氧气、二氧化碳、二氧化硫和水等）发生化学反应，生成疏松的氧化物而产生的锈蚀。一般情况下，是钢材表面 FeO 保护膜被氧化成黑色的 Fe_3O_4。在常温下，钢材表面能形成 FeO 保护膜，可以防止钢材进一步锈蚀。在干燥环境中化学锈蚀速度缓慢，但当温度和湿度较大时，这种锈蚀速度会加快。

（2）电化学锈蚀　电化学锈蚀是指钢材与电解溶液接触而产生电流，形成原电池而引起的锈蚀。电化学锈蚀是建筑钢材在存放和使用中发生锈蚀的主要形式。

2. 钢筋混凝土中的钢筋锈蚀

普通混凝土为强碱性环境，使之埋入其中的钢筋形成碱性保护。在碱性环境中，阴极过程难以进行。即使有原电池反应存在，生成的 $Fe(OH)_2$ 也能稳定存在，并成为钢筋的保护膜。所以，用普通混凝土制作的钢筋混凝土，只要混凝土表面没有缺陷，里面的钢筋是不会锈蚀的。但是，普通混凝土制作的钢筋混凝土有时也发生钢筋锈蚀现象。

3. 钢材锈蚀的防护

（1）表面刷漆　表面刷漆是钢结构防止锈蚀的常用方法。刷漆通常有底漆、中间漆和面漆三道。底漆要求有较好的附着力和防锈能力，常用的有红丹、环氧富锌漆、云母氧化铁和铁红环氧底漆等。

（2）表面镀金属　用耐腐蚀性好的金属，以电镀或喷镀的方法覆盖在钢材的表面，提高钢材的耐腐蚀能力。常用的方法有镀锌（如镀锌钢板）、镀锡（如马铁）、镀铜和镀铬等。

（3）采用耐候钢　耐候钢是在碳素钢和低合金钢中加入少量的铜、铬、镍、钼等合金元素而制成的。耐候钢既有致密的表面防腐保护，又有良好的焊接性能，其强度级别与常用碳素钢和低合金钢一致，且技术指标相近。

四、钢材的防火

钢是不燃性材料，但这并不表明钢材能够抵抗火灾。无保护层时钢柱和钢屋架的耐火极限只有 15min，而裸露 Q235 钢梁的耐火极限仅为 27min。温度在 200℃以内，可以认为钢材的性能基本不变；当温度超过 300℃以后，钢材的弹性模量、屈服点和极限强度均开始显著下降，而塑性伸长率急剧增大，钢材产生徐变；温度超过 400℃时，强度和弹性模量都急剧降低；温度到达 600℃时，弹性模量、屈服点和极限强度均接近于零，已失去承载能力。所以，没有防火保护层的钢结构是不耐火的。

钢结构防火保护的基本原理是采用绝热或吸热材料，阻隔火焰和热量，推迟钢结构的升温速率。防火方法以包覆法为主，即以防火涂料、不燃性板材或混凝土和砂浆将钢构件包裹起来。

1. 防火涂料包裹法

此方法是采用防火涂料，紧贴钢结构的外露表面，将钢构件包裹起来，是目前最为流行的做法。

2. 不燃性板材包裹法

常用的不燃性板材有防火板、石膏板、硅酸钙板、蛭石板、珍珠岩板和矿棉板等，可通过黏结剂或钢钉、钢箍等固定在钢构件上，将其包裹起来。

3. 实心包裹法

一般做法是将钢结构浇注在混凝土中。

任务五　了解钢材的检测项目

一、钢筋拉伸性能检测

钢筋拉伸试验检测依据标准《金属材料 拉伸试验　第 1 部分：室温试验方法》（GB/T 228.1—2010）。

1. 试件制备

对于钢筋混凝土用钢筋（一般为线材），试件一般为钢筋的一部分，不须进行机加工，对于试件尺寸要求是保证试验机两夹头之间的自由长度足够，以使试样原始标距的标记与最接近夹头间的距离不小于 1.5D。

而对钢结构用型钢的试件则需要机加工，要求试样平行长度和夹持头部之间应以过渡弧连接，试样头部形状应适合于试验机夹头的夹持。试样的截面一般为圆形，也可为方形、矩形等形式。

当采用比例试样时，原始标距（L_0）与原始横截面面积（S_0）应符合 $L_0 = k\sqrt{S_0}$ 的关系，式中 k 通常取为 5.65，如果相关产品标准有规定，可以采用 11.3。对于较常采用的圆形截面比例试样，其原始标距 L_0 可按表 7-18 所列的采用。

表 7-18 圆形截面比例试样

d/mm	r/mm	k=5.65			k=11.3		
		L_0/mm	L_c/mm	试样编号	L_0/mm	L_c/mm	试样编号
25				R1			R01
20				R2			R02
15				R3			R03
10	$\geqslant 0.75d$	$5d$	$\geqslant L_0 + 2\dfrac{d}{2}$ 仲裁试验：L_0+2d	R4	$10d$	$\geqslant L_0 + 2\dfrac{d}{2}$ 仲裁试验：L_0+2d	R04
8				R5			R05
6				R6			R06
5				R7			R07
3				R8			R08

注：1. 如果相关产品标准无具体规定，优先采用 R2、R4 或 R7 试样。

2. 试样总长度取决于夹持方法，原则上 $L_t > L_c+4d$。

对于原始截面面积（S_0），应根据测量的原始试样尺寸计算原始横截面面积，测量每个尺寸应准确到 $\pm 0.5\%$。对于混凝土结构用钢筋，原始截面面积（S_0）可取钢筋的公称横截面面积，见表 7-19。

表 7-19 钢筋的公称横截面面积

公称直径 /mm	公称横截面面积 /mm²	公称直径 /mm	公称横截面面积 /mm²
8	50.27	20	314.2
10	78.54	22	380.1
12	113.1	25	490.9
14	153.9	28	615.8
16	201.1	32	804.2
18	254.5	36	1081

在试样上应用小标记、细划线或细墨线标记原始标距，但不得用引起过早断裂的缺口作标记。对于比例试样，应将原始标距的计算值修约至最接近 5mm 的倍数，中间数值向较大一方修约。原始标距的标记应准确到 $\pm 1\%$。若平行长度（L_c）比原始标距长许多，例如不经机加工的试样，可以标记一系列套叠的原始标距。有时可以在试样表面划一条平行于试样纵轴的线，并在此线上标记原始标距。做好原始标距的试件如图 7-14 所示。

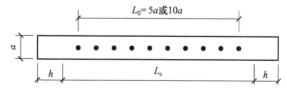

图 7-14 钢筋拉伸试件

a—试样原始直径 L_0—标距长度 L_c—试样平行长度（不小于 L_0+a） h—夹头长度

计算钢筋强度所用的公称横截面面积见表7-19。

2. 检测步骤

1）调整试验机，使初始示值归零（对度盘式试验机测力度盘的指针进行调整，使之对准零点，并拨动副指针，使之与主指针重叠）。

2）将试件固定在试验机夹头内，开动试验机，进行拉伸。

采用计算机控制电液伺服万能试验机试验时，使用自动测试系统测定屈服强度和抗拉强度。当手动测试时，应控制加载速度；屈服前，试验机活动夹头的分离速率应尽可能保持恒定并满足表7-20的要求；屈服后只需测定抗拉强度时，试验机活动夹头在荷载下的移动速度不宜大于 $0.5L_c/\text{min}$，L_c 为试件两夹头之间的距离。

表7-20 屈服前的应力速率

材料弹性模量 E/MPa	应力速率/（MPa/s）	
	最小	最大
< 150000	2	20
≥ 150000	6	60

3）在拉伸过程中，测力度盘的指针停止转动时的恒定荷载，或指针回转后的最小荷载，即为所求的屈服点荷载 F_s（N）。

4）试件继续加载直至拉断。由测力度盘的副指针读出最大荷载 F_b。

3. 数据处理与分析

（1）屈服强度 R_e 按下式计算试件的屈服强度

$$R_e = \frac{F_e}{S_0} \tag{7-3}$$

式中　S_0——试件的原横截面面积（mm^2）。

当 R_e 大于1000MPa时，应精确至10MPa；当 R_e 为 200 ~ 1000MPa时，应精确至5MPa；当 R_e 小于200MPa时，应精确至1MPa。

（2）抗拉强度 R_m 按下式计算试件的抗拉强度

$$R_m = \frac{F_m}{S_0} \tag{7-4}$$

当 R_m 大于1000MPa时，应精确至10MPa；当 R_m 为 200 ~ 1000MPa时，应精确至5MPa；当 R_m 小于200MPa时，应精确至1MPa。

（3）伸长率 A 将已拉断试件的两段在断裂处对齐，使其轴线处于同一直线上，并采取特别措施确保试样断裂部分适当接触后测量试样断后标距 L_1（mm），要求精确到0.25mm。

关于试件断后标距，原则上只有断裂处于最接近的标距标记的距离不小于原始标距长度的1/3方为有效。为了避免因试件断裂位置不符合这一要求而造成试样报废，可以采用位移方法测定断后伸长率（具体方法请参阅材料室温拉伸试验方法（GB/T 228—2010附录H）。当断后伸长率大于或等于规定值时，则不管断裂位置处于何处测量均有效。

根据所测得的断后标距 L_u，按照式（7-1）计算试样的断后伸长率 A。

（4）分析与处理 通过测试、计算所得的 R_e、R_m 与 A 参照国家规范所要求的各牌号钢筋的力学性能要求进行评定。在拉伸性能检测的两根试件中，若其中一根试件的屈服强度、抗拉强度和伸长率三个指标中，有一个指标达不到钢筋标准中规定的数值，应取双倍（4根）钢筋，重做检测。若仍有一根试件的指标达不到标准的要求，则不论这个指标在第一次检测中是否达到标准要求，都评定为拉伸性能不合格。

检测过程中出现下列情况之一者，其检测结果无效，应重新取样检测。

1）试件断在标距外或在机械划刻的标距标记上，而且断后伸长率小于规定的最小值。

2）检测记录有误或设备仪器发生故障，影响结果准确性。

二、钢筋冷弯性能检测

钢筋冷弯性能检测依据标准《金属材料 弯曲试验方法》(GB/T 232—2010)。

1. 试件制备

1）钢筋冷弯试件不得进行车削加工，试样长度应根据试样厚度或直径和所使用试验确定。

2）弯芯直径按表 7-15 的规定选取。

2. 检测步骤

1）试样按规定的弯心直径和条件进行弯曲。检测时两支辊间的距离为

$$L = (D + 3d) \pm 0.5d \tag{7-5}$$

式中　D——弯芯直径（mm）；

　　　d——钢筋公称直径（mm）。

在检测过程中两支辊间的距离不允许有变化。

2）在平稳压力作用下，缓慢施加荷载，以使材料能够自由地进行塑性变形，一般采取 (1 ± 0.2) mm/s 的试验速度，试验过程中应采取足够的安全措施和防护措施。

3）试样在两个支点上按一定弯心直径弯曲至两臂平行，如图 7-9c 所示，可一次完成检测，也可先弯曲，如图 7-9b 所示，然后放置在试验机平板之间继续施加压力，压至试样两臂平行。

3. 检测结果分析

试件弯曲后，检查弯曲处的外面及侧面，在有关标准没有做具体规定的情况下，若无裂纹、裂缝、断裂或起层现象，即认为检测合格。试件经冷弯性能检测后，受弯曲部位外表面不得产生裂纹，若出现裂纹，则为不合格。裂纹是指试件弯曲后，其外表金属基体上出现开裂，开裂长度大于 2mm 而不超过 5mm；宽度大于 0.2mm 而不超过 0.5mm。

在冷弯性能检测中，若有一根试件不符合标准要求，应同样抽取双倍钢筋，重做检测。若仍有一根试件不符合标准要求，冷弯性能即为不合格。

项目八 建筑功能材料

 知识目标

1. 熟悉防水材料的性能及检测。
2. 熟悉常用保温隔热材料的性能和应用范围。
3. 了解吸声和隔声材料。
4. 了解建筑塑料。
5. 了解其他装饰材料。

 能力目标

1. 能够正确选用防水材料。
2. 能够正确选用保温隔热材料。

建筑功能材料主要是指担负某些功能的非承重材料，如防水材料、隔声吸声材料、绝热材料、装饰材料等，如图 8-1 所示，建筑功能材料为人类居住生活提供了更优质的服务。

近年来，建筑功能材料发展迅速，且在三方面有较大的发展：一是注重环境协调性，注重健康、环保；二是复合多功能；三是智能化。

a)

b)

c)   d)

e)

图 8-1　建筑功能材料图例

a) 防水卷材　b) 土工膜防水卷材　c) 隔声材料　d) 金字塔型吸声材料　e) 摩天大厦中的玻璃幕墙

任务一 了解防水材料

防水是建筑的主要使用功能之一，防止雨水、地下水、工业和民用的给水排水、腐蚀性液体以及空气中的湿气等侵入建筑物的材料统称为防水材料，其主要作用是保护建筑物内部使用空间免受水分干扰。建筑物需要进行防水处理的部位主要是屋面、墙面、地面和地下室。

传统的防水材料以纸胎石油沥青油毡为代表，它的抗老化能力差，纸胎的延伸率低，易腐烂。油毡胎体表面沥青耐热性差，当气温变化时，油毡与基底、油毡之间的接头容易出现脱离和开裂的现象，形成水路联通和渗漏。新型的防水材料大量应用高聚物改性沥青材料来提高胎体的力学性能和抗老化性。应用合成材料、复合材料能增强防水材料的低温柔韧性、温度敏感性和耐久性，极大提高了防水材料的物理化学性能。

针对土木工程性质的要求，不同品种的防水材料具有不同的性能，要保证防水材料的物理性、力学性和耐久性，它们必须具备如下性能：

1）耐候性。对自然环境中的光、冷、热等具有一定的承受能力，冻融交替的环境下，在材料指标时间内不开裂、不起泡。

2）抗渗性。特别在建筑物内外存在一定水压力差时，抗渗是衡量防水材料功能性的重要指标。

3）整体性。防水材料按性质可分为柔性和刚性两种。在热胀冷缩的作用下，柔性防水材料应具备一定适应基层变形的能力。刚性防水材料应能承受温度应力变化，与基层形成稳定的整体。

4）强度。在一定荷载和变形条件下，能够保持一定的强度，保持防水材料不断裂。

5）耐腐蚀性。防水材料有时会接触液体物质，包括水、矿物水、溶蚀性水、油类、化学溶剂等，因此防水材料必须具有一定的抗腐蚀能力。

一、防水材料的分类

防水材料是用于防止建筑物渗漏的一大类材料，被广泛应用于建筑物的屋面、地下室及水利、地铁、隧道、道路、桥梁等工程。建筑防水材料的分类见表8-1。

表8-1 建筑防水材料的分类

防水材料	形态和功能	防水卷材	
		防水涂料	
		防水密封材料	
		刚性防水材料	防水混凝土
			防水砂浆
	组成	沥青基防水材料	
		改性沥青防水材料	
		合成高分子防水材料	

二、防水材料的基本用材

生产防水材料的基本用材有石油沥青、改性石油沥青及合成高分子材料等。

1. 沥青

沥青是一种憎水性有机胶凝材料，在常温下为黑色或黑褐色液体或固体，能溶于二硫化碳、四氯化碳、苯及其他有机溶剂；具有良好的不透水性、黏结力和电绝缘性，能抵抗一般酸、碱、盐等侵蚀性液体和气体的侵蚀。沥青按产源分为地沥青（天然沥青、石油沥青）和焦油沥青（煤沥青、页岩沥青等），建筑工程中主要使用石油沥青。

（1）石油沥青　石油沥青是由石油原油经蒸馏等炼制工艺提炼出各种轻质油（汽油、煤油、柴油等）和润滑油后的残余物，或是将残余物再加工后的产物。石油沥青中含有多种高分子碳氢化合物及其衍生物组成的复杂混合物，其组分及主要特性见表8-2。

表 8-2　石油沥青各组分的特征

组分名称	颜色	状态	密度 / (g/cm³)	含量（%）	特点	作用
油分	淡黄色至红褐色	油状液体	0.7～1.0	40～60	溶于苯等有机溶剂，不溶于酒精	赋予沥青流动性；油分含量多时，沥青的温度稳定性差
树脂	黄色至黑褐色	半固体	1.0～1.1	15～30	溶于汽油等有机溶剂，难溶于酒精和丙酮	赋予沥青塑性；树脂组分含量高，不但沥青塑性好，黏性也好
地沥青质	深褐色至黑色	无定形固体	1.1～1.5	10～30	溶于三氯甲烷，不溶于酒精	赋予沥青温度稳定性；含量越高，沥青的温度稳定性好，但沥青塑性降低，硬脆性增加

特别提示

石油沥青中往往还含有一定量的固体石蜡，它是沥青中的有害物质，会使沥青的黏结性、塑性、耐热性和稳定性变坏。

1）石油沥青的主要技术性质。黏滞性是石油沥青在外力作用下抵抗变形的性能，反应沥青材料软硬、稀稠程度。在一定温度范围内，当温度升高，黏滞性随之降低，反之则增大。表征沥青黏滞性的指标，对于液体沥青是黏滞度，如图8-2所示。表征半固体沥青、固体沥青黏滞性的指标是针入度，如图8-3所示。针入度值大，沥青流动性大，黏性差。它是沥青划分牌号的主要依据。

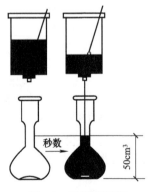

图 8-2　黏滞度测量

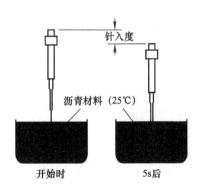

图 8-3　针入度测量

　　塑性是石油沥青在外力作用时产生变形而不破坏的性能，反应沥青能被制成柔性防水材料的能力。沥青的塑性用延度（延伸度）表示，如图8-4所示。延度越大，塑性越好，变形能力越强，在使用中能随建筑物的变形而变形，且不开裂。

　　温度敏感性是石油沥青的黏滞性和塑性随温度升降而变化的性质。温度敏感性越大的沥青，其温度稳定性越低，温度降低时，很快变成脆硬的物体，外力作用下极易产生裂缝以致破坏，而当温度升高时即成为液体流淌，失去防水能力。沥青的温度敏感性通常用"软化点"表示，如图8-5所示。软化点是指沥青材料由固体状态转变为具有一定流动性固体的温度。沥青的软化点高，说明沥青的耐热性好。

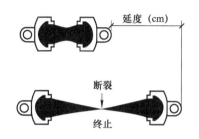

图 8-4　延度测量

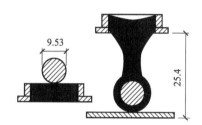

图 8-5　温度稳定性

特别提示

　　不同的沥青软化点不同，大致为25～100℃。软化点高，说明沥青的耐热性好，但软化点过高，又不易加工；软化点低的沥青，夏季易产生变形，甚至流淌。所以，在实际应用中，总希望沥青具有高软化点和低脆化点（当温度在非常低的范围时，整个沥青就好像玻璃一样脆硬，一般称为"玻璃态"，沥青由玻璃态向高弹态转变的温度即为沥青的脆化点）。为了提高沥青的耐寒性和耐热性，常对沥青进行改性，如在沥青中掺入增塑剂、橡胶、树脂和填料等。

　　大气稳定性是指石油沥青在热、阳光、水分和空气等大气因素作用下性能稳定的能力，即沥青的抗老化性能。沥青材料的老化是指沥青在热、阳光、空气和水等外界因素作用下，组分不断改变，即由油分向树脂、树脂向地沥青质转变，使沥青流动性、塑性逐渐变小，脆性增加直至脆裂的现象。石油沥青的大气稳定性用加热蒸发损失和加热前后针入度比来评定。蒸发损失越小，蒸发后针入度比越大，表示大气稳定性越好，老化越慢。

　　2）石油沥青的分类、技术标准。石油沥青按用途和性质主要分为道路石油沥青、建筑石油沥青、普通石油沥青和防水防潮石油沥青。各类按技术性质划分牌号，各牌号的主要质量指标见表8-3。

表 8-3　石油沥青技术标准

质量指标	道路石油沥青（NB/SH/T 0522—2010）					建筑石油沥青（GB 494—2010）			防水防潮石油沥青（SH/T 0002—1990）			
	200 号	180 号	140 号	100 号	60 号	40 号	30 号	10 号	6 号	5 号	4 号	3 号
针入度（25℃，100g），（1/10mm）	200～300	150～200	110～150	80～110	50～80	36～50	26～25	10～25	30～50	20～40	20～45	25～45

(续)

质量指标	道路石油沥青 (NB/SH/T 0522—2010)					建筑石油沥青 (GB 494—2010)			防水防潮石油沥青 (SH/T 0002—1990)			
	200 号	180 号	140 号	100 号	60 号	40 号	30 号	10 号	6 号	5 号	4 号	3 号
延度（25℃）/cm，不小于	200	100	100	90	70	3.5	2.5	1.5	—	—	—	—
软化点（环球法 /℃），不低于	30～48	35～48	38～51	42～55	45～58	60	75	95	95	100	90	85
针入度指数，不小于	—	—	—	—	—	—	—	—	6	5	4	3
溶解度（%）	99.0	99.0	99.0	99.0	99.0	99.0	99.0	99.0	92	95	98	98
蒸发损失（160℃，5h）（%），不大于	1	1	1	1	1	1	1	1	1	1	1	1
蒸发后针入度比（%）	50	60	60			65	65	65				
闪点（开口）（℃），不低于	180	200	230	230	230	260	260	260	270	270	270	270
脆点（℃），不高于	—	—	—	—	—	报告	报告	报告	−20	−15	−10	−5

沥青的牌号主要是依据针入度大小来划分的，从表 8-3 可知，牌号越大，沥青越软；牌号越小，沥青越硬。随着牌号增大，沥青的黏滞性变小（针入度增大），塑性增大（延度增大），温度敏感性增大（软化点降低）。

防水防潮沥青也是按针入度指数划分牌号的，它增加了保证低温变形性能的脆点指标。随着牌号增大，温度敏感性减小，脆点降低，应用温度范围扩大。

3）石油沥青的应用。沥青在使用时，应根据当地气候条件、工程性质（房屋、道路、防腐）、使用部位（屋面、地下）及施工方法具体选择沥青的品种和牌号。对一般温暖地区、受日晒或经常受热部位，为防止受热软化，应选择牌号较小的沥青；在寒冷地区，夏季暴晒、冬季受冻的部位，不仅要考虑受热软化，还要考虑低温脆裂，应选用中等牌号沥青；对一些不易受温度影响的部位，可选用牌号较大的沥青。当缺乏所需牌号的沥青时，可用不同牌号的沥青进行掺配。

道路石油沥青黏度低、塑性好，主要用于配制沥青混凝土和沥青砂浆，用于道路路面和工业厂房地面等工程。

建筑石油沥青黏性较大、耐热性较好，塑性较差，主要用于生产防水卷材、防水涂料、防水密封材料等，广泛应用于建筑防水工程及管道防腐工程。一般屋面用的沥青，软化点应比本地区屋面可能达到的最高温度高 20～25℃，以避免夏季流淌。

防水防潮石油沥青质地较软，温度敏感性较小，适于做卷材涂覆层。

普通石油沥青因含蜡量较高，性能较差，建筑工程中应用较少。

4）石油沥青的掺配。沥青在实际使用时，某一牌号的沥青不一定能完全满足工程要求，需要用现有的、不同牌号的沥青进行掺配。掺配时注意，要掺配的石油沥青的软化点

要在现有两种石油沥青的软化点之间，通常按下式进行掺配

$$Q_1 = \frac{T_2 - T}{T_2 - T_1} \times 100\% \tag{8-1}$$

$$Q_2 = 100 - Q_1 \tag{8-2}$$

式中　Q_1——牌号较高沥青的掺量（%）；

　　　Q_2——牌号较低沥青的掺量（%）；

　　　T——掺配后所需的软化点（℃）；

　　　T_1——牌号较高沥青的软化点（℃）；

　　　T_2——牌号较低沥青的软化点（℃）。

也可采用针入度指标按上法估算及试配。

（2）煤沥青　煤沥青是炼制焦炭或制造煤气时所得到的副产品。其化学成分和性质类似于石油沥青，但质量不如石油沥青，韧性较差，容易变形开裂，温度敏感性较大，含挥发性成分和化学稳定性差的成分多，大气稳定性差，易老化，加热燃烧时，烟有毒性，但其具有较高的抗微生物腐蚀作用。煤沥青主要用于铺路、配制黏合剂与防腐剂，也用于地面防潮、地下防水等工程。

煤沥青与石油沥青在外观上有些相似，如将它们混存或混用，会造成防水材料的品质变坏，鉴别方法见表8-4。

表 8-4　煤沥青与石油沥青的简易鉴别法

鉴别方法	煤沥青	石油沥青
密度法	约 1.25g/cm³	接近于 1.0g/cm³
锤击法	韧性差（脆性），声音清脆	韧性较好，有弹性感，声哑
燃烧法	烟呈黄色，有刺激性臭味	烟无色，无刺激性臭味
溶液比色法	用 30～50 倍汽油或煤油熔化，用玻璃棒蘸一点滴于滤纸上，斑点内棕外黑	按左法试验，斑点呈棕色

2. 改性石油沥青

建筑上使用的沥青应具备较好的综合性能，为此，常用下述方法对沥青进行改性，以满足使用要求。

（1）矿物填料改性沥青　在沥青中加入一定数量的矿物填充料，可以提高沥青的黏滞性和耐热性，减小沥青的温度敏感性，同时也可以减少沥青的用量。

常用的矿物填充料有粉状和纤维状两大类。粉状的有滑石粉、石灰石粉、白云石粉、磨细砂、粉煤灰等，纤维状的有石棉粉等。

粉状矿物填充料加入沥青中，由于沥青对矿物填充料表面的浸润、黏附，形成大量的结构沥青，从而提高了沥青的大气稳定性，降低了温度敏感性。

纤维状的石棉粉加入沥青中，由于石棉具有弹性以及耐酸、耐碱、耐热性能，是热和电不良导体，内部有很多微孔，吸油（沥青）量大，故可提高沥青的抗拉强度和耐热性，一般矿物填料的掺量为 20%～40%。

（2）橡胶改性沥青　橡胶是石油沥青的重要改性材料，它与石油沥青有很好的混溶性，能使沥青兼具橡胶的很多优点。如高温变形小，低温柔性好，克服了传统纯沥青热淌、冷

脆的缺点，提高了材料的强度和耐老化性。

常用的橡胶有热塑性丁苯橡胶（SBS）、氯丁橡胶、丁基橡胶、再生橡胶等。

（3）树脂改性沥青　在沥青中掺入适量树脂后，可使沥青具有较好的耐高、低温性，较好的黏结性和抗老化性。常用树脂有聚乙烯、聚丙烯、古马隆树脂等。

（4）橡胶和树脂共混改性沥青　在沥青中掺入适量的橡胶和树脂后，沥青兼具橡胶和树脂的特性。由于橡胶和树脂的混溶性较好，故改性效果良好。常用的有氯化聚乙烯－橡胶共混改性沥青及聚氯乙烯－橡胶共混改性沥青等。

3. 合成高分子材料

合成高分子材料由合成橡胶及合成树脂等高分子化合物组成，具有抗拉强度高、延伸率高、弹性强、高低温特性好、防水性能优异的特征。合成高分子材料中常用的高分子有三元乙丙橡胶、氯丁橡胶、有机硅橡胶、聚氨酯、丙烯酯、聚氯乙烯树脂等。

三、防水卷材

防水卷材性能优良，具有使用年限长、技术性能好、冷施工、操作简单、污染性低等特点。

1. 改性沥青防水卷材

（1）改性沥青　沥青具有良好的塑性，能加工成良好的柔性防水材料。但沥青耐热性与耐寒性较差，即高温下强度低、低温下缺乏韧性，表现为高温易流淌、低温易脆裂，这是沥青防水屋面渗漏现象严重、使用寿命短的原因之一，因而传统的沥青油毡已在全国大范围禁止使用。如前所述，沥青是由分子量几百到几千的大分子化合物组成的复杂混合物，但分子量比通常高分子材料（几万到几百万或以上）小得多，而且其分子量最高（几千）的组分在沥青中的比例较小，决定了沥青材料的强度不高、弹性不好。为此，常添加高分子的聚合物对沥青进行改性。高分子的聚合物分子和沥青分子相互扩散、发生缠结，形成凝聚的网络混合结构，因而具有较高的强度和较好的弹性。按掺用高分子材料的不同，改性沥青可分为橡胶改性沥青、树脂改性沥青、橡胶树脂共混改性沥青三类。

（2）SBS改性沥青防水卷材　SBS改性沥青防水卷材是以聚酯纤维无纺布为胎体，以SBS（苯乙烯－丁二烯－苯乙烯）弹性体改性沥青为浸渍涂盖层，以塑料薄膜或矿物细料为隔离层而制成的防水卷材。这类卷材具有较高的弹性、延伸率、耐疲劳性和低温柔性，主要用于屋面及地下室防水，尤其适用于寒冷地区。以冷法施工或热熔铺贴，适于单层铺设或复合使用。弹性体（SBS）防水卷材物理力学性能见表8-5。

表 8-5　弹性体（SBS）防水卷材物理力学性能

序号	项目		指标				
			I		II		
			PY	G	PY	G	PYG
1	拉力	最大峰拉力/（N/50mm），≥	500	350	800	500	900
		次高峰拉力/（N/50mm），≥	—	—	—	—	800
		试验现象	拉伸过程中，试件中部无沥青涂改层开裂或与胎基分离现象				

（续）

序号	项目		指标				
			I		II		
			PY	G	PY	G	PYG
2	延伸率	最大峰时延伸率（%），≥	30	—	40	—	—
		第二峰时延伸率（%），≥	—		—		15
3	不透水性 30min		0.3MPa	0.2MPa	0.3MPa		
4	低温柔性 /℃		−20		−25		
5	耐热性	℃	90		105		
		mm，≤	2				
		试验现象	无流淌、滴落				
6	钉杆撕裂强度 /（N/50mm），≥		—				300
7	接缝剥离强度 /（N/mm），≥		1.5				

（3）APP改性沥青防水卷材　APP改性沥青防水卷材是以APP（无规聚丙烯）树脂改性沥青浸涂玻璃纤维或聚酯纤维（布或毡）胎基，上表面撒以细矿物粒料，下表面覆以塑料薄膜制成的防水卷材。这类卷材弹塑性好，具有突出的热稳定性和抗强光辐射性，适用于高温和有强烈太阳辐射地区的屋面防水。单层铺设，可冷、热施工。塑性体（APP）防水卷材物理力学性能见表8-6。

表 8-6　塑性体（APP）防水卷材物理力学性能

序号	项目		指标				
			I		II		
			PY	G	PY	G	PYG
1	拉力	最大峰拉力 /（N/50mm），≥	500	350	800	500	900
		次高峰拉力 /（N/50mm），≥	—	—	—	—	800
		试验现象	拉伸过程中，试件中部无沥青涂改层开裂或与胎基分离现象				
2	延伸率	最大峰时延伸率（%），≥	25	—	40	—	—
		第二峰时延伸率（%），≥	—		—		15
3	不透水性 30min		0.3MPa	0.2MPa	0.3MPa		
4	低温柔性 /℃		−7		−15		
5	耐热性	℃	110		130		
		mm，≤	2				
		试验现象	无流淌、滴落				
6	钉杆撕裂强度 /（N/50mm），≥		—				300
7	接缝剥离强度 /（N/mm），≥		1.0				

SBS、APP改性沥青防水卷材均属于高聚物改性沥青防水卷材，其外观质量要求见表8-7。

表 8-7　高聚物改性沥青防水卷材外观质量要求

项　目	质量要求
孔洞、缺边、裂口	不允许
边缘不整齐	不超过 10mm
胎体露白、未浸透	不允许
撒布材料粒度、颜色	均匀
每卷卷材的接头	不超过一处，较短的一段不应小于 1000mm，接头处应加长 150mm

（4）铝箔塑胶改性沥青防水卷材　铝箔塑胶改性沥青防水卷材是以玻璃纤维或聚酯纤维（布或毡）为胎基，用高分子（合成橡胶或树脂）改性沥青为浸渍涂盖层，以银白色铝箔为上表面反光保护层，以矿物粒料和塑料薄膜为底面隔离层而制成的防水卷材。

这种卷材对阳光的反射率高，具有一定的抗拉强度和延伸率，弹性好，低温柔性好，在 $-20 \sim 80℃$ 温度范围内适应性较强，抗老化能力强，具有装饰功能，适用于外露防水面层并且价格较低，是一种中档的新型防水材料。

其他常见的改性沥青防水卷材还有再生橡胶改性沥青防水卷材、丁苯橡胶改性沥青防水卷材、PVC 改性煤焦油防水卷材等。

2. 合成高分子防水卷材

合成高分子防水卷材具有抗拉强度高、断裂延伸率大、抗撕裂强度好、耐热耐低温性能优良、耐腐蚀耐老化、单层施工及冷作业等优点，多用于要求有良好防水性能的屋面、地下工程。合成高分子防水卷材外观质量见表 8-8。

表 8-8　合成高分子防水卷材外观质量

项　目	质量要求
折痕	每卷不超过 2 处，总长度不超过 20mm
杂质	颗粒不允许大于 0.5mm，每 $1m^2$ 不超过 $9mm^2$
胶块	每卷不超过 6 处，每处面积不大于 $4mm^2$
凹痕	每卷不超过 6 处，深度不超过本身厚度 30%；树脂类深度不超过 15%
每卷卷材的接头	橡胶类每 20m 不超过 1 处，较短的一段不应小于 3000mm，接头处应加长 150mm；树脂类 20m 长度内不允许有接头

（1）三元乙丙（EPDM）橡胶防水卷材　以三元乙丙橡胶为主体原料，掺入适量丁基橡胶、硫化剂、软化剂、补强剂等，经一定工序加工而成。

三元乙丙橡胶防水卷材与传统的沥青防水材料相比，其具有防水性能优异、耐候性好、耐臭氧和耐化学腐蚀强、弹性和抗拉强度高，对基层材料的伸缩和开裂变形适应性强，质量轻、使用温度范围宽（$-60 \sim 120℃$）、使用年限长（30 ～ 50 年）、可以冷施工、施工成本低等优点。防水卷材可用于屋面、厨房、卫生间等防水工程，也可用于桥梁、隧道、地下室、电站水库、排灌渠道、污水处理等需要防水的部位，可单层使用，也可复合使用，施工用冷粘法或自粘法。

（2）聚氯乙烯（PVC）防水卷材　聚氯乙烯防水卷材是以聚氯乙烯树脂为主要原料，加入一定量的稳定剂、增塑剂、改性剂、抗氧剂及紫外线吸收剂等辅助材料，经捏合、混炼、造粒、挤出或压延等工序制成的防水卷材，是国内目前用量较大的一种卷材。

聚氯乙烯防水卷材具有较高的拉伸和撕裂强度，延伸率较大，耐老化性能好，耐腐蚀性强，与三元乙丙橡胶防水卷材相比，综合性能略差，但其原料丰富，价格较便宜，容易黏结。聚氯乙烯防水卷材适用于屋面防水，也可用于地下室、堤坝、水渠等防水抗渗工程，单层或复合使用，冷粘法或热风焊接法施工。

根据《聚氯乙烯（PVC）防水卷材》（GB 12952—2011）规定，聚氯乙烯防水卷材的物理力学性能见表 8-9。

表 8-9　聚氯乙烯防水卷材的物理力学性能

项目		指标				
		H	L	P	G	GL
中间胎基上面树脂层厚度 /mm，≥		—		0.40		
拉伸性能	最大拉力 /（N/cm），≥	—	120	250	—	120
	拉伸强度 /MPa，≥	10.0	—	—	10.0	—
	最大拉力时伸长率（%），≥	—	—	15	—	—
	断裂伸长率（%），≥	200	150	—	200	100
热处理尺寸变化率（%），≤		2.0	1.0	0.5	0.1	0.1
低温弯折性		-25℃无裂纹				
不透水性		0.3MPa，2h 不透水				
抗冲击性能		0.5kg·m，不渗水				
抗静态荷载①		—	—	20kg 不渗水		
接缝剥离强度 /（N/mm），≥		4.0 或卷材破坏		3.0		
直角撕裂强度 /（N/mm），≥		50	—	—	50	—
梯形撕裂强度 /N，≥		—	150	250	—	220
吸水率（70℃，168h）（%）	浸水后≤	4.0				
	晾置后≥	-0.40				
热老化（80℃）	时间 /h	672				
	外观	无起泡、裂纹、分层、粘结和孔洞				
	最大拉力保持率（%），≥	—	85	85	—	85
	拉伸强度保持率（%），≥	85	—	—	85	—
	最大拉力时伸长率保持率（%），≥	—	—	80	—	—
	断裂伸长率保持率（%），≥	80	80	—	80	80
	低温弯折性	-20℃无裂纹				
耐化学性	外观	无起泡、裂纹、分层、粘结和孔洞				
	最大拉力保持率（%），≥	—	85	85	—	85
	拉伸强度保持率（%），≥	85	—	—	85	—
	最大拉力时伸长率保持率（%），≥	—	—	80	—	—
	断裂伸长率保持率（%），≥	80	80	—	80	80
	低温弯折性	-20℃无裂纹				
人工气候加速老化③	时间 /h	1500②				
	外观	无起泡、裂纹、分层、粘结和孔洞				
	最大拉力保持率（%），≥	—	85	85	—	85
	拉伸强度保持率（%），≥	85	—	—	85	—
	最大拉力时伸长率保持率（%），≥	—	—	80	—	—
	断裂伸长率保持率（%），≥	80	80	—	80	80
	低温弯折性	-20℃无裂纹				

① 抗静态荷载仅对用于压铺屋面的卷材要求。
② 单层卷材屋面使用产品的人工气候加速老化时间为 2500h。
③ 非外露使用的卷材不要求测定人工气候加速老化。

（3）橡塑共混型防水材料　这类材料兼有塑料和橡胶的优点，弹塑性好、耐低温性能优异，其主要品种为氯化聚乙烯－橡胶共混型防水卷材。

氯化聚乙烯－橡胶共混型防水卷材以氯化聚乙烯树脂与合成橡胶为主体，加入硫化剂、促进剂、稳定剂、软化剂及填料等，经塑炼、混炼、过滤、压延或挤出成形及硫化等工序制成。

氯化聚乙烯卷材的伸长率只有100%，而与橡胶共混改性后，伸长率提高数倍，达450%，且性能与三元乙丙橡胶防水卷材相近，使用年限保证10年以上，但价格却低得多。与其配套的氯丁黏结剂，较好地解决了与基层黏结的问题，属于中、高档防水材料，可用于各种建筑屋面、地下室以及道路、桥梁、水利工程的防水，尤其适用于寒冷地区或变形较大的防水工程。

知识拓展

1. 氯化聚乙烯防水卷材

氯化聚乙烯防水卷材是以含氯量为30%～40%的氯化聚乙烯树脂为主要原料，掺入适量的化学助剂和大量的填充材料，采用塑料（或橡胶）的加工工艺，经过捏合、塑炼、压延等工序加工而成，属于非硫化型高档防水卷材。

氯化聚乙烯防水卷材分为两种类型：Ⅰ型和Ⅱ型。Ⅰ型是属于非增强型的；Ⅱ型是属于增强型的。其规格厚度可分为1.00mm、1.20mm、1.50mm，2.00mm；宽度为900mm、1000mm、1200mm、1500mm。

2. 氯磺化聚乙烯防水卷材

氯磺化聚乙烯防水卷材是以氯磺化聚乙烯橡胶为主，加入适量的软化剂、交联剂、填料、着色剂后，经混炼、压延（或挤出）、硫化等工序加工而成的弹性防水卷材。

氯磺化聚乙烯防水卷材的耐臭氧、耐老化、耐酸碱等性能突出，且拉伸强度高、耐高低温性好、断裂伸长率高，对防水基层伸缩和开裂变形的适应性强，使用寿命为15年以上，属于中高档防水卷材。氯磺化聚乙烯防水卷材可制成多种颜色，用这种彩色防水卷材作屋面外露防水层可起到美化环境的作用。氯磺化聚乙烯防水卷材特别适用于有腐蚀介质影响的部位作防水与防腐处理，也可用于其他防水工程。

四、建筑防水涂料

防水涂料是一种流态或半流态物质，涂布在基层表面，固化成膜后形成有一定厚度和弹性的连续薄膜，使基层表面与水隔绝，起到防水、防潮作用。防水涂料按液态类型可分为溶剂型、水乳型和反应型三种。

（1）溶剂型改性沥青防水涂料　溶剂型改性沥青防水涂料是以沥青、溶剂、改性材料、辅助材料组成的，主要用于防水、防潮和防腐。其耐水性、耐化学侵蚀性均好，涂膜光亮平整，丰满度高。但由于使用有机溶剂，不仅在配置时容易引起火灾，且施工时要求基层必须干燥；有机溶剂挥发时，还引起环境污染。

（2）水乳型改性沥青防水涂料

1）水乳型氯丁橡胶沥青防水涂料是以氯丁橡胶乳为改性剂，及助剂的配合与沥青乳液混合所形成的稳定橡胶沥青乳状液，适用于民用及工业建筑的屋面工程、厕浴间、厨房防水，地下室、水池等防水、防潮工程。

2）水乳型再生橡胶沥青防水涂料是以再生橡胶的水分散体为改性剂，及助剂的配合与沥青乳液混合所形成的稳定再生橡胶乳状液，适用于Ⅳ级建筑的屋面工程、厕浴间、厨房防水，地下室、防潮工程。

3）丙烯酸酯防水涂料是以丙烯酸树脂乳液为主，加入适量的颜料、填料等配制而成的水乳型防水涂料。丙烯酸酯防水涂料具有耐高低温性好、不透水性强、无毒、操作简单等优点。可在各种复杂的基层表面施工，并具有白色、多种浅色、黑色等颜色，使用寿命为10～15年。丙烯酸醋防水涂料广泛应用于外墙防水装饰及各种彩色防水层。丙烯酸涂料的缺点是伸长率较小，为此可加入合成橡胶乳液予以改性，使其形成橡胶状弹性涂膜。

（3）反应型聚氨酯防水涂料　反应型聚氨酯防水涂料是双组分化学反应固化型防水材料，分甲、乙两种组分，按一定的比例配合拌匀涂于基层后，在常温下即能交联固化，形成具有柔韧性、高弹性、耐水、抗震的整体防水厚质涂层。

反应型聚氨酯防水涂料是目前世界各国最常用的一种树脂基防水涂料，它可在任何复杂的基层表面施工，适用于各种基层的屋面、地下建筑、水池、浴室、卫生间等工程的防水。

☑ 五、建筑密封材料

建筑密封材料是指为提高建筑物整体的防水、抗渗性能，对工程中出现的施工缝、构件连接缝、变形缝等嵌填，以及门窗框和玻璃周边、管道接头等处起防水密封作用的材料。建筑密封材料具有弹塑性、黏结性、耐久性、水密性、气密性、贮存及耐化学稳定性等特点，能保证经得起极度变形及较大温差而不破裂或不同基层脱开，且使用简便可靠。

1. 改性沥青基嵌缝油膏

改性沥青基嵌缝油膏是以石油沥青为基料，加入废橡胶粉等改性材料、稀释剂及填充料等混合制成的冷用膏状材料。它具有优良的防水防潮性能、黏结性好、延伸率高，能适应结构的适当伸缩变形，能自行结皮封膜。改性沥青基嵌缝油膏可用于嵌填建筑物的水平缝、垂直缝及各种构件的防水，使用很普遍。

2. 丙烯酸酯建筑密封膏

丙烯酸酯建筑密封膏是以丙烯酸乳液为胶黏剂，掺入少量表面活性剂，增塑剂、改性剂、颜料及填料等配制而成的单组分水乳型建筑密封膏。丙烯酸酯建筑密封膏具有优良的耐紫外线性能和耐油性，黏结性、延伸性、耐低温性、耐热性和耐老化性能好，并且以水为稀释剂，黏度较小、无污染、无毒，不燃、安全可靠、价格适中，可配成各种颜色，操作方便、干燥速度快，保存期长。但它固化后有15%～20%的收缩率，应用时应予事先考虑。该密封膏应用范围广泛，可用于钢、铝、混凝土、玻璃和陶瓷等材料的嵌缝防水以及用作钢窗、铝合金窗的玻璃腻子等，还可用于各种预制墙板、屋面板、门窗、卫生间等的接缝密封防水及裂缝修补。

3. 聚氨酯建筑密封膏

聚氨酯建筑密封膏弹性高、延伸率大、黏结力强、耐油、耐磨、耐酸碱、抗疲劳性和低温柔性好，使用年限长。聚氨酯建筑密封膏适用于各种样式建筑的屋面板、楼地板、墙板、阳台、门窗框、卫生间等部位的接缝及施工密封，混凝土裂缝的修补等。同时，它还是贮水池、引水渠、公路及机场跑道补缝、接缝的好材料，也可用于玻璃和金属材料的嵌缝。

4.有机硅密封膏

有机硅密封膏具有优良的耐热性、耐寒性和耐候性。硫化后的密封膏可在 -20 ~ 250℃ 范围内长期保持高弹性和拉压循环性，并且黏结性能好，耐油性、耐水性和低温柔性优良，能适应基层较大的变形，外观装饰效果好。

六、防水材料的选用

1.严格按有关规范进行选材

1）建筑等级是选择材料的首要条件。Ⅰ、Ⅱ级建筑必须选用优质防水材料，如聚酯胎高聚物改性沥青卷材、合成高分子卷材、复合使用的合成高分子涂料。Ⅲ、Ⅳ级建筑选材范围较宽。屋面防水等级和设防要求见表 8-10。

表 8-10　屋面防水等级和设防要求

项目	屋面防水等级			
	Ⅰ	Ⅱ	Ⅲ	Ⅳ
建筑物类型	特别重要的民用建筑和对防水有特殊要求的工业建筑	重要的工业与民用建筑、高层建筑	一般工业与民用建筑	非永久性的建筑
防水层耐用年限	20 年以上	15 年以上	10 年以上	5 年以上
防水层选用材	宜选用合成高分子防水卷材、高聚物改性沥青防水卷材、合成高分子防水涂料、细石防水混凝土等材料	宜选用高聚物改性沥青防水卷材、高聚物改性沥青防水涂料、细石防水混凝土、平瓦等材料	宜选用三毡四油沥青防水卷材、高聚物改性沥青防水卷材、合成高分子防水卷材、高聚物改性沥青防水涂料、合成高分子防水涂料、沥青基防水涂料、刚性防水层、平瓦、油毡瓦等材料	可选用一毡三油沥青防水卷材、高聚物改性沥青防水涂料、高聚物改性沥青防水涂料、波形瓦等材料
设防要求	三道或二道以上防水设防，其中必须有一道合成高分子防水卷材，且只能有一道 2mm 以上厚的合成高分子防水涂膜	一道防水设防，其中必须有一道卷材，也可采用压型钢板进行一道防水设防	一道防水设防或两种防水材料复合使用	一道防水设防

2）坡屋面用瓦。黏土瓦、沥青油毡瓦、混凝土瓦、金属瓦、木瓦、石板瓦、竹瓦的下面必须另用柔性防水层。因有固定瓦顶穿过防水层，要求防水层有握钉能力，防止雨水沿钉渗入望板。最适合的卷材是 4mm 厚高聚物改性沥青卷材，而高分子卷材和涂料都不适宜。

3）振动较大的屋面，如近铁路、地震区、厂房内有天车锻锤、大跨度轻型屋架等。因振动较大，砂浆基层极易裂缝，满粘的卷材易被拉断。因此应选用高延伸率和高强度的卷材或涂料，如三元乙丙橡胶防水卷材、聚酯胎高聚物改性沥青防水卷材、聚氯乙烯防水卷材，且应留空铺或点粘施工。

4）不能上人的陡坡屋面（多在 60°以上），因为坡度很大，防水层上无法做块状保护层，所以一般选带矿物粒料的卷材或者选用铝箔覆面的卷材、金属卷材。

2. 根据气候条件选择防水材料

1）江南地区夏季气温达 40 多℃，持续数日，暴露在屋面的防水层要禁受长时间的暴晒，防水材料易于老化。选用材料应耐紫外线能力强，软化点高，如 APP 改性沥青防水卷材、三元乙丙橡胶防水卷材、聚氯乙烯防水卷材等。

2）南方多雨地区，屋面始终是湿漉漉的，防水层容易被浸泡。为此应选用如聚酯胎的改性沥青卷材或耐水的胶黏剂黏合高分子卷材。

3）干旱少雨的西北地区，对防水要求有所下降，二级建筑做一道防水也能满足防水要求，如做好保护层，能够达到耐用年限。

4）严寒多雪地区，防水材料需经受低温冻胀收缩的循环变化，同时又可能被积雪覆盖多日，胶黏剂若抗冻性不强、耐水性不良，都将失效。这些地区宜选用 SBS 改性沥青防水卷材或焊接合缝的高分子卷材。

5）防水施工季节也是不能忽视的。华北地区秋季气温也很低，水溶性涂料不能使用，胶黏剂在 5℃时会降低黏结性能，在零下的温度下更不能施工。冬季施工胶黏剂遇到混凝土而冻凝，丧失黏合力，卷材合缝粘不牢，会致使施工失效。应注意了解选用材料的适应温度。防水层施工环境气温条件见表 8-11。

表 8-11 防水层施工环境气温条件

防水层材料	施工环境温度
高聚物改性沥青防水卷材	冷粘法不低于 5℃，热熔法不低于 -10℃
合成高分子防水卷材	冷粘法不低于 5℃，热风焊法不低于 -10℃
有机防水涂料	溶剂型 -5～35℃，水溶型 5～35℃
无机防水涂料	5～35℃
防水混凝土、水泥砂浆	5～35℃

3. 根据建筑部位选择防水材料

1）屋面防水层暴露在大自然中，受到狂风吹袭、雨雪侵蚀和严寒酷暑影响，昼夜温差的变化胀缩反复，没有优良的材料性能和良好的保护措施难以达到要求的使用年限。所以应选择抗拉强度高、延伸率大、耐老化好的防水材料。如聚酯胎高聚物改性沥青防水卷材、三元乙丙橡胶防水卷材、P 型聚氯乙烯防水卷材（焊接合缝）、单组分聚氨酯涂料（加保护层）。

2）墙体渗漏大多由于墙体太薄，多为轻型砌块砌筑，存在大量内外通缝，门窗樘和墙的结合处密封不严，雨水由缝中渗入。墙体防水不能用卷材，只能用涂料，而且要和外装材料结合。窗樘安装缝用密封膏才能有效地解决渗漏问题。

3）地下建筑防水选材。地下防水层常年浸泡在水中或十分潮湿的土壤中，防水材料必须耐水性好，不能用易腐烂的胎体制成的卷材，地板防水层应用厚质并且有一定抵抗扎刺能力的防水材料，最好叠层厚 6～8mm。如果选用合成高分子卷材，最宜热焊接合缝。使用胶黏剂合缝者，其胶必须耐水性优良。使用防水涂料应慎重，单独使用厚度要 2.5mm，与卷材复合使用厚度也要 2mm。

4. 根据建筑功能要求选材

1）屋面做园林绿化，美化城市环境。选用聚乙烯土工膜（焊接接缝）、聚氯乙烯防水卷材（焊接接缝）、铅锡合金卷材、抗生根的改性沥青防水卷材。

2）屋面做娱乐活动和工业场地。防水层上应铺设块材保护层，防水材料不必满粘。对卷材的延伸率要求不高，多种涂料都能用，也可做刚柔结合的复合防水。

3）倒置式屋面是保护层在上、防水层在下的做法。防水材料的选用范围很宽，但是施工要求比较精细，需确保耐用年限内不漏。一旦发生渗漏，维修成本很高。

4）屋面蓄水池地面。防水层常年浸泡在水中，要求防水材料耐水性好。可选用聚氨酯涂料、硅橡胶涂料、全盛高分子卷材（热焊合缝）、聚乙烯土工膜、铅锡金属卷材，不宜使用胶粘合的卷材。

任务二　熟悉防水材料的检测

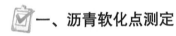 **一、沥青软化点测定**

沥青软化点测定依据标准《沥青软化点测定法　环球法》（GB/T 4507—2014）。

1. 样品制备

1）石油沥青性能检测的准备和测试必须在 6h 内完成。小心加热试样，并不断搅拌使试样受热均匀，直到样品可以流动，搅拌过程中应避免气泡进入样品。石油沥青样品加热至倾倒温度的时间不超过 2h，其加热温度不超过预计沥青软化点——110℃。如需要重复检测，不可重新加热样品，应用新鲜样品制备试样。

2）若估计软化点为 120～157℃，应将黄铜环与支撑板预热至 80～100℃，然后将铜环放到涂有隔离剂的支撑板上。

3）向每个环中倒入略过量的沥青试样，让沥青在室温下冷却 30min，对于在室温下较软的样品，应将试件在低于预计软化点 10℃以上的环境中冷却 30min。从开始倒试样到完成检测的时间不得超过 240min。

4）试样冷却后，用略加热的小刀或刮刀刮去多余的沥青，使得每一个圆片饱满且和环的顶部齐平。

2. 检测步骤

1）选择加热介质。

① 新煮沸的蒸馏水。适用于软化点为 30～80℃的沥青，起始加热介质的温度应为（5±1）℃。

② 甘油。适用于软化点为 80～157℃的沥青，起始加热介质的温度应为（30±1）℃。

③ 为了进行比较，所有软化点低于 80℃的沥青应在水浴中测定，而软化点为 80～157℃的沥青应在甘油浴中测定。仲裁时采用标准中规定的相应的温度计。或者上述内容由买卖双方共同决定。

2）将仪器放在通风橱内并配置两个样品环、钢球定位器，并将温度计插入合适的位置，浴槽装满热介质，并使各仪器处于适当位置。用镊子将钢球放置于浴槽底部，使其同支架的其他部位达到相同的起始温度。

3）若有必要，将浴槽置于冰水中，或小心加热并维持适当的起始温度达 15min，并使仪器处于适当位置，注意不要沾污浴液。

4）再次用镊子从浴槽底部将钢球夹住并置于定位器中。

5）从浴槽底部加热，使温度以 5℃/min 的速度上升，检测期间不能取加热速率的平均值，但在 3min 后，升温速度应达到（5±0.5）℃/min，若温度上升速率超过此范围的限定，则此次检测结果无效。

6）当包着沥青的钢球刚好触及下支撑板时，分别记录温度计所显示的温度。无需对温度计的浸没部分进行校正。取两个温度的平均值作为沥青的软化点。当软化点为 30～157℃时，若两个温度的差值超过 1℃，则重新检测。

7）重复测定两次，要求结果的差数按精度要求数据表，一般不超过 1.2～1.5℃。

二、沥青延度测定

沥青延度测定依据标准《沥青延度测定法》（GB/T 4508—2010）。

1. 样品制备

1）将隔离剂拌和均匀，涂于清洁干燥的试模底板和两个侧模的内侧表面，并将试模在试模底板上装妥。

2）将加热脱水的沥青试样，通过 0.6mm 筛过滤，然后将试样仔细自试模的一端至另一端往返数次缓缓注入模中，最后略高于试模，灌模时应注意切勿使气泡混入。

3）试件在室温中冷却 30～40min，然后置于规定试验温度 ±0.1℃的恒温水槽中，保持 30min 后取出，用热刮刀刮除高出模具部分的沥青，使试样与模具表面齐平。沥青的刮法应自试模的中间刮向两端，且表面应刮得平滑，将试模连同底板再浸入规定试验温度的水槽中保持 1～5h。

2. 检测步骤

1）检查延度仪延伸速度是否符合规定要求，然后移动滑板使其指针正对标尺的零点。将延度仪注水，并保温达试验温度 ±5℃。

2）将保温后的试件连同底板移入延度仪的水槽中，然后将盛有试样的试模自玻璃板或不锈钢板上取下，将试模两端的孔分别套在滑板及槽端固定板的金属柱上，并取下侧模。水面距试件表面应不小于 25mm。

3）开动延度仪，并注意观察试样的延伸情况。此时应注意，在试验过程中，水温应始终保持在试验温度规定范围内，且仪器不得有振动，水面不得有晃动，当采用循环水时，应暂时中断循环，停止水流。

在试验中，如发现沥青细丝浮出水面或沉入水槽底时，则应在水中加入酒精或食盐，调整水的密度与试样相近后，重新试验。

4）试样拉断时，读取指针所指标尺上的读数，以厘米表示，在正常情况下，试件延伸时应成锥尖状，拉断时实际断面面积应接近于零。如不能得到这种结果，则应在报告中注明。

三、沥青针入度测定

针入度是指在规定条件下，标准针垂直插入沥青试样中的深度，以 1/10mm 表示。

沥青针入度测定依据标准《沥青针入度测定法》（GB/T 4509—2010）。

1. 试样制备

1）按试验要求将恒温水槽调节到要求的试验温度 25℃，或 15℃、30℃等，保持稳定。

2）将试样注入盛样皿中，试样高度应超过预计针入度值 10mm，并盖上盛样皿，以防落入灰尘。盛有试样的盛样皿在 15～30℃室温中冷却 1～1.5h（小盛样皿）、1.5～2.0h（大盛样皿）或 2～2.5h(特殊盛样皿)。后移入保持规定试验温度 ±0.1℃的恒温水槽中 1～1.5h（小盛样皿）、1.5～2.0h（大盛样皿）或 2～2.5h（特殊盛样皿）。

3）调整针入度仪使之水平。检查针连环和导轨，以确认无水和其他外来物，无明显摩擦。用三氯乙烯或其他溶剂清洗标准针，并拭干。将标准针插入针连杆，用螺钉固紧，按试验条件，加上附加砝码。

2. 检测步骤

1）取出达到恒温的盛样皿，并移入水温控制在试验温度 ±0.1℃（可用恒温水槽中的水）的平底玻璃皿中的三脚架上，试样表面以上的水层深度不少于 10mm。

2）将盛有试样的平底玻璃皿置于针入度仪的平台上。慢慢放下针连杆，用适当位置的反光镜或灯光反射观察，使针尖恰好与试样表面接触。拉下刻度盘的拉杆，使其与针连杆顶端轻轻接触，调节刻度盘或深度指示器的指针指示为零。

3）开动秒表，在指针正指 5s 的瞬间，用手紧压按钮，使标准针自动下落贯入试样，经规定时间，停压按钮使针停止移动。

当采用自动针入度仪时，计时与标准针落下贯入试样同时开始，至 5s 时自动停止。

4）拉下刻度盘拉杆与针连杆顶端接触，读取刻度盘指针或位移指示器的读数，准确至 0.1mm。

5）同一试样至少重复测定 3 次。检测点间的距离和检测点与盛样皿边缘的距离都不得小于 10mm。每次重复测定前，都应将盛样皿和平底玻璃皿放入恒温水浴使其达到规定检测温度，针要干净。每次试验应换一根标准针或将标准针取下用蘸有三氯乙烯溶剂的棉花或布擦干。

6）三次测定针入度的平均值取至整数，作为检测结果。三次测定的针入度值相差不大于表 8-12 中的数值。

表 8-12　三次测定的针入度差值

针入度 /（1/10mm）	0～49	50～149	150～249	250～350	350～500
最大差值 /（1/10mm）	2	4	6	8	20

任务三　了解保温隔热材料

保温隔热材料是指热导率低于 0.175W/（m·K）的材料。在建筑中，习惯上把用于控制室内热量外流的材料叫作保温材料；把防止室外热量进入室内的材料叫作隔热材料。保温、隔热材料统称为绝热材料。绝热材料通常是轻质、疏松、多孔、纤维状的材料。

表征绝热材料热工性质的两个主要的物理量是导热系数 λ 和比热容 c（详见项目二 任务三）。

材料的导热系数和比热容是设计建筑物围护结构（墙体、屋盖、地面）进行热工计算的重要参数。选用导热系数小而比热容大的材料，可提高围护结构的绝热性能并保持室内温度的稳定。

 一、绝热材料的分类

绝热材料的品种很多，按材质分类，可分为无机绝热材料、有机绝热材料和金属绝热材料三大类；按形态分类，可分为纤维状、微孔状、气泡状和层状等。其分类见表 8-13，其中使用最普遍的保温隔热材料：无机绝热材料有膨胀珍珠岩、纳米陶瓷微珠隔热保温涂料、加气混凝土、岩棉、玻璃棉、泡沫玻璃等；有机绝热材料有聚苯乙烯泡沫塑料、聚氨酯泡沫塑料、聚氯乙烯泡沫塑料、脲醛泡沫塑料、酚醛泡沫塑料、橡塑海绵保温材料等。无机材料具有不燃、使用温度范围宽、耐化学腐蚀性较好等特点，而有机材料具有强度较高、吸水率较低、不透水性较好等特色。我国主要保温隔热材料的性能指标见表 8-14。

表 8-13　主要保温隔热材料的分类

分　类			品　　种
纤维状	无机质	天然	石棉纤维
		人造	矿物纤维（矿渣棉、岩棉、玻璃棉、硅酸铝棉等）
	有机质	天然	棉麻纤维、稻草纤维、草纤维等
		人造	软质纤维板类（木纤维板、草纤维板、稻壳板、蔗渣板等）
微孔状	无机质	天然	硅藻土
		人造	硅酸钙、碳酸镁等
	有机质	天然	炭化木材
气泡状	无机质	人造	膨胀珍珠岩、膨胀蛭石、加气混凝土、泡沫玻璃、泡沫硅玻璃、火山灰微珠、泡沫枯土等
	有机质	天然	软木
		人造	泡沫聚苯乙烯塑料、泡沫聚氨酯塑料、泡沫酚醛树脂、泡沫脲醛树脂、泡沫橡胶、钙塑绝热板等
层状	金属		铝箔、锡箔等

表 8-14　我国主要保温隔热材料的性能指标

品种	性能指标			
	使用温度 /℃	施工密度 / (kg/m³)	抗压强度 /MPa	导热系数（常温）/[W/ (m·K)]
矿棉制品	600	100	—	0.035 ~ 0.044
玻璃棉（超细）制品	350	60	—	0.030
水泥珍珠岩制品	500	350	≥ 0.4	0.074
微孔硅酸钙制品	< 650	< 250	> 1.0	0.056
轻质保温棉	1400	—		0.60
陶瓷纤维制品	1050	155		0.081

（续）

品种	性能指标			
	使用温度 /℃	施工密度 / (kg/m³)	抗压强度 /MPa	导热系数（常温）/[W/（m·K）]
泡沫玻璃	−200 ~ 500	< 180	> 0.7	0.050
水泥蛭石制品	< 650	500	0.3 ~ 0.6	0.094
加气混凝土	< 200	500	> 0.4	0.126
聚氨酯泡沫塑料	−196 ~ 130	< 65	≥ 0.5	0.035
炭化软木	< 130	120，180	> 1.5	< 0.058，< 0.070
黏土砖	—	1800	—	1.58

在上述常用保温隔热材料中，纳米陶瓷微珠隔热保温涂料、膨胀珍珠岩、岩棉、玻璃棉、聚苯乙烯泡沫塑料、聚氨酯泡沫塑料等材料的导热系数都比较小，均属于高效绝热材料，除纳米陶瓷微珠隔热保温涂料外均无承重功能；加气混凝土的保温隔热性能优于黏土砖和普通混凝土等土木工程材料，但低于上述高效绝热材料较多。由于加气混凝土为水泥、石灰、石英砂、粉煤灰、炉渣和发泡剂铝粉等，通过高压或常压蒸养制成，密度较大，干密度为 300 ~ 700kg/m³，可利用工业废料，有一定承重能力，能砌筑单一墙体，兼有保温及一般作用。

二、影响材料导热性的主要因素

1. 材料本身的性质
材料导热系数由大到小为：金属材料 > 无机非金属材料 > 有机材料。

2. 微观结构
相同组成的材料，结晶结构的导热系数最大，微晶结构次之，玻璃体结构最小。为了获取导热系数较低的材料，可通过改变其微观结构的方法来实现，如水淬矿渣就是一种较好的绝热材料。

3. 孔隙率与孔隙特征
孔隙率越大，材料导热系数越小。在孔隙率相同时，孔隙尺寸越大，导热系数越大；连通孔隙的比封闭孔隙的导热系数大。纤维状材料存在一个最佳表观密度，在该密度时导热系数最小。

4. 含水率
所有保温材料都具有多孔结构，当材料吸湿受潮后，其导热系数增大。这是由于水的导热系数 0.58W/（m·K）远大于密闭空气的导热系数 0.023W/（m·K）。当绝热材料中吸收的水分结冰时，其导热系数会进一步增大。因为冰的导热系数 2.33W/（m·K）比水的大。因此，绝热材料应特别注意防水防潮。

5. 热流方向
对于各向异性的材料，如木材等纤维质的材料，当热流平行于纤维方向时，热流受阻小，故导热系数大。而热流垂直于纤维方向时，热流受阻大，故导热系数小。以松木为例，当热流垂直于木纹时，导热系数为 0.17W/（m·K），而当热流平行于木纹时，则导热系数为

0.35W/（m·K）。

室内外之间的热交换除了通过材料的传导方式外，辐射传热也是一种重要的传热方式，铝箔等金属薄膜，由于具有很强的反射能力，具有隔绝热辐射传热的作用，因而也是理想的绝热材料。

☑ 三、常用绝热材料

绝热材料按化学成分可分为有机和无机两大类；按材料的构造可分为纤维状、松散粒状和多孔状三种。绝热材料通常可制成板、片、卷材或管壳等多种形式的制品。

1. 纤维状保温隔热材料

这类材料主要是以矿棉、石棉、玻璃棉及植物纤维等为主要原料，制成板、筒、毡等形状的制品，广泛用于住宅建筑和热工设备、管道等的保温隔热。这类绝热材料通常也是良好的吸声材料。

（1）石棉及其制品　石棉是一种天然矿物纤维，主要化学成分是含水硅酸镁，具有耐火、耐热、耐酸碱、绝热、防腐、隔声及绝缘等特性，常制成石棉粉、石棉纸板和石棉毡等制品。由于石棉中的粉尘对人体有害，民用建筑中已很少使用，目前主要用于工业建筑的隔热、保温及防火覆盖等。

（2）矿棉及其制品　矿棉一般包括矿渣棉和岩石棉。矿渣棉所用原料有高炉硬矿渣、铜矿渣等，岩石棉的主要原料为天然岩石；上述原料经熔融后，用喷吹法或离心法制成细纤维。矿棉具有轻质、不燃、绝热和绝缘等性能，来源广、成本低。矿棉可制成矿棉板、矿棉毡及管壳等，用作建筑物的墙壁、屋顶、顶棚等处的保温隔热和吸声材料，以及热力管道的保温材料。

（3）玻璃棉及其制品　玻璃棉是用玻璃原料或碎玻璃经熔融后制成的纤维材料，价格与矿棉相近，可制成沥青玻璃棉毡、板及酚醛玻璃棉毡、板等制品；广泛用在温度较低的热力设备和房屋建筑中的保温隔热，同时它还是良好的吸声材料。

（4）植物纤维复合板　植物纤维复合板是以植物纤维为主要材料加入胶结料和填加料而制成的，可用于墙体、地板、顶棚等，也可用于冷藏库、包装箱等。

（5）陶瓷纤维绝热制品　陶瓷纤维是以氧化硅、氧化铝为主要原料，经高温熔融、蒸汽（或压缩空气）喷吹或离心喷吹（或溶液纺丝再经烧结）而制成，其最高使用温度为1100～1350℃，耐火度≥1770℃，可加工成纸、绳、带、毯、毡等制品，供高温绝热或吸声之用。

2. 松散粒状保温隔热材料

（1）膨胀蛭石及其制品　膨胀蛭石是一种天然矿物，经煅烧，单颗粒体积能膨胀约20倍。膨胀蛭石的堆积密度为80～900kg/m³，导热系数为0.046～0.070W/（m·K），可在1000～1100℃温度下使用，不蛀、不腐，但吸水性较大。

膨胀蛭石可以呈松散状铺设于墙壁、楼板、屋面等夹层中，作绝热、隔声之用，使用时应注意防潮，以免吸水后影响绝热效果。膨胀蛭石也可与水泥、水玻璃等胶凝材料胶结成板，但其导热系数值比松散状要大，一般为0.08～0.10W/（m·K）。

（2）膨胀珍珠岩及其制品　膨胀珍珠岩是由天然珍珠岩煅烧而成的，呈蜂窝泡沫状的白色或灰白色颗粒，是一种高效能的绝热材料。其堆积密度为40～500kg/m³，导热系数为0.047～0.070W/（m·K），最高使用温度可达800℃，最低使用温度为–200℃。其具有吸湿小、无毒、不燃、抗菌、耐腐、施工方便等特点。

膨胀珍珠岩在建筑上广泛用作围护结构、低温及超低温保冷设备、热工设备等的绝热保温材料，也可用于制作吸声制品。膨胀珍珠岩制品是以膨胀珍珠岩为主，配合适量胶结材料（水泥、水玻璃、磷酸盐、沥青等），经拌和、成形和养护（或干燥，或焙烧）后制成板、块和管壳等制品。

3. 多孔状板块绝热材料

（1）微孔硅酸钙制品　微孔硅酸钙制品是用粉状二氧化硅材料（硅藻土）、石灰、纤维增强材料及水等经搅拌、成形、蒸压处理和干燥等工序而制成的。以托贝莫来石为主要水化产物的微孔硅酸钙体积密度约为 $200kg/m^3$，导热系数为 $0.047W/(m \cdot K)$，最高使用温度约为 650℃。以硬硅钙石为主要水化产物的微孔硅酸钙，其体积密度约为 $230kg/m^3$，导热系数为 $0.056W/(m \cdot K)$，最高使用温度可达 1000℃。其用于围护结构及管道保温，效果比水泥膨胀珍珠岩和水泥膨胀蛭石好。

（2）泡沫玻璃　泡沫玻璃是由玻璃粉和发泡剂等经配料、烧制而成的。气孔率为 80%～95%，气孔直径为 0.1～5.0mm，且大量为封闭而孤立的小气泡。其体积密度为 150～$600kg/m^3$，导热系数为 0.058～$0.128W/(m \cdot K)$，抗压强度为 0.8～15.0MPa。其耐久性好，易加工，可用于多种绝热需要。泡沫玻璃作为绝热材料在建筑上主要用于保温墙板、地板、顶棚及屋顶保温，可用于寒冷地区建筑低层的建筑物。

（3）多孔混凝土　多孔混凝土是具有大量均匀分布、直径小于2mm 的封闭气孔的轻质混凝土，主要有泡沫混凝土和加气混凝土。泡沫混凝土的体积密度为 300～$500kg/m^3$，导热系数为 0.082～$0.186W/(m \cdot K)$。加气混凝土的体积密度小（500～$700kg/m^3$），导热系数为 0.093～$0.164W/(m \cdot K)$。随表观密度的减小，多孔混凝土的绝热效果增加，但强度下降。

（4）硅藻土　硅藻土是由水生硅藻类生物的残骸堆积而成的。其孔隙率为 50%～80%，导热系数为 $0.060W/(m \cdot K)$，具有很好的绝热性能，最高使用温度可达 900℃，可用作填充料或制成制品。

（5）泡沫塑料　泡沫塑料以各种树脂为基料，加入一定剂量的辅助料，经加热发泡而制成的轻质保温材料。其具有保温、绝热、吸声、抗震效果，加工使用方便。常用的泡沫塑料有聚苯乙烯泡沫塑料、脲醛树脂泡沫塑料、聚氨酯泡沫塑料、聚氯乙烯泡沫塑料、泡沫酚醛塑料等。该类绝热材料可用于复合墙板及屋面板的夹芯层、冷藏及包装等绝热需要。

4. 其他绝热材料

（1）软木板　软木板是用栓皮、栎树皮或黄菠萝树皮为原料，经破碎后与皮胶溶液拌和，再加压成形，在温度为80℃的干燥室中干燥一昼夜而制成的。其具有表观密度小，导热性低，抗渗和防腐性能好等特点。软板常用热沥青错缝粘贴，用于冷藏库隔热。

（2）蜂窝板　蜂窝板是由两块较薄的面板，牢固地黏结在一层较厚的蜂窝状芯材两面而制成的板材，也称为蜂窝夹层结构。蜂窝状芯材是用浸渍过合成树脂（酚醛、聚酯等）的牛皮纸、玻璃布和铝片等，经过加工粘合成六角形空腹（蜂窝状）的整块芯材。面板为浸渍过树脂的牛皮纸、玻璃布或不经树脂浸渍的胶合板、纤维板、石膏板等。采用合适的胶黏剂将面板与芯材牢固地黏结在一起后，蜂窝板具有比强度高，导热性低和抗震性好等多种功能。

（3）窗用绝热薄膜　这种薄膜是以聚酯薄膜经紫外线吸收剂处理后，在真空中进行蒸镀金属粒子沉积层，然后与一层有色透明的塑料薄膜压粘而成的，厚度约为 12～50mm。窗用绝热薄膜可将透过玻璃的大部分阳光反射出去，反射率最高可达80%，从而起到了遮蔽阳光、防止室内陈设物褪色、减少冬季热量损失、节约能源、增加美感等作用。窗用绝热薄膜用于建筑物窗玻璃的绝热，效果与热反射玻璃相同。

 四、绝热材料的选用及基本要求

由于绝热材料的品种很多，在使用时应按以下条件选择：

1）绝热性能好（热导率要小），蓄热损失小（比热容小）。

2）化学稳定性能好，在使用温度范围内不会发生分解、挥发和其他化学反应，并耐化学腐蚀。

3）热稳定性能好，使用温度范围宽，热收缩率小，不会发生析晶、相变，抗热震性好。

4）吸湿、吸水率小，因水的导热能力比空气大 24 倍，且吸水后强度降低。

5）有一定的强度，通常抗压强度要求大于 0.4MPa。

6）耐久性好，耐老化时间一般不少于 7 年。

7）安全性好，无毒、无味，并具有耐燃、阻燃、自熄能力。

8）工艺性好，易制成各种形状制品，便于施工。

9）经济性好，能耗少，价格便宜，原料丰富。

在实际应用中，由于绝热材料抗压强度一般都很低，常将绝热材料与承重材料复合使用。另外，由于大多数绝热材料都具有一定的吸水、吸湿能力，故在实际使用时应注意防潮防水，需在其表层加防水层或隔汽层。

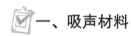 # 任务四　了解吸声与隔声材料

一、吸声材料

吸声材料是一种能在较大程度上吸收由空气传递的声波能量的土木工程材料。吸声系数≥ 0.2 的材料为吸声材料。在音乐厅、影剧院、大会堂、播音室等内部的墙面、地面、顶棚等部位，适当采用吸声材料，能改善声波在室内传播的质量，保持良好的音响效果。

1. 常用吸声材料的品种及性能

建筑工程中常用吸声材料种类、吸声系数及装置情况见表 8-15。

表 8-15　常用吸声材料的主要性质

材料种类及名称		厚度 /cm	各种频率（Hz）下的吸声系数						装置情况
			125	250	500	1000	2000	4000	
无机材料	石膏板（有花纹）	—	0.03	0.05	0.06	0.09	0.04	0.06	贴实
	水泥蛭石板	4.0	—	0.14	0.46	0.78	0.50	0.60	贴实
	石膏砂浆（掺水泥玻璃纤维）	2.2	0.24	0.12	0.09	0.30	0.32	0.83	粉刷在墙上
	水泥膨胀珍珠岩板	5	0.16	0.46	0.64	0.48	0.56	0.56	贴实
	水泥砂浆	1.7	0.21	0.16	0.25	0.40	0.42	0.48	—
	砖（清水墙面）	—	0.02	0.03	0.04	0.04	0.05	0.05	—

（续）

材料种类及名称		厚度 /cm	各种频率（Hz）下的吸声系数						装置情况	
			125	250	500	1000	2000	4000		
有机材料	软木板	2.5	0.05	0.11	0.25	0.63	0.70	0.70	贴实	
	木丝板	3.0	0.10	0.36	0.62	0.53	0.70	0.90	钉在木龙骨上	后留 10cm 空气层
	胶合板（三夹板）	0.3	0.21	0.73	0.21	0.19	0.08	0.12		后留 5cm 空气层
	穿孔五夹板	0.5	0.01	0.25	0.55	0.30	0.16	0.19		后留 5～10cm 空气层
	木花板	0.8	0.03	0.02	0.03	0.03	0.04	—		后留 5cm 空气层
	木质纤维板	1.1	0.06	0.05	0.28	0.30	0.33	0.31		后留 5cm 空气层
纤维材料	矿渣棉	3.13	0..10	0.21	0.60	0.95	0.85	0.72	贴实	
	玻璃棉	5.0	0.06	0.08	0.18	0.44	0.72	0.82	贴实	
	酚醛玻璃纤维板	8.0	0.25	0.55	0.80	0.92	0.98	0.95	贴实	
	工业毛毡	3.0	0.10	0.28	0.55	0.60	0.60	0.56	紧贴于墙上	
多孔材料	泡沫玻璃	4.4	0.11	0.32	0.52	0.44	0.52	0.33	贴实	
	脲醛泡沫塑料	5.0	0.22	0.29	0.40	0.68	0.95	0.94	贴实	
	泡沫水泥（外粉墙）	2.0	0.18	0.05	0.22	0.48	—	0.32	紧贴于墙上	
	吸声蜂窝板	—	0.27	0.12	0.42	0.86	0.48	0.30	—	
	泡沫塑料	1.0	0.03	0.06	0.12	0.41	0.85	0.67	—	

2. 选用吸声材料的基本要求

1）为发挥吸声材料的作用，必须选择材料的气孔是开口的，且是互相连通的。气孔越多，吸声性能越好。其气孔特征与绝热材料要求的封闭、不相连通的气孔完全不同；工艺上，可通过材料的选择，控制生产工艺，加热、加压，获得气孔特征不同的产品。

2）大多数吸声材料强度低，因此，吸声材料应设置在墙裙以上、避免碰撞损坏。多孔吸声材料易吸湿，安装时应考虑胀缩的影响。

3）应尽可能选用吸声系数较高的材料，这样可以使用数量较少的材料达到较高的经济效果。

3. 吸声材料安装注意事项

1）要使吸声材料充分发挥作用，应将其安装在最容易接触声波和反射次数最多的表面上，而不应把它集中在顶棚或某一面的墙壁上，并应比较均匀地分布在室内各表面上。

2）吸声材料强度一般较低，应设置在护壁线以上，以免碰撞破损。

3）多孔吸声材料往往易于吸湿，安装时应考虑到湿胀干缩的影响。

4）选用的吸声材料应不易虫蛀、腐朽，且不易燃烧。

5）应尽可能选用吸声系数较高的材料，以便节约材料用量，降低成本。

6）安装吸声材料时应注意勿使材料的表面细孔被油漆的漆膜堵塞而降低其吸声效果。

二、隔声材料

建筑上将主要起隔绝声音作用的材料称为隔声材料。隔声材料主要用于外墙、门窗、隔墙、隔断等。

声音按其传播途径可分为空气声（由于空气的振动）和固体声（由于固体撞击或振动）两种。

对空气声的隔绝，应选用密度大的材料，如钢筋混凝土、实心砖等。

对固体声的隔绝，要在产生和传递固体声波的结构（如梁、框架与楼板、隔墙，以及它们的交接处等）层中加入具有一定弹性的软垫材料（如软木、橡胶、毛毡、地毯），或设置空气隔离层等，以阻止或减弱固体声波的继续传播。最有效的措施是采用不连续的结构处理，即在墙壁和承重梁之间、房屋的框架和墙板之间加弹性衬垫，如毛毡、软木、橡胶等材料或在楼板上加弹性地毯。

材料的隔声原理与材料的吸声原理不同，因此，吸声效果好的多孔材料（有开口连通而不穿透或穿透的孔形）隔声效果不一定好。

任务五 了解建筑塑料

塑料是以高分子化合物为基本材料，加入各种填充料和改性添加剂，在一定的温度和压力下塑制而成的。塑料在土木工程中常用作装修材料、绝热材料、防水与密封材料、管道及卫生洁具等，应用于土木工程中的塑料习惯上称为建筑塑料。

一、建筑塑料的组成

1. 合成树脂

合成树脂是塑料的主要组成材料，起着胶黏剂的作用，能将其他材料牢固地胶结在一起。在多成分塑料中合成树脂的含量为 30%～60%。塑料的主要性能及成本决定于所采用的合成树脂。

按生产时发生的化学反应不同，合成树脂分为聚合树脂和缩合树脂；按合成树脂受热时的性质不同，分为热塑性树脂和热固性树脂。

1）热塑性树脂：可加热软化、熔融，冷却时硬化的树脂。全部聚合树脂和部分缩合树脂为热塑性树脂。这种树脂刚度较小，抗冲击韧性好，耐热性较差。由热塑性树脂制成的塑料为热塑性塑料。

2）热固性树脂：在第一次加热时软化、熔融而发生化学交联固化成形，以后再加热也不能软化、熔融或改变其形状，即只能塑制一次的树脂。其耐热性好，刚度较大，但质地脆而硬。由热固性树脂制成的塑料为热固性塑料。

2. 填充料

填充料又称为填充剂，占塑料组成材料的 40%～70%，可改善塑料的强度、硬度、韧性、耐热性、耐老化性、抗冲击性等；也可降低塑料成本。常用的有机填充料有木粉、纸屑、棉布等；常用的无机填充料有滑石粉、石墨粉、石棉、云母、玻璃纤维等。

3. 添加剂

添加剂是为了改善或调节塑料的某些性能，以适应使用或加工时的特殊要求而加入的辅助材料，如增塑剂、固化剂、着色剂、阻燃剂、稳定剂等。

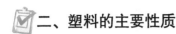

二、塑料的主要性质

1）密度小。塑料的密度一般为 1000 ～ 2000kg/m³，约为天然石材密度的 1/3 ～ 1/2，约为混凝土的 1/2 ～ 2/3，钢材密度的 1/8 ～ 1/4。

2）强度高。塑料及制品的比强度超过钢材，是混凝土的 5 ～ 15 倍。故在建筑中，用塑料代替传统材料，可减轻建筑物自重，还可给施工带来诸多方便。

3）导热性低。密实塑料的热导率一般为 0.12 ～ 0.80W/（m·K）；泡沫塑料的热导率接近空气，是良好的绝热材料。

4）耐腐蚀性好。大多数塑料对酸、碱、盐等腐蚀性物质的作用具有较高的稳定性。热塑性塑料可被某些有机溶剂溶解；热固性塑料则不能被溶解，仅可能出现一定的溶胀。

5）电绝缘性好。塑料的导电性低，又因热导率低，是良好的电绝缘材料。

6）装饰性好。塑料具有良好的装饰性能，能制成线条清晰、色彩鲜艳、光泽动人的塑料制品。

7）耐热性、耐燃性差，热伸缩性大。

三、建筑塑料的应用

常见建筑塑料的特性与用途见表 8-16。

表 8-16 常见建筑塑料的特性与用途

名　称	特　性	用　途
聚乙烯（PE）	柔韧性好，介电性能和耐化学腐蚀性能良好，成形工艺性好，但刚性差	主要用于防水材料、给水排水管和绝缘材料等
聚丙烯（PP）	耐腐蚀性能优良，力学性能和刚性超过聚乙烯，耐疲劳和耐应力开裂性好，但收缩率较大，低温脆性大	管材、卫生洁具、模板等
聚氯乙烯（PVC）	耐化学腐蚀性和电绝缘性优良，力学性能较好，具有难燃性，但耐热性差，升高温度时易发生降解	有软质、硬质、轻质发泡制品。广泛应用于建筑各部位，是应用最多的一种塑料
聚苯乙烯（PS）	树脂透明，有一定的机械强度，电绝缘性能好，耐辐射，成形工艺性好，但脆性大，耐冲击性和耐热性差	主要以泡沫塑料形式作为隔热材料，也用来制造灯具平顶板等
ABS 塑料	具有韧、硬、刚相均衡的优良力学特性，电绝缘性与耐化学腐蚀性好，尺寸稳定性好，表面光泽性好，易涂装和着色，但耐热性不太好，耐候性较差	用于生产建筑五金和各种管材、模板、异型板等
酚醛树脂（PF）	电绝缘性能和力学性能良好，耐水性、耐酸性和耐烧蚀性能优良。酚醛塑料坚固耐用，尺寸稳定，不易变形	生产各种层压板、玻璃钢制品、涂料和胶黏剂等
环氧树脂（EP）	黏结性和力学性能优良，耐化学药品性（尤其是耐碱性）良好，电绝缘性能好，固化收缩率低，可在室温、接触压力下固化成形	主要用于生产玻璃钢、胶黏剂和涂料等产品
不饱和聚酯树脂（UP）	可在低压下固化成形，用玻璃纤维增强后具有优良的力学性能，良好的耐化学腐蚀性和电绝缘性能，但固化收缩率较大	主要用于玻璃钢、涂料和聚酯装饰板等
聚氨酯（PUR）	强度高，耐化学腐蚀性优良，耐热、耐油、耐溶剂性好，黏结性和弹性优良	主要以泡沫塑料形式作为隔热材料及优质涂料、胶黏剂、防水涂料和弹性嵌缝材料等

（续）

名　称	特　性	用　途
有机硅树脂（SD）	耐高、低温，耐腐蚀，稳定性好，绝缘性好	宜作高级绝缘材料或防水材料
聚甲基丙烯酸甲脂（PMMA）	有较好的弹性、韧性和抗冲击强度，耐低温性好，透明度高，易燃	主要用作采光材料，代替玻璃且性能优于玻璃
玻璃纤维增强塑料（GRP）	强度特别高，质轻，成形工艺简单，除刚度不如钢材外，各种性能均很好	在土木工程中应用广泛，可作屋面材料、墙面围护材料、浴缸、水箱、冷却塔、排水管等

 四、建筑用塑料制品

塑料的种类虽然很多，但在建筑上广泛应用的仅有 10 多种，均加工成一定形状和规格的制品。下面介绍几种常用的塑料制品。

1. 塑料门窗

目前塑料门窗主要采用聚氯乙烯（PVC）树脂为主要原料，加入适量的各种添加剂，经混炼、挤出等工序制成塑料门窗异型材，再将异型材经机械加工成不同规格的门窗构件，组合拼装成相应的门窗制品。

塑料门窗分为全塑门窗和复合塑料门窗。复合塑料门窗是在门窗框内部嵌入金属型材以增强塑料门窗的刚性，提高门窗的抗风压能力。增强用的金属型材主要为铝合金型材和钢型材（又称为塑钢门窗）。塑料具有容易加工成形和拼装的优点，因而其门窗结构形式的设计有更大的灵活性。

2. 塑料管材

塑料管材代替铸铁管和镀锌钢管，具有质量轻、水流阻力小、不易结垢、安装使用方便、耐腐蚀性好、使用寿命长等优点，且生产能耗低，如塑料给水管比传统钢管节能 62%～75%，塑料排水管比铸铁管节能 55%～68%；塑料管安装费用约为钢管的 60% 左右，材料费用仅为钢管的 30%～80%，生产能源可节省 80%。因而，塑料管的应用是国家重点推广项目。

目前国内生产的塑料管材，主要有硬聚氯乙烯（UPVC）管、聚乙烯管、聚丙烯管及玻璃钢水落管等。它们广泛用于房屋建筑的给水排水系统、市政给水排水管道、雨水管道及电线安装配套用的电线电缆管等。

3. 塑料地板

塑料地板是以高分子合成树脂为主要原料，加入适量辅料，经一定的工艺制成的预制块状、卷材状或现场铺涂整体状地面装饰材料。塑料地板通过印花、压花等制作工艺，表面可呈现丰富绚丽的图案，其密度仅为 $1.8～2g/cm^3$，可大大减小楼面荷载，且其坚韧耐磨，耐磨性完全能满足室内铺地材料的要求。塑料地板施工为干作业，可直接粘贴，施工、维修和保养方便。

4. 塑料装饰扣（条）板、线

塑料装饰扣（条）板、线是以树脂为浸渍材料或以树脂为基材，采用一定的生产工艺制成的、具有装饰工程的普通或异型断面的板材。

塑料装饰板材按原材料的不同可分为塑料金属复合板、硬质 PVC 板、三聚氰胺层压板、玻璃钢板、聚碳酸酯采光板、有机玻璃装饰板等类型，按结构和断面形式可分为平板、波形板、实体异形断面板、中空异形断面板、格子板、夹芯板等类型。

塑料装饰板材具有质量轻、装饰性强、生产工艺简单、施工方便、易于保养、适于与其他材料复合等特点，主要用作护墙板、屋面板和平顶板，也可作复合夹芯板材。

5. 玻璃钢

玻璃钢（玻璃纤维增强塑料）是以玻璃纤维为增强材料，以酚醛树脂、不饱和聚酯树脂、环氧树脂等为胶黏剂，经过一定的成形工艺制作而成的复合材料。

采用玻璃钢材料制成的卫生间（包括浴缸、洗面器、梳妆台、坐便器、水箱、墙板、底盆、五金配件等），具有自重轻、强度高、防水、防腐、设计灵活、色泽丰富、整洁美观、生产工艺简单、运输安装方便、占地面积小等优点，是解决建筑楼地面卫生间漆漏的较理想产品，适用于宾馆、饭店、住宅，也适用于宾馆、招待所等卫生间的更新改造。

6. 泡沫塑料

泡沫塑料是以各种树脂为基料，加入稳定剂、催化剂等加热发泡等工序而制成的多孔塑料制品，具有相对密度低、导热系数低，不吸水、不燃烧，保温隔热、吸声、防震的优良特性。泡沫塑料的孔隙率高达 95% ～ 98%，且空隙尺寸小于 1.0mm，根据孔隙的特征，有开口和闭口两种，前者适用于建筑工程上的吸声、保温和隔热，后者适用于防震。建筑上常用的有聚苯乙烯泡沫塑料、聚氯乙烯泡沫塑料、聚氨酯泡沫塑料和脲醛泡沫塑料等。

任务六　了解装饰材料

一、装饰材料的基本要求和选用

1. 装饰材料的基本要求

装饰材料除应具备适宜的颜色、光泽、线条与花纹图案及质感外，还应具备保护作用，满足相应的使用要求，即具有一定的强度、硬度、防火性、阻燃性、耐火性、耐候性、耐水性、抗冻性、耐污染性与耐腐蚀性，有时还需具有一定的吸声性、隔声性和隔热保温性等。其中，首先考虑的是由质感、线条和色彩等因素构成的装饰效果，此外，还必须考虑装饰材料在形状、尺寸、纹理等方面的要求。

2. 装饰材料的选用原则

（1）功能性　建筑外部装饰材料要经受日晒、雨淋、冰冻、霜雪、风化和介质侵蚀作用，建筑内部装饰材料要经受磨擦、冲击、洗刷、沾污和火灾等作用。因此，装饰材料在满足装饰功能同时要满足强度、耐水性、保温、隔热、耐腐蚀和防火性等方面的要求。

（2）装饰性　不同环境、不同部位，对装饰材料的要求也不同，选用装饰材料时，主要考虑的是装饰效果，颜色、光泽、透明性等应与环境相协调。

（3）经济性　从经济角度考虑材料的选择，应有一个总体观念，既要考虑到工程装饰一次投资的多少，也要考虑到日后的维修费用，有时在关键性问题上，宁可适当加大一点一次投资，延长使用年限，从而达到保证总体上的经济性。

（4）环保要求　在装饰材料的生产、施工、使用中，要求能耗少、施工方便、污染低，满足环境保护要求。近些年的研究结果表明，现代建筑装饰材料的大量使用是引起室内外空气污染的主要因素之一，主要表现为材料表面释放出的甲醛、芳香族化合物、氨和放射性气体氡超标，通过呼吸和皮肤接触对人体造成危害。

二、陶瓷类装饰材料

凡以黏土、长石和石英为基本原料，经配料、制坯、干燥和焙烧而制得的成品，统称为陶瓷制品。

1. 建筑陶瓷制品的技术性质

（1）外观质量　外观质量是装饰用建筑陶瓷制品最主要的质量指标，往往根据外观质量对产品进行分类。

（2）吸水率　吸水率是控制产品质量的重要指标，吸水率大的建筑陶瓷制品不宜用于室外。

（3）耐急冷、急热性　陶瓷制品的内部和表面釉层热膨胀系数不同，温度急剧变化可能会使釉层开裂。

（4）弯曲强度　陶瓷材料质脆易碎，因此对弯曲强度有一定的要求。

（5）耐磨性　用于铺地的彩釉砖应有较好的耐磨性。

（6）抗冻性　用于室外的陶瓷制品应有较好的抗冻性。

（7）抗化学腐蚀性　用于室外的陶瓷制品和化工陶瓷应有较好的抗化学腐蚀性。

2. 常用建筑陶瓷制品

建筑陶瓷制品包括釉面砖、墙地砖、陶瓷锦砖、建筑琉璃制品等，广泛用作建筑物内外墙、地面和屋面的装饰和保护，已成为房屋装修的一类极为重要的装饰材料。

（1）釉面砖　釉面砖又称为内墙面砖，属于精陶类制品。其表面施釉，烧成后光亮平滑，形状尺寸多种多样，色彩颜色丰富，并具有不易粘污、耐水性好、耐酸碱性好、热稳定性较强、防火性好等优点，是一种良好的内装饰材料。

（2）墙地砖　生产工艺类似于釉面砖，或不施釉一次烧成无釉墙地砖。产品包括内墙砖、外墙砖和地砖三类。墙地砖具有强度高、耐磨、化学性能稳定、不燃、吸水率低、易清洁、经久不裂等优点。对于铺地砖还有耐磨性要求，并根据耐化学腐蚀性分为 AA、A、B、C、D 五个等级。

（3）陶瓷锦砖　俗称马赛克，是以优质瓷土为主要原料，经压制烧成的片状小瓷砖，表面一般不上釉。通常将不同颜色和形状的小块瓷片铺贴在牛皮纸上形成色彩丰富、图案繁多的装饰砖成联使用。陶瓷锦砖具有耐磨、耐火、吸水率小、抗压强度高、易清洗以及色泽稳定等特点，广泛适用于建筑物门厅、走廊、卫生间、厨房、化验室等内墙和地面，并可作建筑物的外墙饰面与保护。施工时，可以将不同花纹、色彩和形状的小瓷片拼成多种美丽的图案。

（4）建筑琉璃制品　建筑琉璃制品是我国陶瓷宝库中的古老珍品之一，是用难熔黏土制坯，经干燥、上釉后焙烧而成的。颜色有绿、黄、蓝、青等。品种可分为三类：瓦类（板瓦、滴水瓦、筒瓦、沟头）、脊类和饰件类（吻、博古、兽）。琉璃制品色彩绚丽、造型古朴、质坚耐久，所装饰的建筑物富有我国传统的民族特色，主要用于具有民族色彩的宫殿式房屋和园林中的亭、台、楼阁等。

☑ 三、天然与人造石材

1. 天然石材

天然石材是指从天然岩体中开采出来的毛料经加工而成的板状或块状的饰面材料。用于建筑装饰的主要有大理石板材和花岗石板材两大类。通常以其磨光加工后所显示的花色、特征及石材产地来命名。饰面板材一般有正方形及矩形两种，常用规格为厚度20mm，宽150～915mm，长300～1220mm，也可加工成8～12mm厚的薄板及异形板材。

（1）大理石板材　大理石板材是用大理石荒料（即由矿山开采出来的具有规则形状的天然大理石块）经锯切、研磨、抛光等加工而成的板材，呈现出红、黄、黑、绿、灰、褐等多种色彩组成的花纹，可用作室内高级饰面材料，也可用作室内地面或踏步（耐磨性次于花岗石）。

纯净的大理石为白色，洁白如玉，晶莹纯净，熠熠生辉，故称为汉白玉。纯白和纯黑的大理石属于名贵品种，是重要建筑物的高级装修材料，可用于外墙饰面。

（2）花岗石板　花岗石板材是以火成岩中的花岗岩、安山岩、辉长岩、片麻岩等荒料经锯片、磨光、修边等加工而成的板材，常呈灰色、黄色、蔷薇色、淡红色及黑色等。根据其在建筑物中使用部位的不同，加工成剁斧板、机刨板、粗磨板、磨光板。因其材质坚硬、化学稳定性好、抗压强度高、耐久性很好，使用年限可达500～1000年之久，是公认的高级建筑结构材料和装饰材料。

花岗石板材中含大量石英，石英在573℃和870℃的高温下均会发生晶态转变，产生体积膨胀，故火灾时花岗石会产生严重开裂破坏。

2. 人造石材

人造石材是以天然石材碎料、石英砂、石渣等为骨料，树脂、聚酯或水泥等为胶结料，经拌和、成形、聚合或养护后，打磨、抛光、切割而成。其具有天然石材的质感，但质量轻，强度高，耐腐，耐污染，可锯切、钻孔，施工方便。人造石材适用于墙面、门套或柱面装饰，也可用作工厂、学校等的工作台面及各种卫生洁具，还可加工成浮雕、工艺品等。与天然石材相比，人造石材是一种比较经济的饰面材料，可用于建筑物室内外墙、地面、柱面、楼梯面板、服务台面等。

根据人造石材使用的胶结材料可将其分为以下四类：

（1）水泥型人造石材　水泥型人造石材以各种水泥为胶结料，与砂和大理石或花岗石碎粒等骨料经配料、搅拌、成形、养护、磨光、抛光等工序制成。这类人造石材的耐腐蚀性能较差，且表面容易出现微小龟裂和泛霜，不宜用作卫生洁具，也不宜用于外墙装饰。

（2）树脂型人造石材　树脂型人造石材多以不饱和树脂为胶凝材料，配以天然大理石、花岗石、石英砂或氢氧化铝等无机粉末、粒状填料，经配料、搅拌和浇筑成形。在固化剂、催化剂作用下发生同化，再经脱模、抛光等工序制成。树脂型人造石材的主要特点是光泽度高、质地高雅、强度硬度较高，耐水、耐污染和花色可设计性强等优点。缺点是填料级配若不合理，产品易出现翘曲变形。

（3）复合型人造石材 复合型人造石材所用的胶结料有无机和有机两类胶凝材料。先用无机材料（如水泥砂浆）成形的坯体浸渍在有机单体中，然后使单体聚合。对于板材，基层一般用性能稳定的水泥砂浆，面层用树脂和大理石碎粒或粉调制的浆体制成。这种人造石材兼具上述两类的特点。

（4）烧结型人造石材 烧结型人造石材的生产工艺类似于陶瓷，是把高岭土、石英、斜长石等混合配料，制成泥浆，成形后经1000℃左右的高温焙烧而成。这种人造石材性能稳定，耐久性好，但因采用高温焙烧，能耗大、造价较高，实际应用的少。

✅ 四、金属材料

1. 铝合金

纯铝中加入适量的铜、镁、锰、锌、铬等合金元素组成铝合金，不仅能保持铝固有的特性，其机械性能、耐蚀性能明显提高，强度可接近常用碳素结构钢，质量仅为钢材的1/3。就铝合金而言，由于弹性模量较低，所以刚度和承受弯曲的能力较小。

铝合金广泛用于建筑工程结构和建筑装饰，如铝合金型材、屋架、屋面板、幕墙、门窗框、活动式隔墙、顶棚、暖气片、阳台、楼梯扶手、铝合金花纹板、镁铝曲面装饰板及其他室内装修及建筑五金等。

2. 不锈钢

在钢的冶炼过程中，加入铬（Cr）、镍（Ni）等元素，形成以铬元素为主要元素的合金钢，就称为不锈钢。不锈钢克服了普通钢材在常温下或在潮湿环境中易发生的化学腐蚀或电化学腐蚀的缺点，能提高钢材的耐腐性；另外，一些合金元素的添加也能影响不锈钢的强度、塑性、韧性。对不锈钢不同的表面进行加工可形成不同的光泽度和反射性，并按此划分成不同的等级，不锈钢表面的光泽度和反射性能起到装饰性作用。

建筑装饰用不锈钢制品主要是薄钢板、各种不锈钢型材、管材和异型材，通常用来做屋面、幕墙、门、窗、内外墙饰面、栏杆扶手和护栏等室内外装饰。

3. 彩色压型钢板

彩色压型钢板以镀锌钢板为基材，经成形机轧制，并涂以各种防腐耐蚀涂层与装饰涂层而制成。彩色压型钢材具有质量轻、抗震性好、色彩鲜艳、加工简易和施工方便等特点，广泛用于工业厂房和公共建筑的屋面与墙面。

✅ 五、建筑玻璃

玻璃是用石英砂、纯碱、长石和石灰石等原料于1550～1600℃高温下烧至熔融，成形后急冷而制成的固体材料。

1. 普通玻璃的技术性质

1）透明性好：普通清洁玻璃的透光率达82%以上。

2）热稳定性差：玻璃受急冷、急热时易破裂。

3）脆性大：玻璃为典型的脆性材料，在冲击力作用下易破碎。

4）化学稳定性好：抗盐和酸侵蚀的能力强。

5）体积密度较大：为 2450 ~ 2550kg/m³。

6）导热系数较大：为 0.75W/（m·K）。

2. 建筑玻璃制品

（1）普通平板玻璃　普通平板玻璃是建筑玻璃中用量最大的一种，厚度为 2 ~ 12mm，其中以 3mm 厚的使用量最大。平板玻璃的产量以标准箱计。普通平板玻璃大部分直接用于房屋建筑和维修，作为窗玻璃，一部分加工成钢化、夹层、镀膜、中空等玻璃，少量用作工艺玻璃。

（2）钢化玻璃　钢化玻璃是平板玻璃经物理强化方法或化学强化方法处理后所得的玻璃制品，它具有比普通玻璃好得多的机械强度和耐热抗震性能，也称为强化玻璃。

强化处理使玻璃表面产生一个预压的应力，这个表面预压应力使玻璃的机械强度和抗冲击性能大大提高。一旦受损，整块玻璃呈现网状裂纹，破碎后，碎片小且无尖锐棱角，不易伤人。钢化玻璃在建筑上主要用于高层建筑的门窗、隔墙与幕墙。

（3）夹层玻璃　夹层玻璃是两片或多片平板玻璃之间嵌夹透明塑料薄片，经加热、加压、黏合而成的复合玻璃制品。夹层玻璃的原片可采用普通平板玻璃、钢化玻璃、吸热玻璃或热反射玻璃等，常用的塑料胶片为聚乙烯醇缩丁醛。

夹层玻璃抗冲击性和抗穿透性好，玻璃破碎时，不裂成分离的碎片，只有辐射状的裂纹和少量玻璃碎屑，碎片仍粘贴在膜片上，不致伤人。夹层玻璃在建筑上主要用于有特殊安全要求的门窗、隔墙、工业厂房的天窗和某些水下工程。

（4）夹丝玻璃　夹丝玻璃是将预先编织好的钢丝网压入已软化的红热玻璃中而制成的。其抗折强度高、防火性能好，破碎时即使有许多裂缝，其碎片仍能附着在钢丝上，不致四处飞溅而伤人。夹丝玻璃主要用于厂房天窗，各种采光屋顶和防火门窗等。

3. 保温绝热玻璃

保温绝热玻璃对太阳光近红外线的透过率低，不易引起温室效应，使室内空调能耗小，具有特殊的保温绝热功能，又具有良好的装饰效果。保温绝热玻璃除用于一般门窗外，常作为幕墙玻璃。

（1）吸热玻璃　吸热玻璃在玻璃表面喷涂着色氧化物薄膜，既能吸收大量红外线辐射，又能保持良好的透光率。吸热玻璃中引入有着色作用的氧化物，呈灰色、茶色、蓝色、绿色等颜色。吸热玻璃广泛应用于建筑工程的门窗或幕墙。它还可以作为原片加工成钢化玻璃、夹层玻璃或中空玻璃。

（2）热反射玻璃　热反射玻璃是在玻璃表面用热、蒸发、化学等方法喷涂金、银、铜、镍、铬、铁等金属或金属氧化物薄膜而成的，具有较高的热反射能力，能保持良好透光性的玻璃，又称为镀膜玻璃或镜面玻璃。热反射玻璃反射率高（达 30% 以上），装饰性强，具有单向透光作用，越来越多地用作高层建筑的幕墙。应当注意的是，热反射玻璃使用不适当时，会给环境带来光污染问题。

（3）中空玻璃　中空玻璃由两片或多片平板玻璃构成，用边框隔开，四周边缘部分用密封胶密封，玻璃层间充有干燥气体。构成中空玻璃的原片玻璃除普通退火玻璃外，还可用钢化玻璃、吸热玻璃、热反射玻璃等。中空玻璃的特性是保温、绝热、节能性好，隔声性能优良，并能有效地防止结露，非常适合在住宅建筑中使用。

4.压花玻璃

压花玻璃是将熔融的玻璃液在快冷中通过带图案花纹的辊轴滚压而成的制品，又称为花纹玻璃或滚花玻璃。压花玻璃具有透光不透视的特点，又因其表面有各种图案花纹，具有艺术装饰效果。

压花玻璃多用于办公室、会议室、浴室、卫生间以及公共场所分离的门窗和隔断处。使用时应注意的是：如果花纹面安装在外侧，不仅很容易积灰弄脏，而且沾上水后，就能透视。因此，安装时应将花纹朝室内。

5.磨砂玻璃

磨砂玻璃又称为毛玻璃，它是将平板玻璃的表面经机械喷砂、手工研磨或氢氟酸溶蚀等方法处理成均匀毛面。其特点是透光不透视，且光线不刺眼，用于须透光而不透视的卫生间、浴室等处。安装磨砂玻璃时，应注意将毛面向室内。磨砂玻璃还可用作黑板。

6.玻璃空心砖

玻璃空心砖一般是由两块压铸成的凹形玻璃，经熔接或胶接成整块的空心砖。砖面可为平光，也可在内、外压铸各种花纹。砖内腔可为空气，也可填充玻璃棉等。砖形有方形、圆形等。玻璃空心砖具有一系列优良的性质，绝热、隔声，光线柔和。砌筑方法基本上与普通砖相同。

7.玻璃马赛克

玻璃马赛克也称为玻璃锦砖，它与陶瓷锦砖在外形和使用方法上有相似之处，但它是半透明的玻璃质材料，呈乳浊或半乳浊状，内含少量气泡和未熔颗粒。

玻璃马赛克具有色调柔和、朴实、典雅、美观大方、化学性能稳定、冷热稳定性好等优点，此外还具有不变色、不积灰、历久常新、质量轻、与水泥黏结性能好等特点，常用于外墙装饰。

六、涂料

1.涂料的组成

涂于建筑物表面，并能干结成膜，具有保护、装饰、防锈、防火或其他功能的物质为涂料。涂料由主要成膜物质、次要成膜物质、稀释剂和助剂组成。

主要成膜物质在涂料中主要起到成膜及黏结填料和颜料的作用，使涂料在干燥或固化后能形成连续的涂层。主要成膜物质对形成涂膜的坚韧性、耐磨性、耐候性、化学稳定性以及涂膜的干燥方式（常温干燥或是固化剂固化干燥）等，起着决定性作用。建筑涂料中常用的主要成膜物质有水玻璃、硅溶胶、聚乙烯醇、聚乙烯醇缩甲醛、丙烯酸树脂、环氧树脂、醋酸乙烯－丙烯酸酯共聚物、氯乙烯－偏氯乙烯共聚物、环氧树脂、聚氨酯树脂、氯磺化聚乙烯等。

次要成膜物质是指涂料中所用的颜料和填料，它们也是构成涂膜的组成部分，并以微细粉状均匀地分散于涂料介质中，赋予涂膜以色彩、质感，使涂膜具有一定的遮盖力，减少收缩，还能增加膜层的机械强度，防止紫外线的穿透作用，提高涂膜的抗老化性、耐候性。次要成膜物质不能离开主要成膜物质而单独组成涂膜。常用的颜料有氧化铁红、氧化铁黄、氧化铁绿、氧化铁棕、氧化铬绿、钛白、锌钡白、红丹、铝粉等。

稀释剂为挥发性溶剂或水，主要起到溶解或分散基料，改善涂料施工性能等作用。常用的溶剂有松香水、酒精、200 号溶剂汽油、苯、二甲苯、丙醇等。这些有机溶剂都容易挥发有机物质，对人体有一定影响，需按相关国标进行限量。

助剂是为进一步改善或增加涂料的某些性能而加入的少量物质。通常使用的有增白剂、防污剂、分散剂、乳化剂、润湿剂、稳定剂、增稠剂、消泡剂、硬化剂和催干剂等。

涂料的技术性能包括物理力学性能和化学性能，主要有涂膜颜色、遮盖力、附着力、黏结强度、耐冻融性、耐污染性、耐候性、耐水性、耐碱性及耐刷洗性等。对不同类型的涂料，还有一些不同的特殊要求。

2. 建筑用涂料

建筑涂料品种繁多，按在建筑物上的使用部位的不同来分类，有以下几种：

（1）墙面涂料　墙面涂料分为外墙涂料和内墙涂料，内墙涂料可作为顶棚涂料。墙面涂料的作用是为保护墙体和装饰墙体的立面，提高墙体的耐久性或弥补墙体在功能方面的不足。国家标准《室内装饰装修材料　内墙涂料中有害物质限量》（GB 18582—2008）对室内装饰装修用墙面涂料中对人体有害的物质作了规定。外墙涂料的要求比内墙涂料的更高些，因为它的使用条件严酷，保养更换也较困难。

墙面涂料应具有以下特点：色彩丰富、细腻、协调；耐碱、耐水性好，且不易粉化；良好的透气性和吸湿排湿性；涂刷施工方便，可手工作业，也可机械喷涂。

（2）地面涂料　它对地面起装饰和保护作用，有的还有特殊功能如防腐蚀、防静电等。地面涂料需有较好的耐磨损性、良好的耐碱性、良好的耐水性、良好的抗冲击性以及施工方便、重涂性能好的特点。

（3）防水涂料　防水涂料是指形成的涂膜能防止雨水或地下水渗漏的涂料。用防水涂料来取代传统的沥青卷材，可简化施工程序，加快施工速度，防水涂料应具有良好的柔性、延伸性，使用中不应出现龟裂、粉化。

（4）防火涂料　防火涂料又称为阻燃涂料，它是一种涂刷在建筑物某些易燃材料表面上，能够提高易燃材料的耐火能力，为人们提供一定的灭火时间的一类涂料。防水涂料可分为钢结构防火涂料、木结构防火涂料和混凝土防火涂料。

（5）特种涂料　它除具有保护和装饰作用外，还具有特殊功能，如卫生涂料、防静电涂料和发光涂料。

☑ 七、木材及其制品

装饰用木材的树种包括杉木、红松、水曲柳、柞木、栎木、色木、楠木和黄杨木等。其木纹美丽可作室内装饰之用，木纹细致、材质耐磨可供铺设拼花地板。

常见的木装饰制品有木地板、木装饰线条、木花格。木地板又可分为条木地板、拼花木地板、复合木地板。

条木地板是使用最普遍的木质地板。普通条木地板（单层）的板材常选用红松、杉木等软木树材，硬木条板多选用水曲柳、柞木、枫木、柚木和榆木等硬质木材。条木地板材质要求耐磨不易磨蚀，不易变形开裂。条木地板宽度一般不大于 120mm，板厚为 20～30mm。

条木地板自重轻，弹性好，脚感舒适，其导热性小，冬暖夏凉，易清洁。

拼花木地板是一种高级的室内地面装修材料，分单层和双层两种，二者面层均为拼花硬木板层，双层者下层为毛板层。面层拼花板材多选用水曲柳、柞木、核桃木、栎木、榆木、槐木、柳桉等质地优良、不易腐朽开裂的硬质木材。拼花板材的尺寸一般为长 250～30mm，宽 40～60mm，厚 20～25mm，木条均带有企口。拼花木地板款式多样，可根据设计要求铺成多种图案，经抛光、油漆、打蜡后木纹清晰美观，漆膜丰满光亮，与家具色调、质感容易协调，给人以自然、高雅的感受。

复合木地板是由防潮底层、高密度纤维板中间层、装饰层和保护层经高湿压合而成，故也称为强化复合木地板。复合木地板既有原木地板和天然质感，又有大理石、地砖坚硬耐磨的特点，是两者优点的结合，且安装方便，容易清洁，无须上漆打蜡，弄脏后可用湿抹布擦洗干净，且有良好的阻燃性能。

木装饰线条简称木线。木线种类繁多，主要有楼梯扶手、压边线、墙腰线、天花角线、弯线、挂镜线、门窗镶边和家具装饰等。各类木线立体造型各异，每类木线又有多种断面形状：例如有平线、半圆线、麻花线、鸠尾形线、半圆饰、齿形饰、浮饰、贴附饰、钳齿饰、十字花饰、梅花饰、叶形饰以及雕饰等多样。采用木线装饰，可增加高雅、古朴和自然亲切之感。

参考文献

［1］梅杨，夏文杰，于全发．建筑材料与检测［M］．2版．北京：北京大学出版社，2015．

［2］曹亚玲．建筑材料［M］．2版．北京：化学工业出版社，2015．

［3］马一平，孙振平．建筑功能材料［M］．上海：同济大学出版社，2014．

［4］西安建筑科技大学，华南理工大学，重庆大学，等．建筑材料［M］．4版．北京：中国建筑工业出版
社，2013．

［5］宋岩丽．建筑材料与检测［M］．2版．上海：同济大学出版社，2013．

［6］张宪江．建筑材料与检测［M］．2版．杭州：浙江大学出版社，2013．

［7］湖南大学，天津大学，同济大学，等．土木工程材料［M］．2版．北京：中国建筑工业出版社，2011．

［8］李亚杰，方坤河．建筑材料［M］．6版．北京：中国水利水电出版社，2009．

［9］卢经扬，余素萍．建筑材料［M］．北京：清华大学出版社，2016．

［10］潘延平，韩跃红．建设工程检测见证取样员手册［M］．3版．北京：中国建筑工业出版社，2008．

［11］谭平．建筑材料检测实训指导［M］．北京：中国建材工业出版社，2008．

［12］张俊生，陈红，马洪晔，等．试验员岗位实务知识［M］．北京：中国建筑工业出版社，2007．

［13］王瑞海．水泥化验室实用手册［M］．北京：中国建材工业出版社，2001．